U0184254

国家出版基金项目
NATIONAL PUBLICATION FOUNDATION

现代水声技术与应用丛书
杨德森 主编

混响水池理论及应用

李 琪 唐 锐 尚大晶 著

科学出版社
龙门书局
北 京

内 容 简 介

混响水池理论是基于混响水池法声学测量的理论依据，已在水下声源辐射声功率测量、声波无规入射时材料吸声系数测量及水听器批量校准等方面得到成功应用，具有测得准、测得快、费用低等优点。本书系统深入介绍了混响水池的理论及应用。全书共 11 章，主要内容包括绪论、混响室内的声场理论、混响水池声学测量基本理论，以及混响水池声学测量理论的应用。

本书可供水下声源特性测量及评价、水声计量等领域的广大科技人员学习参考，也可供高等院校和科研院所水声专业的师生使用。

图书在版编目（CIP）数据

混响水池理论及应用 / 李琪，唐锐，尚大晶著. —北京：龙门书局，
2023.11

（现代水声技术与应用丛书 / 杨德森主编）

国家出版基金项目

ISBN 978-7-5088-6359-7

Ⅰ. ①混⋯　Ⅱ. ①李⋯　②唐⋯　③尚⋯　Ⅲ. ①声学水池－声学测量
Ⅳ. ①TB52

中国国家版本馆 CIP 数据核字(2023)第 218922 号

责任编辑：张　庆　高慧元 / 责任校对：王　瑞
责任印制：徐晓晨 / 封面设计：无极书装

科 学 出 版 社　出版
龍 門 書 局
北京东黄城根北街 16 号
邮政编码：100717
http://www.sciencep.com

三河市春园印刷有限公司 印刷
科学出版社发行　各地新华书店经销

*

2023 年 11 月第 一 版　开本：720 × 1000　1/16
2023 年 11 月第一次印刷　印张：18 3/4
字数：389 000
定价：180.00 元
（如有印装质量问题，我社负责调换）

丛 书 序

海洋面积约占地球表面积的三分之二，但人类已探索的海洋面积仅占海洋总面积的百分之五左右。由于缺乏水下获取信息的手段，海洋深处对我们来说几乎是黑暗、深邃和未知的。

新时代实施海洋强国战略、提高海洋资源开发能力、保护海洋生态环境、发展海洋科学技术、维护国家海洋权益，都离不开水声科学技术。同时，我国海岸线漫长，沿海大型城市和军事要地众多，这都对水声科学技术及其应用的快速发展提出了更高要求。

海洋强国，必兴水声。声波是迄今水下远程无线传递信息唯一有效的载体。水声技术利用声波实现水下探测、通信、定位等功能，相当于水下装备的眼睛、耳朵、嘴巴，是海洋资源勘探开发、海军舰船探测定位、水下兵器跟踪导引的必备技术，是关心海洋、认知海洋、经略海洋无可替代的手段，在各国海洋经济、军事发展中占有战略地位。

从1953年中国人民解放军军事工程学院（即"哈军工"）创建全国首个声呐专业开始，经过数十年的发展，我国已建成了由一大批高校、科研院所和企业构成的水声教学、科研和生产体系。然而，我国的水声基础研究、技术研发、水声装备等与海洋科技发达的国家相比还存在较大差距，需要国家持续投入更多的资源，需要更多的有志青年投入水声事业当中，实现水声技术从跟跑到并跑再到领跑，不断为海洋强国发展注入新动力。

水声之兴，关键在人。水声科学技术是融合了多学科的声机电信息一体化的高科技领域。目前，我国水声专业人才只有万余人，现有人员规模和培养规模远不能满足行业需求，水声专业人才严重短缺。

人才培养，著书为纲。书是人类进步的阶梯。推进水声领域高层次人才培养从而支撑学科的高质量发展是本丛书编撰的目的之一。本丛书由哈尔滨工程大学水声工程学院发起，与国内相关水声技术优势单位合作，汇聚教学科研方面的精英力量，共同撰写。丛书内容全面、叙述精准、深入浅出、图文并茂，基本涵盖了现代水声科学技术与应用的知识框架、技术体系、最新科研成果及未来发展方向，包括矢量声学、水声信号处理、目标识别、侦察、探测、通信、水下对抗、传感器及声系统、计量与测试技术、海洋水声环境、海洋噪声和混响、海洋生物声学、极地声学等。本丛书的出版可谓应运而生、恰逢其时，相信会对推动我国水声事业的发展发挥重要作用，为海洋强国战略的实施做出新的贡献。

在此，向60多年来为我国水声事业奋斗、耕耘的教育科研工作者表示深深的敬意！向参与本丛书编撰、出版的组织者和作者表示由衷的感谢！

中国工程院院士　杨德森

2018 年 11 月

自 序

混响室是空气声学研究中的一个非常重要，也是经常使用的实验测量标准装置，广泛应用于复杂声源的辐射声功率测量、噪声源定位、故障诊断及声波无规入射时材料吸声系数的测量等领域，与混响室测量相关的测量方法也有相应的国际标准。

混响水池为所有界面都能有效地反射声能的非消声水池（或水箱、水槽）。混响水池壁面一般为混凝土结构或贴有瓷砖以提高反射系数，其壁面的反射系数越高越好。水声测量与计量方法中没有混响法，20 世纪 50 年代美国一批声学工作者曾开展过水声混响法的研究，因美国 ONR（Office of Naval Research，海军研究局）的一位官员说了一句水下混响法不适用而终止。国内则是在 20 世纪 60 年代初期，南京大学的吴文虬先生曾经用混响的办法校准过水听器，因不确定度较大而放弃。中国科学院声学研究所的裘新芳研究员曾开展过混响桶法测量海水的吸声系数，自此之后，直到 20 世纪 80 年代末未见水下混响法的应用报道。

本人于 1985 年考取杨士莪院士的博士研究生，杨先生交给的任务是解决在水筒中准确测量模型辐射噪声的问题，论文题目为《水筒噪声测量方法研究》。在充分研究了水筒工作段管道内声场及封闭空间内声场特性的基础上，我提出了水筒混响法测量模型的辐射噪声，可以测得很准，窍门是引入了声压功率谱的空间平均，可以得到误差小于 1dB 的声源辐射声功率，由此奠定了水声混响法测量技术的基础。

进入 21 世纪之后，水下大型结构声源声学特性的定量准确评价问题引起了业界广泛重视。我们将水声混响法用于水下大型结构声源声学特性测量评价，取得了很好的效果；在此基础上，又开展了很多水下复杂声源声学特性研究，包括水下无人航行器（unmanned underwater vehicle，UUV）、降雨、物体入水声、水下爆炸声、水下气泡群发声及水下射流噪声的定量声源特性研究和水声换能器的快速校准方法研究。本书总结了作者团队 20 多年在水声混响法研究及应用方面的经验，贡献给对声源辐射特性定量评价与测量感兴趣的有关科技工作者。

混响水池确实非常好用，造价低，功能多，几乎所有声学测量都可以在混响水池中进行，用不同尺寸的混响水池可以覆盖全频带，从几十赫兹到几十兆赫兹。集中声源的声学特性可测，包括辐射声功率和指向性；空间分布声源的辐射声功率等声学特性也可测；稳态声源的声学特性可测，瞬态声源的声学特性亦可测；混响水池可用于换能器的绝对校准，也可用于换能器的相对校准，还可用于水听器的批量校准；能够测量面状材料的声吸收特性，也能测量液体材料的声吸收特性。

本书系统介绍了混响水池理论及应用的基本内容，主要包括四个部分。

（1）绪论（第1章）。概要介绍了声学测量方法及与混响声场有关的若干名词术语及定义。

（2）混响室内的声场理论（第2章）。简要和比较完整地介绍了基于扩散场假设基础上的混响室理论及混响声场的统计特性。为混响水池理论奠定基础，使初学者掌握扩散场及混响的有关概念。同时，混响声场的统计特性分析表明：在混响声场中进行的单次测量通常都是不精确的，只有基于大量位置测量基础上的空间平均才有实际意义。

（3）混响水池声学测量基本理论（第3～5章）。作为本书内容的主体，系统介绍了矩形混响水池内的简正波、采用波动声学方法及统计声学方法求解矩形混响水池的点源声场、矩形混响水池内的复杂声源声场、空间平均的作用、低频扩展测试原理，以及混响水池声源辐射阻抗特性和混响水池人工扩散场建立方法。

（4）混响水池声学测量理论的应用（第6～11章）。介绍了混响水池声学测量理论在水下复杂声源辐射声功率测量、声源低频辐射噪声特性测量、水声换能器及水听器校准、材料无规吸声系数测量、通海管路管口声辐射测量、水下瞬态噪声测量等方面的应用。

在本书出版之际，首先感谢我的老师杨士莪院士几十年对我的指导教诲，感谢我的硕士生导师何祚镛教授带我进入水下噪声和声学计量专业领域，感谢我的良师益友汤渭霖教授对我在声学理论与声学实验方面的指导，感谢哈尔滨工程大学水声工程学院的同事、学生对作者所在团队的支持与帮助。

正因为混响水池的功能强大、性能优越，所以分享给大家，希望对各位读者有所帮助。本书是作者所在团队20多年教学科研成果的总结，若有疏漏之处，还望不吝赐教。

李 琪

2023年3月

目　　录

第1章 绪　　论

混响水池为所有界面都能有效反射声能的非消声水池（或水箱、水槽）。混响水池壁面一般为混凝土结构或贴有瓷砖以提高反射系数，其壁面的反射系数越高越好。

声学测量方法除自由场外，空气声学中还有混响法。混响法除了可以测量及评价机械设备的辐射声功率外，还可以测量材料的无规吸声系数。在水下进行声源特性测量及评价应用混响法较少，原因在于未找到有效的测量方法。作者所在团队经过 20 多年在混响水池声学测量方面的科研，基于空间平均技术建立了混响水池声学测量理论，并根据该理论建立了混响水池测量方法，进而采用该方法解决了水下声源辐射声功率、管路噪声、材料吸声系数的测量及水听器的校准等问题。

本章从声学测量角度，介绍了声学测量的方法，列举了混响法中重要的名词术语和定义，为全书打下基础。

1.1　声学测量方法概述

声学是一个很古老且应用非常广泛的学科，声无处不在，只要有人的地方就有声学的应用。从古至今，到处可见声学研究及研究成果在乐器制作的定音、音乐的曲调、发声器具设计、建筑中的声学设计等方面的广泛应用。尤其是 20 世纪以来，声学的发展在不断地改变着人类的生活，留声机的发明使人类的生活更美妙，增添了许多欢乐；电话的发明解决了人类远距离的语音信息传输，给人类生活带来了很大的方便；现代的移动电话从某种意义上说是一件声学产品，已经成为人们生活时刻不离的伙伴；人们所用的几乎所有的家用电器都有语音功能，可以接收语音指令，可以语音报告状态，如空调、洗衣机、电饭锅等，将来还会有更多可以语音交互的设备；人们的生活中到处可以看到声学的产品，住的房子有声学设计，用的家用电器有声学设计，用的手机、计算机、汽车有声学设计和声学模组，出门会遇到城市环境噪声问题，高架桥上行驶的车辆会对附近居民造成噪声干扰。所有的交通工具在声学工作者的努力下才会更安静，人们去医院看病会用到各种超声检测设备和超声治疗设备，核电站的所有压力容器都需要超声探伤设备定期检测，所有的精密轴承加工后都必须用超声清洗，集成电路元件的焊接需要超声点焊,热电厂锅炉需要超声除尘设备才能冒出白烟,影剧院和音乐厅美妙的效果是声学工作者的杰作,最硬的金刚石只有超声刀可以切割,橡胶制品的抗老化处理需要超声设备,超声可以改变铁水结晶的结构,超声可以改变白酒的醇度,超声可以改变化学反应的速度,等等。海洋观测、海洋探测、海洋监测都离不开声学装备,海军作战离不开作为耳目的声呐,因为声波是目前所知唯一能够在海水中远距离传输的信息载体。凡此种种,都足以说明声、声学、声学技术是人类物质生产活动和人类精神活动必不可少的重要部分。

　　无论声学科学研究还是声学装备研发和生产(也包括振动噪声控制),都离不开声学测量。声学测量是所有声学研究最基础的工作。可以说,没有声学测量便没有声学研究;没有声学测量,减振降噪便无的放矢;没有声学测量,声学设备和仪器便不知其性能;没有声学测量,便无法开展声学技术的应用。声学测量的内容包括声学传感器灵敏度校准和声压测量、声源特性的测量、声场特性的测量等。传感器的校准是声学测量的基础,没有标准传感器则声学测量无从谈起。同样,若不能准确测量声源的特性,声场的特性也同样是做不了的。因此,声源特性的测量成为声学各分支的基础工作,小尺度的声源如乐器、扬声器、超声探伤源等,中等尺度的声源如大型乐器、各种中小型机械设备等,大型声源如飞机、火车、轮船、潜艇等。这些声源一部分是人工制作的声源,如各种乐器、扬声器、超声探伤源等,另一部分是机械电子设备由于运转的不平衡而产生的声辐射,而这一部分声辐射不仅会降低工作效率、减少机械寿命,还对环境造成不良影响,这一类声辐射通常称为噪声,如各种动力机械装置、各种家用电器、各种交通工具等。

　　声学测量的关键是测得准。声学测量并不是一件很容易的事情,需要精密校准的传感器和调理、采集、记录和分析仪器等设备,但更重要的是需要测量环境,并能准确消除环境的影响获得真实测量结果,后者也是声学测量中最难的一部分。

　　声学测量的理想环境是均匀介质无界空间,因为没有边界的反射,测量时可以不用考虑环境修正,因此人们发明了消声室和消声水池。当声源的体积较小(尺度远小于消声室尺度)、频率也比较高(波长远小于消声室尺度)时,消声室和消声水池是满足自由场条件的,声学教科书中已经介绍得很清楚,基于消声室和消声水池的声学测量与计量标准也是比较全的。但是,随着社会进步与发展,人们眼中的声源变得越来越复杂和广泛,原本不太在意的机电设备噪声引起了人们的重视,如潜艇、轮船、飞机、火车、汽车、家用电器、机械生产设备等。20世纪被称作电气化时代,在60年代以前,人们对噪声和环境污染并不是特别在意,对潜艇的水下噪声控制也不是特别重视。随着社会的进步和技术发展，以及人们对于美好生活的向往，要求更高的环境质量，降低噪声污染成为全人类共同的追求。冷战时期，东西方展开激烈军备竞赛，一方面不断提升声呐的探测能力，另一方面则在不断降低潜艇鱼雷的辐射噪声以对抗敌方声呐的探测。现在一些年纪较大的人已经能够体会到家用电器、交通工具、作业机具等机电设备减振降噪的效果。飞机、火车、轮船、潜艇等作为声源，是不可能配以相应的消声室或消声水池以满足声学测量的自由场条件，一是造价太高，二是再多的钱也造不出能满足 20Hz 的消声水池。这就是说自由场声学测量方法并不总是有效的。

空气声学中常用的声学测量设施还有混响室。利用混响室可以快速测量复杂结构声源的辐射声功率和频谱特性。混响室还可以测量面状材料的平均吸声系数。混响室对机械设备的振动噪声控制的贡献很大，提供了快捷的噪声源辐射声功率测量评价手段；混响室对建筑声学贡献很大，它为建筑装饰材料的吸声系数测量提供了最便捷的方法。

水声学是声学的一个重要分支，但因为涉及军事应用，一直有一层神秘的面纱，长期以来水声学的主要研究内容都是不公开的，水声学研究领域相对封闭一些。水声学的问题与空气声学中的许多问题有很多相似之处，但也有很多不同，正是这种相似又不同给很多人造成困扰。我国的水声专业自 1953 年中国人民解放军军事工程学院声呐专业创立开始，从无到有；水声科研生产体系也从 20 世纪 50 年代末从无到有发展到当今基本完整的科研生产体系。21 世纪被称为海洋世纪，海洋成为科学研究的热门领域，水声目前是水下远距离信息传输唯一有效的技术手段，自然成为最热门的专业领域。

水声中测量与计量方法基本是基于自由场测量方法，无论水声换能器校准还是材料声学特性测量。目前，我国舰船噪声的测量方法基本都是在海洋环境下测量舰船经过水听器（或阵）时的通过特性，测量方法分别为单水听器法、单矢量水听器法、垂直阵恒定束宽波束形成法、海底水平阵测量方法等。在海洋环境中进行以上测量，由于受海底海面反射的影响，存在多途效应，不是理想的自由场条件；同时，舰船一般体积较大，如果在近处测量，难以满足远场条件，而如果在远处测量，又难以满足信噪比条件，以上因素导致测量结果不能准确反映声源的特性。

水声测量与计量方法中以往基本未采用混响水池法。作者所在团队开展了很多水下复杂声源声学特性研究，包括 UUV、降雨、物体入水声、水下爆炸声、水下气泡群发声及水下射流噪声的定量声源特性研究及水声换能器的快速校准方法研究，建立了基于混响水池的声学测量方法，解决了水下大型结构声源声学特性的定量准确评价问题。

1.2　若干名词术语和定义

1.2.1　平均自由程

平均自由程 L 是声波相邻两次反射所经过的平均距离。

$$L = \frac{4V_0}{S} \tag{1-1}$$

式中，V_0 为水池的容积，m^3；S 为水池壁面总面积，m^2。

声波传播平均自由路程所需的时间 t（s）为

$$t = \frac{L}{c_0} = \frac{4V_0}{c_0 S} \tag{1-2}$$

式中，c_0 为声波在水中的传播速度，m/s。

单位时间内的平均反射次数 n 为

$$n = \frac{1}{t} = \frac{c_0 S}{4V_0} \tag{1-3}$$

1.2.2　混响声场及混响水池

在《声学名词术语》（GB/T 3947—1996）中，混响声场（reverberation sound field）被定义为：室内稳态声场中主要由反射声和散射声起作用的区域。混响水池为所有界面都能有效地反射声能的非消声水池（或水箱、水槽）。混响水池壁面一般为混凝土结构或贴有瓷砖以提高反射系数，其壁面的反射系数越高越好。当把声源置于混响水池中时，声源向水介质中稳定地辐射声波，经过边界不断反射而形成复杂声场；当单位时间内水池壁面吸收的声能与声源单位时间内辐射出的声能相等时，声场达到了稳态，人们把由反射声起主要作用的混响控制区称为混响声场。

本书中将混响声场和扩散场（又称漫射场或弥散场）加以区分。所谓扩散场，是指从声场中到达任意一点的声波都是无规则地来自各声的叠加。在扩散场中，稳态的平均声能密度与位置无关，即稳态的平均声能密度处处相等，并且各个方向上的能量流呈均匀分布。通常认为扩散场只有在具有良好漫反射特性的混响水池中才能形成，而实际上扩散场是很难形成的。

1.2.3　混响时间

混响声场中声音达到稳态之后停止声源，平均声能密度从原始值衰变到其百分之一（60dB）所需的时间，以 T_{60} 表示，单位为秒（s）。

1.2.4　混响半径

在混响水池内，直达声能与混响声平均声能相等的点到声源声中心的距离，称为混响半径，以 r_c 表示。

$$r_c = \frac{1}{4}\sqrt{\frac{R}{\pi}} \tag{1-4}$$

式中，R 为封闭空间常数。

1.2.5　Schroeder 截止频率

Schroeder 截止频率是指，当每个共振频率的半功率带宽 $\Delta\omega$ 内至少包含 3 个简正波时所对应的频率。Schroeder 截止频率被认为是满足混响声场条件的最低频率，以 f_S 表示。

$$f_S = 0.33\sqrt{\frac{c_0^3 T_{60}}{V}} \tag{1-5}$$

式中，c_0 为声波在水中的传播速度，m/s；V 为水池内水的体积，m^3。

1.2.6　空间平均声压级 $\langle L_p \rangle$

空间平均声压级 $\langle L_p \rangle$ 是空间平均均方声压 $\langle p^2 \rangle$ 与基准均方声压 p_{ref}^2 之比以 10 为底的对数再乘以 10，单位为分贝（dB）。

$$\langle L_p \rangle = 10\lg\frac{\langle p^2 \rangle}{p_{\mathrm{ref}}^2} \tag{1-6}$$

式中，基准声压 $p_{\mathrm{ref}} = 1\mu\mathrm{Pa}$。

1.2.7　简正波和简正频率

在混响水池中声波可以在任何两个壁面之间传播，也可以围绕水池传播。如果角度选择恰当，声波经多次反射可以形成驻波。每一个驻波就是房间的一个简正波或简正振动。简正波的频率称为简正频率。

1.2.8　平均吸声系数

当声波在混响水池内碰到壁面时，会被壁面吸收掉一部分声能，被壁面所吸收的能量与入射能量的比值称为壁面的吸声系数 α_i，它是墙壁材料的固有特性，与声源和墙的大小、位置都无关。因为在扩散声场前提下声场的能量密度处处相等，对每一吸声表面入射声线的传播方向都是随机的，所以吸声系数应是所有入射角的平均结果。设对应于某吸声表面 S_i 的吸声系数为 α_i，如果对水池内所有壁面（包括水池表面和底面）的吸声表面的吸声系数进行平均，则可得混响水池的平均吸声系数为

$$\bar{\alpha} = \frac{\sum_{i=1}^{n} \alpha_i S_i}{S} \tag{1-7}$$

式中，S 为水池壁面总面积。

房间中一般采用的壁面，无论普通的抹泥灰的砖墙，还是水泥地板、木质天花板，或者在壁面上铺上特制的吸声材料等，它们的吸声系数都是频率的函数。

1.2.9　吸声量

平均吸声系数 $\bar{\alpha}$ 实际上表示房间壁面单位面积的平均吸声能力，也称单位面积的平均吸声量。设对应于某吸声表面 S_i 的吸声系数为 α_i，则该壁面的吸声量就可用 $\alpha_i S_i$ 来表示，吸声量的单位用 m^2 表示。如果在水池墙壁上布置着几种不同的吸声材料，它们相应的吸声系数和面积分别为 $\alpha_1, \alpha_2, \alpha_3, \cdots, \alpha_n$ 和 $S_1, S_2, S_3, \cdots, S_n$，则该水池内的总吸声量为

$$A = \sum_{i=1}^{n} \alpha_i S_i \tag{1-8}$$

水池壁面的吸声量也可以由水池壁面的平均吸声系数 $\bar{\alpha}$ 表示为

$$A = S\bar{\alpha} \tag{1-9}$$

1.2.10　等效平均吸声系数

在混响水池中，当频率较高时，还要考虑水介质吸收的影响，若水的声压吸收系数为 α，则其声强吸收系数 m 为 2α，则水池中的总吸声量为

$$A = S\bar{\alpha} + 4mV \tag{1-10}$$

则等效平均吸声系数为

$$\overline{\alpha^*} = \frac{A}{S} = \frac{S\bar{\alpha} + 4mV}{S} = \bar{\alpha} + \frac{4mV}{S} \tag{1-11}$$

声强吸收系数 m 不仅与介质的性质与状态有关，而且还是声波频率的函数。一般频率越高其声强吸收系数增加得越快。

第 2 章　混响室内的声场理论

混响室理论的建立离不开 Sabine 的贡献。Sabine 被称为混响室之父，1895 年，哈佛大学一座新大楼建成，楼中有一个很像样的教室，只有一点"小"缺陷，那就是由于回声太大而听不清讲课。Sabine 被请来解决这个问题，他根据自己的研究创建了室内声学这门科学。自此之后，原来只靠碰运气的事情，变成了一件可通过预想和计算实现的事情。第一座按照 Sabine 的原理进行设计的建筑物是 1900 年 10 月 15 日落成的波士顿音乐厅，此音乐厅被证明是一个巨大的成功。Sabine 根据混响时间来进行大厅的声学设计，他给出了混响时间的定义，混响时间与房间的容积成正比，与房间的壁面吸收成反比，这就是 Sabine 定律。大厅容积及观众规模确定的情况下，通过设计壁面的材料和结构的设计来保持大厅稳定的混响时间。混响时间已构成了设计讲求音响效果的房间的建筑学基础（这样的房间应有足够的混响，以保持音响的响度和丰满，但又不能太大令人难以听清声音）。

自 Sabine 之后，混响室理论经历了如火如荼的发展，主要按两个主线：基于统计声学及基于波动声学。空气中的混响室理论是在扩散场假设的基础上建立起来的。扩散场通常定义为：在扩散场中的任意点，混响声波由所有方向的入射声波构成且各方向的声波具有同等的强度和随机的相位[1, 2]；在扩散场中的任何点，混响声能密度都相等[3, 4]。

在基于统计声学的混响室理论方面：Sabine[5] 及 Eyring[6] 等的扩散场理论可用来预测扩散场的声衰减、混响时间及稳态声压级。Kuttruff[1]研究了两种提高混响声场扩散性的方法，包括提高房间壁面的反射及在房间中添加散射体。引进移动反射体这一技术首先由 Sabine[7]使用并引起了广泛关注。很明显足够尺度的移动反射体将对混响室的模态产生平均效果，即它将改变混响室中简正模态的频率，同时改变某点的声场。在测量中，这一平均效果是很有用的。Lubman[8]已研制出新型散射体，该散射体与平板叶片反射体相比具有很多优势，使用中已表明该散射体可以降低测量的不确定度。然而，移动散射体将改变或影响声源的声功率输出。Ebbing[9]的实验已验证了这一点。因此，如果我们想获得精确的结果，就必须保证增加移动反射体不会对声功率输出有太大的影响。

在基于波动声学的混响室理论方面：Bolt 等[10, 11]在混响室模态的计算方面做了很多杰出的贡献。他们总结了如何在频带内计算模态的数量并研究了混响室频响曲线的不规则性。Sepmeyer[12]研究了什么形状及比例的混响室最好。Schroeder[13]

及 Mailing[14]专注于研究在给定的混响室里多高的频率才能满足足够的模态密度，即具有足够的模态重叠使测量满足规定的精度，并给出了混响室测量的 Schroeder 截止频率。

本章采用统计声学方法在扩散场理论的基础上给出室内声场理论，作为后面水下混响水池声场研究的对比基础。之后本章研究了混响声场的统计特性，用以证明：理想扩散场假设中整个混响声场的能量密度相同，这种理想的声场通常不存在；在混响声场中进行的单次测量通常都是不精确的，只有基于大量位置测量基础上的空间平均才有实际意义；多点的大量采样值的平均值在均值的规定限度内。因此，为了取得好的实验结果，或者对大量的采样进行空间平均，或者对源进行空间平均。

2.1　基于理想扩散场假设的室内声场理论

对于自由场空间中声源的辐射，声波从声源向四周辐射，没有边界反射，也没有其他的声波干扰。在自由场中，声场的有效声压与距离声源的距离成反比。在封闭空间中，由于边界的存在，从声源发射的声波在边界多次反射，反射波相互叠加而形成驻波，并且由于壁面的声学性质不均匀、房间形状不规则等，一般室内声场比自由场复杂得多。本节将在理想扩散场假设基础上采用一种统计声学的方法来处理。统计声学主要关心的是声场的总的分布和变化规律，不单独考虑个别模式的声场细节，对于体积大而形状不规则的房间更适用。

2.1.1　扩散声场

早在 20 世纪 30 年代，声场扩散的重要性就已经在广播播音室中被人们意识到，因这类房间对于扩散程度的要求很高。人们通过实际房间中混响曲线的测量发现，房间表面的不规则起伏越多，混响衰减越接近指数型，各点能量分布也越均匀，这样就避免了许多声学缺陷，如回声、声聚焦、房间共鸣等。

声源发出的直达波在房间中向各个方向传播，遇到边界后发生多次反射，反射波与直达波叠加，在空间形成复杂的声场。根据统计声学的观点，可以假设空间各点的声场是大量射线的叠加且这些射线的幅度和相位关系是随机的。这种统计平均的均匀声场称为扩散声场。可以归纳扩散声场的定义如下。

（1）声波以声线方式沿直线传播，声线所携带的声能向各方向的传递概率相同。

（2）各声线是互不相干的，声线在叠加时，它们的位相变化是无规律的。

（3）室内平均声能密度处处相同。

2.1.2　室内混响

在室内发射出一条声线，这条声线沿直线传播，在碰到壁后反射。如果它并无衰减地完全反射，从统计学的角度来说，这条声线在空间里通过任意位置的概率是相同的，方向也是任意的。那么从能量密度的角度来说各平均处的能量密度是相同的，便是一个统计平均的均匀声场，称为扩散声场。如果它每一次反射都要被壁面吸收部分能量，在传播过程中由于不断被壁面吸收而逐渐衰减，这种各方向反射又逐渐衰减的声场便称为混响声场。

房间中存在由声源发射直接到达接收点的直达声和经过壁面反射后到达接收点的反射声，它听起来好像是直达声的延续，也称为混响声。如果到达听者的直达声与第一次反射声之间，或者相继到达的两个反射声之间在时间上相差 50ms以上，反射声的强度也足够大，听者就能明显分辨出两个声音的存在，此时这种延迟的反射声称为回声。回声与混响声虽然都是反射声，但是回声的存在会严重破坏室内的听音效果，一般应当避免；混响声会阻碍声音清晰度，但是有助于音乐的和谐。

当室内声源停止作用后混响声场的声能在室内将逐渐衰减。假设声源停止时刻 $t=0$ 时室内的平均能量密度为 $\overline{\varepsilon_0}$。经过第一次壁面反射后室内的平均能量密度变为 $\overline{\varepsilon_1}=\overline{\varepsilon_0}(1-\overline{\alpha})$，这里的 $\overline{\alpha}$ 为房间的平均吸声系数，在 N 次反射后平均能量密度下降为 $\overline{\varepsilon_N}=\overline{\varepsilon_0}(1-\overline{\alpha})^N$。声线在单位时间内发生的反射次数应是 $\dfrac{c_0}{L}=\dfrac{c_0 S}{4V}$（这里，$L$ 为平均自由程，V 为房间的体积），所以经过时间 t 后的平均能量密度就变为

$$\overline{\varepsilon_t}=\overline{\varepsilon_0}(1-\overline{\alpha})^{\frac{c_0 S}{4V}} \tag{2-1}$$

可见室内声能随时间是指数衰减的。因为在扩散声场中各点的总平均能量密度，可以看成由许多互不相干的声线的平均能量密度叠加，所以其总平均能量密度与总有效声压平方的关系仍然用 $\overline{\varepsilon}=\dfrac{\overline{\Delta E}}{V_0}=\dfrac{p_a^2}{2\rho_0 c_0^2}=\dfrac{p_e^2}{\rho_0 c_0^2}$ 来表示，于是式（2-1）可改写为

$$p_e^2=p_{e0}^2(1-\overline{\alpha})^{\frac{c_0 S}{4V}t} \tag{2-2}$$

式中，p_e 为室内某时刻 t 的有效声压；p_{e0} 为 $t=0$ 时的有效声压。房间声场中把声源停止后从初始的声压级降低 60dB，即声能下降至百万分之一所需的时间定义为混响时间，用符号 T_{60} 来表示。混响时间用来描述室内声音衰减快慢的程度。根据混响时间的定义有

$$20\lg\frac{p_e}{p_{e0}} = 10\lg(1-\overline{\alpha})^{\frac{c_0 S}{4V}T_{60}} = -60 \tag{2-3}$$

由此解得混响时间的表达式为

$$T_{60} = 55.2\frac{V}{-c_0 S\ln(1-\overline{\alpha})} \tag{2-4}$$

如果取空气中声速为 $c_0 = 344\text{m/s}$，则可得

$$T_{60} = 0.161\frac{V}{-S\ln(1-\overline{\alpha})} \tag{2-5}$$

如果室内平均吸声系数较小，满足 $\overline{\alpha} < 0.2$，那么由于 $\ln(1-\overline{\alpha}) \approx -\overline{\alpha}$，式（2-5）可近似取为

$$T_{60} \approx 0.161\frac{V}{S\overline{\alpha}} \tag{2-6}$$

式（2-6）是 Sabine 公式，首次揭示混响时间与房间容积及总吸声量的关系。

    混响时间是厅堂音质的第一个参数，它迄今为止仍是描述室内音质的一个重要参量。经验表明，过长的混响时间会使人感到声音混浊、不清，使语言听音清晰度降低；如果混响时间太短，则声音沉寂，声音听起来不自然。人们对语言和音乐的混响时间的要求是不一样的。一般来说，音乐对混响时间的要求长一些，这会使人们听起来有丰满的感觉；而语言则要求短一些，听起来有足够的清晰度。对于不同类型的声音，还可以获得一个听音效果最为满意的所谓最佳混响时间，而且这种最佳混响时间还同房间的大小有一定关系。

    至于对室内音质的感觉，是人们的主观听觉感受，这就涉及复杂的生理和心理问题，很难用单一的物理量 T_{60} 来评估。混响时间的公式指出一个房间仅有一个混响时间，但是实际情况是室内混响时间不是处处相同的，而且室内声能量的衰减在不同时段也不都按同一指数规律进行。因此，室内会存在混响时间的空间不均匀性和时间不均匀性。前者对评估室内音质的重要性是不言而喻的，一个好的厅堂自然要求在厅内各座位之间的混响时间相差不能太大；而后者对室内音质的影响目前也越来越引起声学工作者的关注。人们已逐渐认识到，因为混响时间是以声能量停止辐射后衰减 60dB 的时间为度量的，而早期的衰减时间，例如最先衰减 10dB 的时间人们的混响感受特别重要，因此提供按早期衰减时间而获得的早期混响时间也十分重要。研究还显示，音质好的音乐厅的混响时间的空间标准差都较小，除了早期衰减时间的空间标准差稍大外，一般混响时间在整个频段内的空间标准差几乎不大于 0.1s。这表明这些厅堂的座位之间的混响差异甚小，可以认为整个厅内的混响时间基本均匀。

    由式（2-5）可知，只要已知房间的几何尺寸以及房间的总吸声量，就可以计算出房间的混响时间。在实际的室内音质设计中，一般常常是根据所要求的混响

时间和既定的房间体积，按式（2-5）来估算房间的总吸声量，然后根据壁面情况选择吸声材料。

可以看出，混响时间由房间的平均吸声系数决定。当房间的壁面接近完全吸声时，平均吸声系数 $\bar{\alpha}$ 接近于 1，反射壁面几乎吸收了全部入射声能，混响时间 T_{60} 趋于零，室内声场接近自由场，能实现这种条件的房间称为消声室。在相反的情况下，房间的壁面接近完全的反射，平均吸声系数 $\bar{\alpha}$ 接近于零，混响时间 T_{60} 趋于无穷大，室内混响强烈，能实现这种条件的房间称为混响室。即使房间的壁面是十分坚硬而光滑的，其吸声系数几乎是零，但由于空气有黏滞性，声波要被空气所吸收，所以混响时间只能达到一定的数值而不能无限大。

2.1.3　稳态平均声能密度

当声源辐射时，室内声能由两部分组成：一部分是直达声能，它是声波受到第一次反射以前的声能；另一部分是混响声能，它是包括经第一次反射以后的所有声波能量的叠加。当声源开始稳定地辐射声波时，直达声能的一部分被壁面与介质所吸收，另一部分就用来不断增加室内混响声场的平均能量密度，所以声源开始发声后的一段时间内，房间的总平均声能密度是随混响平均声能密度的增长而不断增长的。混响平均能量密度越大，被壁面与介质吸收得就越多。最后声源单位时间注入混响声场的能量将正好补偿被壁面与介质所吸收的能量，使室内混响声平均能量密度达到动态平衡，这一平均能量密度称为稳态混响平均声能密度。设声源的平均辐射功率为 $\bar{W}$，则经过一次壁面反射后由声源提供给混响声场部分的平均功率衰减为 $\bar{W}(1-\overline{\alpha^*})$。设稳态混响平均声能密度为 $\overline{\varepsilon_R}$，那么在单位时间内室内被吸收掉的混响声能为 $\overline{\varepsilon_R}V\overline{\alpha^*}\dfrac{c_0 S}{4V}$。当混响声场达到稳态时，根据动态平衡条件有

$$\overline{\varepsilon_R}V\overline{\alpha^*}\frac{c_0 S}{4V}=\bar{W}(1-\overline{\alpha^*}) \tag{2-7}$$

由此可解得稳态混响平均声能密度为

$$\overline{\varepsilon_R}=\frac{4\bar{W}}{Rc_0} \tag{2-8}$$

式中

$$R=\frac{S\overline{\alpha^*}}{1-\overline{\alpha^*}} \tag{2-9}$$

称为房间常数，m^2。从式（2-8）看到，稳态混响平均声能密度与声源平均辐射功率成正比，与房间常数成反比。

2.1.4   总稳态声压级

室内声场中平均辐射功率为 $\overline{W}$ 的无指向性声源，它在空间产生的直达平均声能密度为 $\overline{\varepsilon_D}$。由于直达声与混响声是不相干的，它们在空间的叠加应表现为它们的能量密度相加，这时室内叠加声场的总平均能量密度应等于

$$\overline{\varepsilon} = \overline{\varepsilon_D} + \overline{\varepsilon_R} \qquad (2\text{-}10)$$

由于声源是无指向性的，它在空间的辐射应是一均匀的球面波，其平均能量密度可表示成

$$\overline{\varepsilon_D} = \frac{\overline{W}}{4\pi r^2 c_0} \qquad (2\text{-}11)$$

式中，r 为接收点到声源的径向距离。将式（2-11）与式（2-8）一并代入式（2-10），并考虑到由于声强与有效均方声压成正比，所以可得

$$p_e^2 = \rho_0 c_0 \left(\frac{1}{4\pi r^2} + \frac{4}{R} \right) \qquad (2\text{-}12)$$

式（2-12）可用声压级表示为

$$L_P = 10\lg \overline{W} + 10\lg \rho_0 c_0 + 94 + 10\lg \left(\frac{1}{4\pi r^2} + \frac{4}{R} \right) (\text{dB}) \qquad (2\text{-}13)$$

如果取空气中特性阻抗 $\rho_0 c_0 = 400\text{N} \cdot \text{s/m}^3$，式（2-13）可改写成

$$L_P = L_W + 10\lg \left(\frac{1}{4\pi r^2} + \frac{4}{R} \right) (\text{dB}) \qquad (2\text{-}14)$$

由式（2-14）可见，室内声场总声压级与离声源距离 r 的关系与自由场完全不同。当接收点与声源距离较小时，总声压级中直达声占主要部分，混响声部分可以忽略；反之，当接收点与声源距离较大时，总声压级就以混响声为主，直达声部分可以忽略，而且此时总声压级与距离无关。随着距离的增加，直达声的作用逐渐减小，混响声的作用逐渐增大，当二者相等时接收点与声源的临界距离就是混响半径，即当

$$\frac{1}{4\pi r^2} = \frac{4}{R} \qquad (2\text{-}15)$$

时，可求得混响半径为

$$r = r_c = \frac{1}{4} \sqrt{\frac{R}{\pi}} \qquad (2\text{-}16)$$

混响半径 r_c 与封闭空间常数 R 的平方根成正比。如果封闭空间常数非常小，那么房间中大部分区域是混响声场，反之如果 R 非常大，那么房间中大部分区域是直达声场。由此可见，封闭空间常数 R 是描述房间声学特性的一个非常重要的参量。

当 $r > 2r_c$ 时，混响声比直达声大 6dB，直达声的作用可忽略，定义此区域为混响控制区。在混响控制区，式（2-14）可简化为

$$L_P = L_W + 10\lg\frac{4}{R} \qquad\qquad (2\text{-}17)$$

式（2-17）也不是任何频率下都成立，只有当 $f \geqslant f_s$ 时才成立，这里 f_s 为 Schroeder 截止频率。

2.2　混响声场的统计特性

2.2.1　概述

混响声场可用于声源的辐射声功率、声波无规入射时材料吸声系数及建筑物的声传递损失测量等。混响声场一般很难满足扩散场条件，所以在混响声场中进行的单点测量通常都是不精确的，为了提高混响声场的测量精度就需要研究混响声场的统计特性。

混响声场通常建立在具有较强反射壁面的房间中，该房间存在一个或多个固定声源。在标准测量中通常使用的信号为窄带噪声信号、1/3 倍频程宽带信号或多频信号。通过长时间的平均，房间中墙和其他物体的反复反射理想上会引起房间中任意点的声场在所有方向都均匀分布。此外，任意点的相位也是随机的，在 0～ 2π 范围均匀分布。用于标准测量的混响室声场至少在中频范围内要满足这些条件。图 2-1 证明了这一点。

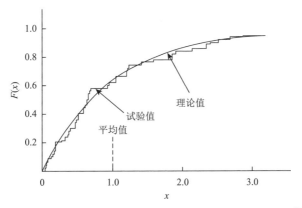

图 2-1　混响声场中单频信号均方声压采样的概率分布函数[15]

在进行这些测量时，通常在该场中测量一个点或多个点的声压值并通过声压测量得到房间的声能密度。通常假定整个房间的声能密度是均匀的，这样总的声能就等于声能密度乘以房间的体积。

通常认为，当实验条件达到理想条件时，任意点的各个方向声的入射是均匀的，相位是随机的，因此声能密度是均匀的。这只有在很多频率成分都同时存在的情况下才可能发生。

通过理论分析不同信号建立的声场中适当间距空间点采样值的分布研究了该情况。研究的情况包括：①一个单频信号；②一个多音信号，包括不同的频率成分但是幅值相同。所有情况下，都介绍了多点的空间平均值。

图 2-1 的结果给出了适当距离空间点给定数目测量值的空间平均在均值的规定限度内的概率。期盼这些结果将提高对混响声场的理解并能改善混响声场测量的精度。

2.2.2　单频随机相位平面波均方声压的分布

为了弄清楚混响声场的基本特性，首先考虑单频稳态源激励下的声场。该声源向一个混响室辐射声信号，与声波波长相比，混响室的尺度足够大，且混响室中包含很多散射体。

声场中的任意点都由平面波构成，其入射的相位和方向是随机分布的。假设在该房间的不同点测量了均方声压，测点间的距离足够远以保证入射波的相位是统计独立的；这些测量值遵循一种 γ 分布，二维情况下接近于准平方分布。其概率密度函数是

$$P(x) = e^{-x} \tag{2-18}$$

其遵循一个指数曲线；该分布的均值为 1（图 2-2），为了把理论结果与实验数据进行比较，使用概率分布函数是十分方便的。

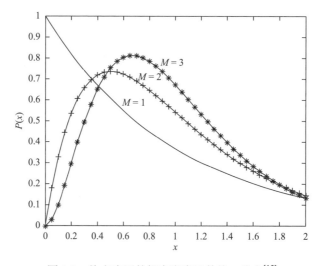

图 2-2　均方声压的概率密度函数按 γ 分布[15]

$$F(x) = P(\bar{p}^2 \leqslant x) = \int_0^x P(x)\mathrm{d}x = 1 - \mathrm{e}^{-x} \tag{2-19}$$

该函数画于图 2-1 中，图中也包含一些实验数据。

测量的 $\bar{p}^2$ 在均值的 $\pm 1\mathrm{dB}$ 的概率可以从图 2-2 读出，大约为 16%。值得注意的是，该分布与信号频率无关。实验数据包括某个混响室 50 个点的均方声压值，声场由一个稳态正弦信号激发。混响室内的声压通过一个话筒采集，在每一个话筒位置采集了一段时长的记录。每一个记录产生一个声压值，肉眼可看出平均值的轻微脉动。

要求测点之间的间距足够远以便使相应信号产生统计独立变量。混响声场的早期研究已表明：两点之间的距离为半波长时，其声压的互相关函数达到首个零值。这样我们取测点之间的距离大于半波长，并避免使测点位于混响室的壁面处。

图 2-1 表明：实验结果与理论曲线吻合得很好。后者相当于无限大的数据点的测量结果，如果平均的测点数大于 50，其平均结果会进一步改善。

2.2.3　M 个点均方声压平均的波动

考虑一个 M 个独立点空间平均均方声压的分布。平均将最终使该分布锐化。因为不同点的信号都产生统计独立的变量，通过标准统计方法，$M > 1$ 时的分布是可推导的。该分布被称为 $\gamma(x, M, 1/M)$ 分布，其概率函数如表 2-1 所示。该分布家族的一些图形如图 2-2 所示。不同 M 值相应的概率分布函数曲线如图 2-3 所示。

表 2-1　$n = 1, 2, M$ 和 ∞ 的概率函数

n	概率密度函数	概率分布函数
1	e^{-x}	$1 - \mathrm{e}^{-x}$
2	$4x\mathrm{e}^{-2x}$	$1 - (2x+1)\mathrm{e}^{-2x}$
M	$\dfrac{M^M}{(M-1)!} x^{M-1} \mathrm{e}^{-Mx}$	$\dfrac{M^M}{(M-1)!} \int_0^x x^{M-1} \mathrm{e}^{-Mx} \mathrm{d}x$
∞	δ 函数	阶跃函数

图 2-3 表明，随着采样数的增加，测量值接近平均值 1 的概率也增加。当 $M \to \infty$ 时，概率分布 $\to 1$，此时曲线变成顶点黑实线表示的阶跃形式。这样，$M = 1$ 的指数曲线及 $M = \infty$ 的阶跃函数是该曲线家族的极限形式。

统计学中 γ 分布是很出名的；当 $M \gg 1$ 时，其均值和方差非常类似于正态分布；然而，当 M 较小时，其与正态分布的差别是很明显的，但无论在什么情况下，γ 分布比其他分布描述我们正在考虑的情形更精确。

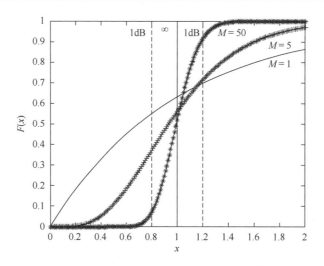

图 2-3   概率分布函数 $F(\bar{p}^2 = x)$ 曲线[15]

2.2.4   多频率信号场的 M 个点均方声压的平均

现在的问题变为激励信号包含不止一个频率成分时的概率分布问题。如果这些频率成分有不同的幅值，会使概率分布更复杂。

然而，如果各频率成分有相同的幅值，其分布与 2.2.3 节相同。对于乘积是一个点 M 个频率引起的或一个频率 M 个点引起的，只要这些成分是统计独立的，那么在数学上是没有差别的，频率上是否统计独立会产生差别。

这样，如果一个信号包含 S 个独立的频率成分，且在场中 K 个独立的点进行采样，那么均方声压的分布就为 $\gamma(x, M, 1/M)$，这里 $M = SK$，每次测量都采用频率数和采样数的乘积。

考虑误差为 $\pm 1dB$ 的概率，可以画出 $\bar{p}^2$ 的一个测量值误差为 $\pm 1dB$ 的概率与 M 的变化曲线，见图 2-4。该曲线可以按 γ 分布或准正态分布的表来画。图 2-4 表明，如果信号包含 10 个独立的频率成分而读数通过两个独立的空间点平均，则 $M = 20$，因此，相应测量值误差为 $\pm 1dB$ 的概率约为 70%。

以上结果表明，混响声场不同点的能量密度不均匀，除非频率成分 M 远大于 1。以上结果也启发我们通过增加测量点去改善测量精度。

2.2.5   小结

通过分析混响声场的统计特性可以看出，在混响声场中进行的单次测量通常都是不精确的，只有在大量位置测量基础上的空间平均才有实际意义。在进行

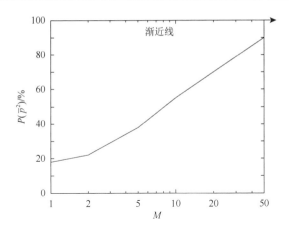

图 2-4 均方声压 $\bar{p}^2$ 的测量值在均值±1dB 范围的概率与 M 的变化曲线[15]

这些测量时，通常根据混响声场中单个或多个位置的声压采样而得到混响声场的能量密度。理想扩散场假设中整个混响声场的能量密度相同，这种理想的声场通常不存在。通过对单频及多频信号采样分布的理论分析表明，多点的大量采样值的平均值在均值的规定限度内。因此，为了取得较好的实验结果，或者对大量的采样进行空间平均，或者对源进行空间平均。

参 考 文 献

[1] Kuttruff H. Room Acoustics[M]. 3rd ed. New York：Applied Science，1991.

[2] Pierce A D. Acoustics[M]. New York：Acoustical Society of America，1989.

[3] Cremer L，Muller H A. Principles and Applications of Room Acoustics[M]. New York：Applied Science，1978.

[4] Kinsler L E. Fundamentals of Acoustics[M]. 3rd ed. New York：Wiley，1982.

[5] Sabine W C. Collected Papers on Acoustics[M]. Cambridge：Harvard Press，1922.

[6] Eyring C F. Reverberation time measurements in coupled rooms[J]. The Journal of the Acoustical Society of America，1931，3（2）：181-206.

[7] Sabine W C. Collected Papers on Acoustics[M]. New York：Dover，1964：245-246.

[8] Lubman D. Spatial averaging in sound power measurements[J]. The Journal of Sound and Vibration，1971，16（1）：43-58.

[9] Ebbing C E. Experimental evaluation of moving sound diffusers for reverberation rooms[J]. The Journal of Sound and Vibration，1971，16（1）：99-108.

[10] Bolt R H. Frequency distribution of frequency in a three-dimensional continuum[J]. The Journal of the Acoustical Society of America，1938，10（3）：228-234.

[11] Bolt R H，Roop R W. Frequency response fluctuations in rooms[J]. The Journal of the Acoustical Society of America，1950，22（2）：280-289.

[12] Sepmeyer L W. Computed frequency and angular distribution of the normal modes of vibration in rectangular rooms[J]. The Journal of the Acoustical Society of America，1965，37（3）：413-423.

[13]　Schroeder M R. Frequency-correlation functions of frequency responses in rooms[J]. The Journal of the Acoustical Society of America，1962，34（12）：1819-1823.

[14]　Mailing C G. Computer studiew of mode-spacing statistics in reverberation rooms[J]. The Journal of Sound and Vibration，1971，16（1）：79-87.

[15]　Waterhouse R V. Statistical properties of reverberant sound fields[J]. The Journal of the Acoustical Society of America，1968，43（6）：1436-1443.

第3章　混响水池声学测量理论

　　混响水池为所有界面都能有效地反射声能的非消声水池（或水箱、水槽）。混响水池壁面一般为混凝土结构或贴有瓷砖以提高反射系数，其壁面的反射系数越高越好。第 2 章介绍了在理想扩散场假设基础上的室内声场声学特性。由于一般混响水池壁面的反射系数较低，水下较难建立理想扩散场，所以基于理想扩散场假设建立的室内声场理论不适用于水下混响水池。若能证明在非理性扩散场的混响水池条件下也可以准确地测量水下复杂声源的辐射声功率，则可解决水下复杂声源的辐射声功率测量及噪声源评估问题。混响水池与空气中混响室声学特性上的差异具体表现在：空气中，理想混响室边界可作刚性近似，混响水池中不可作刚性近似，可视情况作软边界或阻抗边界近似；水池壁面的反射系数低于空气中的理想混响室；相同尺度的水池及混响室，水池中的截止频率高于空气中的混响室；相同尺度的水池及混响室，水池中混响半径大，混响控制区小，在测点数相同的情况下，混响水池中测量的不确定度增加。因此，混响水池的声学特性与空气中的理想混响室明显不同。因此，需要研究混响水池中的声学测量理论并证明在此条件下也可以准确测量水下复杂声源的辐射声功率。

　　本章主要研究混响水池中的声场测量理论，实际上空气中很多室内声场绝大多数不满足理想扩散场条件。因此，本章混响水池的声学测量理论研究结果也适用于空气中的室内声场。

3.1　混响水池中的简正波

3.1.1　矩形混响水池声场的简正波

　　以矩形混响水池为例，设混响水池长度为 l_x、宽度为 l_y、深度为 l_z。从简单的理想边界条件入手，水池边界（池壁和池底）为绝对硬边界条件，水面为绝对软边界条件。在笛卡儿坐标系下，波动方程可以写成

$$\frac{\partial^2 \phi}{\partial x^2} + \frac{\partial^2 \phi}{\partial y^2} + \frac{\partial^2 \phi}{\partial z^2} + k^2 \phi = 0 \qquad (3\text{-}1)$$

式中，ϕ 为水池中声场速度势函数；k 为波速，$k = \omega / c_0$，ω 为角频率，c_0 为声

波在水中传播的速度。考虑理想边界条件：绝对硬边界条件，法向质点振速为零；绝对软边界条件，声压为零。

$$\left.\frac{\partial \phi}{\partial x}\right|_{x=0,l_x}=0, \quad \left.\frac{\partial \phi}{\partial y}\right|_{y=0,l_y}=0 \tag{3-2}$$

$$\left.\frac{\partial \phi}{\partial z}\right|_{z=0}=0, \quad \phi|_{z=l_z}=0 \tag{3-3}$$

与这些特征值联系的特征函数或简正方式可以简单地把三个余弦函数相乘：

$$\phi_n(x,y,z)=C_n\cos\left(\frac{n_x\pi}{l_x}x\right)\cos\left(\frac{n_y\pi}{l_y}y\right)\cos\left(\frac{(2n_z+1)\pi}{2l_z}z\right) \tag{3-4}$$

式中，C_n为任意常数。这个公式代表三维驻波，声压时间关系因子为$\exp(j\omega t)$（j是虚数单位）。特征频率f_n写为

$$f_n=\frac{k_n c}{2\pi}=\frac{c_0}{2}\left(\left(\frac{n_x}{l_x}\right)^2+\left(\frac{n_y}{l_y}\right)^2+\left(\frac{2n_z+1}{2l_z}\right)^2\right)^{1/2}, \quad n_x,n_y,n_z=0,1,2,\cdots \tag{3-5}$$

在表3-1中列出尺寸为长15m、宽9m、深6m的理想边界矩形混响水池的前20阶特征频率，其中声速$c_0=1480\text{m/s}$。

表3-1 理想边界矩形混响水池的前20阶特征频率

n_x	n_y	n_z	f_n/Hz	n_x	n_y	n_z	f_n/Hz
0	0	0	61.7	0	0	1	185.0
1	0	0	79.0	1	0	1	191.5
0	1	0	102.8	2	2	0	201.4
1	1	0	114.0	0	1	1	202.4
2	0	0	116.4	4	0	0	206.7
2	1	0	142.5	1	1	1	208.4
3	0	0	160.3	2	0	1	209.7
0	2	0	175.6	4	1	0	222.5
3	1	0	180.4	2	1	1	225.2
1	2	0	182.4	3	2	0	229.7

为了加深对模式空间分布的理解，绘制部分模式的空间分布图像。如果三个模式下标只有一个不为0，其传播方向平行于其中的一个坐标轴，我们称为轴向波，因为水池深度方向（z方向）上边界条件的不对称性，$k_z\neq0$，所以只存在z轴向波。如图3-1中模式简化为$\phi_n=\cos((2n+1)\pi/(2l_z))$，以模态（0，0，2）为例，在$z=1.2\text{m}$、$z=3.6\text{m}$和$z=6\text{m}$时，函数值为0，是波节；在$z=0\text{m}$、$z=2.4\text{m}$

和 $z = 4.8\mathrm{m}$ 时，函数出现极值，是波腹。如果三个模式下标中只有一个为 0，即传播方向垂直于坐标轴，我们称为切向波，同样因为 $k_z \neq 0$，只存在 xOz 及 yOz 的切向波。图 3-2 表示模态 $(4,3,0)$ $y = 0$ 平面切向波空间分布。

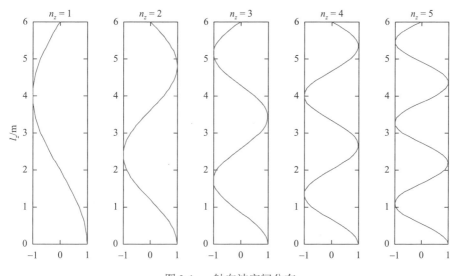

图 3-1　z 轴向波空间分布

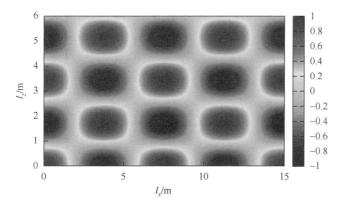

图 3-2　模态 $(4,3,0)$ $y = 0$ 平面切向波空间分布

再考虑轴向波及斜向波，更精确的驻波数量公式如下：

$$N_f = \frac{4\pi}{3} V \left(\frac{f}{c_0} \right)^3 + \frac{\pi}{4} S \left(\frac{f}{c_0} \right)^2 + \frac{l_z}{2} \frac{f}{c_0} \qquad (3\text{-}6)$$

式中，S 是水池壁面的总面积。由式（3-6）可算得 $N_{200\mathrm{Hz}} = 12.9 \approx 13$，$N_{230\mathrm{Hz}} = 18.66 \approx 19$，与根据表 3-1 算得的简正波数目完全相同。

特征频率的平均密度，即在频率 f 处单位带宽的特征频率数为

$$\frac{\mathrm{d}N_f}{\mathrm{d}f} = 4\pi V \frac{f^2}{c_0^3} + \frac{\pi}{2} S\left(\frac{f}{c_0^2}\right) + \frac{l_z}{2c_0} \qquad (3\text{-}7)$$

式（3-6）不仅适用于矩形水池，也适用于任何形状水池。因为任何形状水池都可以看作由很多小的矩形水池构成。对于每个小矩形水池由式（3-6）可近似算出特征频率的数量 N_i。既然式（3-6）所求的特征频率数与体积 V 呈线性关系，总的特征频率数就恰好是所有 N_i 的和。

3.1.2　非刚性边界对简正波的影响

假设水池壁面为不完全刚性界面，边界条件（3-2）和（3-3）需变为更一般的形式。对于 x 方向，有

$$\begin{cases} \zeta_x \dfrac{\mathrm{d}\phi_1}{\mathrm{d}x} = jk\phi_1, & x = 0 \\[2mm] \zeta_x \dfrac{\mathrm{d}\phi_1}{\mathrm{d}x} = -jkf_1, & x = l_x \end{cases} \qquad (3\text{-}8)$$

这里假设垂直于 x 轴的壁面阻抗 ζ_x 是常量，同样假设垂直于 y 轴及 z 轴的壁面阻抗 ζ_y 和 ζ_z 也是常量。此时，ϕ_1 的通解可写为

$$\phi_1 = C_1 \exp(-jk_x x) + D_1 \exp(jk_x x) \qquad (3\text{-}9)$$

把式（3-9）代入式（3-8），得到两个有关 C_1 及 D_1 的等式如下：

$$\begin{cases} C_1(k + k_x\zeta_x) + D_1(k - k_x\zeta_x) = 0 \\ C_1(k - k_x\zeta_x)\exp(-jk_x l_x) + D_1(k + k_x\zeta_x)\exp(jk_x l_x) = 0 \end{cases} \qquad (3\text{-}10)$$

为使式（3-10）有非零解，其系数行列式需等于 0，由此可推出以下等式，从中可确定 k_x：

$$\exp(jk_x l_x) = \pm \frac{k - k_x\zeta_x}{k + k_x\zeta_x} \qquad (3\text{-}11)$$

式（3-11）等价于

$$\tan u = j\frac{2u\zeta_x}{kl_x} \qquad (3\text{-}12a)$$

及

$$\tan u = j\frac{kl_x}{2u\zeta_x} \qquad (3\text{-}12b)$$

式中，$u = 0.5k_x l_x$。既然指定的壁面阻抗一般为复数，$\zeta_x = \xi_x + j\eta_x$，我们也期望解 k_x 有复数解：

$$k_x = k_x' + jk_x''$$

一旦知道了 k_x，由式（3-11），C_1 与 D_1 的比率就可以确定如下：

$$\frac{C_1}{D_1} = \frac{k - k_x \zeta_x}{k + k_x \zeta_x} = \pm \exp(\mathrm{j} k_x l_x)$$

x 方向的特征函数可表示为

$$\phi_1(x) \rightarrow \begin{cases} \cos(k_x(x - l_x / 2)) \text{（偶数）} \\ \sin(k_x(x - l_x / 2)) \text{（奇数）} \end{cases} \tag{3-13}$$

y、z 方向的特征函数可以类似得到，完全的特征函数由三个这样的因子组成。

这里，我们只讨论两种特殊情况 $|\zeta_x| \gg 1$，以便和刚性壁面进行对比。

首先，令壁面的阻抗为纯虚数，即 $\xi_x = 0$。此时，壁面没有能量损失，反射系数的绝对值是 1。式（3-12a）的右边是实数，因此 u 和 k_x 也是实数，刚性壁面也是这样。对式（3-12a）详细研究发现，k_x 低于或者高于 $n_x \pi / l_x$，这依赖于 η_x 的正负。当 η_x 为正数时，表明壁面有质量特性，当 η_x 为负数时，表明壁面是柔性界面。随着 n_x 的增加，这种差别会变小。如果以 k_{xn_x} 来表示 k_x，特征值等式就变为

$$k_{n_x n_y n_z} = (k_{xn_x}^2 + k_{yn_y}^2 + k_{zn_z}^2)^{1/2} \tag{3-14}$$

由式（3-14）可知，对于无能量损耗的壁面，即壁面的阻抗为纯虚数，所有的特征值只是偏移了某个量。

第二种情况，我们考虑壁面具有很大的实阻抗。由式（3-12）可得到

$$\exp(\mathrm{j} k_x' l_x) \exp(-k_x'' l_x) = \pm \frac{k - k_x \xi_x}{k + k_x \xi_x} = \left(1 - \frac{2k}{k_x \xi_x}\right) \tag{3-15}$$

因为 $\xi_x \gg 1$，所以 $k_x \ll k'$。因此式（3-15）右边可以用 k' 代替 k_x。由式（3-15）可知

$$\exp(-k_x'' l_x) = 1 - k_x'' l_x = 1 - \frac{2k}{k_x' \xi_x}$$

因此有

$$k_x'' = \frac{2k}{k_x' l_x \xi_x} \tag{3-16}$$

同样可得其他坐标轴下的近似公式。

把 k_x、k_y 及 k_z 的计算值代入式（3-14），可得

$$\begin{aligned} k_{n_x n_y n_z} &= ((k_{n_x}' + \mathrm{j} k_{n_x}'')^2 + (k_{n_y}' + \mathrm{j} k_{n_y}'')^2 + (k_{n_z}' + \mathrm{j} k_{n_z}'')^2)^{1/2} \\ &= k_{n_x n_y n_z}' + \mathrm{j} \frac{k_{n_x}' k_{n_x}'' + k_{n_y}' k_{n_x}'' + k_{n_z}' k_{n_x}''}{k_{n_x n_y n_z}'} \end{aligned}$$

式中

$$k'^2_{n_x n_y n_z} = \pi^2 \left[\left(\frac{n_x}{l_x} \right)^2 + \left(\frac{n_y}{l_y} \right)^2 + \left(\frac{2n_z+1}{2l_z} \right)^2 \right]$$

把式（3-16）代入 $k_{n_x n_y n_z}$ 中，可得

$$k_{n_x n_y n_z} = k'_{n_x n_y n_z} + j \frac{2\omega}{c_0 k'_{n_x n_y n_z}} \left(\frac{1}{l_x \xi_x} + \frac{1}{l_y \xi_y} + \frac{1}{l_z \xi_z} \right) \qquad (3\text{-}17)$$

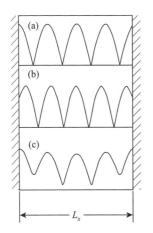

图3-3 一维的简正模态，
$n_x = 4$ 时的压力分布

（a）$\zeta_x = \infty$；（b）$\zeta_x = j$；（c）$\zeta_x = 2$

图3-3是某一特征函数与 x 的关系。图3-3（a）表示刚性壁面；图 3-3（b）表示有质量装载没有能量损失的壁面；图 3-3（c）表示纯实阻抗的壁面。在图 3-3（b）的情况下，节点只是移动了某个量，但是驻波的形状保持不变。相反，图 3-3（c）情况下有能量损失的壁面，节点的压力幅值发生了变化，但节点的位置变化不大。这很容易理解：因为壁面损耗能量，这需要由传播到壁面的声波来提供，因此不可能有纯粹的驻波存在。

实际的混响水池壁面可近似为纯实阻抗壁面，由于壁面的能量损失，简正波的幅值变化很大，使轴向波及切向波的数量略有变化，但斜向波的数量及频率不变。简正波的数量主要取决于斜向波，因此计算简正波数量及波数时仍可以用刚性壁面的结果进行近似。

3.2 矩形混响水池点源的声学测量理论

3.2.1 简正波理论解法

实验所用矩形混响水池的长、宽、高分别为 l_x、l_y、l_z，如图 3-4 所示。水池池壁及池底都贴有瓷砖，其相对声导纳 $\beta = \xi - j\sigma = \rho_0 c_0 / Z$（$\rho_0$、$c_0$、$Z$ 分别为水的密度、声波在水中传播的速度及池壁的阻抗），水池的上表面为自由边界，用绝对软边界近似。

水池中点源声场的速度势函数满足波动方程：

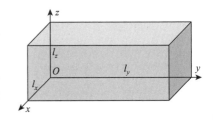

图3-4 混响水池模型

$$\nabla^2\phi(\boldsymbol{r}) + k^2\phi(\boldsymbol{r}) = -4\pi Q_0\delta(\boldsymbol{r}-\boldsymbol{r}_0) \tag{3-18}$$

及边界条件：

$$\left.\frac{\partial\phi}{\partial n}\right|_{\Sigma} = \mathrm{j}k\beta\phi \tag{3-19}$$

与

$$\phi|_{z=l_z} = 0 \tag{3-20}$$

式中，$4\pi Q_0$ 为点源的容积速度；$\boldsymbol{r}$ 为观察点的坐标；$\boldsymbol{r}_0$ 为声源的坐标；Σ 为水池除上表面 $z=l_z$ 外的其余表面；$k=\omega/c_0$。将 $\phi(\boldsymbol{r})$ 及 $\delta(\boldsymbol{r}-\boldsymbol{r}_0)$ 按简正波展开，代入式（3-18）可得

$$\phi(\boldsymbol{r},\boldsymbol{r}_0) = -4\pi Q_0\sum_n\frac{\phi_n(\boldsymbol{r}_0)\phi_n(\boldsymbol{r})}{(k^2-k_n^2)V\Lambda_n} \tag{3-21}$$

式中，$\phi_n(\boldsymbol{r})$ 和 k_n 为矩形水池中第 n 个简正波的本征函数和本征值；V 为水池的体积；Λ_n 为本征函数 $\phi_n(\boldsymbol{r})$ 的空间平均值，

$$\Lambda_n = \frac{1}{V}\iiint_V|\phi_n(\boldsymbol{r})|^2\,\mathrm{d}V \tag{3-22}$$

由于水池壁面及内部介质均存在吸收，因此 k_n 一般为复数。文献[1]将 k_n 表示为如下的复数形式：

$$k_n = \frac{\omega_n}{c_0} + \mathrm{j}\frac{\delta_n}{c_0} \tag{3-23}$$

并且 $\delta_n\ll\omega_n$，故有

$$k_n^2 = \frac{\omega_n^2}{c_0^2} + \frac{2\mathrm{j}\delta_n\omega_n}{c_0^2} \tag{3-24}$$

式中，δ_n 为声能的衰变率。

把式（3-24）代入式（3-21）可得

$$\phi(\boldsymbol{r},\boldsymbol{r}_0) = 4\pi Q_0c_0^2\sum_n\frac{\phi_n(\boldsymbol{r}_0)\phi_n(\boldsymbol{r})}{(2\mathrm{j}\delta_n\omega_n+(\omega_n^2-\omega^2))V\Lambda_n}\mathrm{e}^{-\mathrm{j}\omega t} \tag{3-25}$$

水池内任一点处声压的表达式为

$$P(\boldsymbol{r},\boldsymbol{r}_0) = -\mathrm{j}\rho_0\omega\phi(\boldsymbol{r},\boldsymbol{r}_0) = \frac{-4\pi\rho_0Q_0c_0^2}{V}\sum_n\frac{\omega}{\Lambda_n}\frac{\phi_n(\boldsymbol{r}_0)\phi_n(\boldsymbol{r})}{(2\omega_n\delta_n+\mathrm{j}(\omega^2-\omega_n^2))}\mathrm{e}^{-\mathrm{j}\omega t} \tag{3-26}$$

由式（3-26），可求得均方声压 $P^2(\boldsymbol{r},\boldsymbol{r}_0)$（有效值）如下：

$$\begin{aligned}
P^2(\boldsymbol{r},\boldsymbol{r}_0) &= \frac{1}{2}|P(\boldsymbol{r},\boldsymbol{r}_0)|^2 = \frac{(4\pi\rho_0Q_0c_0^2)^2}{2V^2}\left(\sum_n\frac{\omega^2}{\Lambda_n^2}\frac{\phi_n^2(\boldsymbol{r}_0)\phi_n^2(\boldsymbol{r})}{(2\omega_n\delta_n)^2+(\omega^2-\omega_n^2)^2}\right.\\
&\quad \left.+\sum_n\sum_{\substack{m\\m\neq n}}\frac{\omega^2}{\Lambda_n^2}\frac{\phi_n(\boldsymbol{r}_0)\phi_n(\boldsymbol{r})\phi_m^*(\boldsymbol{r}_0)\phi_m^*(\boldsymbol{r})}{(2\omega_n\delta_n+\mathrm{j}(\omega^2-\omega_n^2))(2\omega_m\delta_m+\mathrm{j}(\omega^2-\omega_m^2))}\right)
\end{aligned} \tag{3-27}$$

对式（3-26）进行空间平均并利用简正波的正交性可得

$$\langle P^2(\boldsymbol{r}_0)\rangle = \frac{1}{V}\iiint_V P^2(\boldsymbol{r},\boldsymbol{r}_0)\mathrm{d}V = \frac{1}{2}\frac{(4\pi\rho_0 Q_0 c_0^2)^2}{V^2}\sum_n \frac{\omega^2}{\Lambda_n}\frac{\phi_n^2(\boldsymbol{r}_0)}{(2\omega_n\delta_n)^2+(\omega^2-\omega_n^2)^2} \qquad (3\text{-}28)$$

当声源频率 $f \geqslant f_{\mathrm{S}}$（这里 f_{S} 为混响水池的 Schroeder 截止频率）时，每个共振频率的半功率带宽 $\Delta\omega$ 内至少包含 3 个简正波，在此带宽 $\Delta\omega$ 内，激励 Q_0^2 可以以其功率谱密度 $Q_0^2/\Delta\omega$ 表示，声场响应可以表示为 $\Delta\omega$ 带宽的积分，此时的均方声压为

$$\langle P^2(\boldsymbol{r}_0)\rangle = \frac{8\pi^2\rho_0^2 c_0^4 Q_0^2}{V^2\Delta\omega}\sum_n\int_{\Delta\omega}\frac{\phi_n^2(\boldsymbol{r}_0)}{\Lambda_n}\frac{\omega^2\mathrm{d}\omega}{(2\omega_n\delta_n)^2+(\omega^2-\omega_n^2)^2} \qquad (3\text{-}29)$$

而

$$\frac{1}{\Delta\omega}\int_{\Delta\omega}\frac{\omega^2\mathrm{d}\omega}{(2\omega_n\delta_n)^2+(\omega^2-\omega_n^2)^2} = \frac{1}{\Delta\omega}\frac{\pi}{2}\frac{1}{2\delta_n} \qquad (3\text{-}30)$$

随着频率的增加，水池中的模态数按频率的三次方增长，每个模态都有其特定的衰减常数。在高频情况下，可以只考虑斜向波，所有模态的衰减常数可以认为是相等的，即

$$\delta_n \approx \delta_0 \qquad (3\text{-}31)$$

此时，衰减常数 δ_0 可以表示为[1]

$$\delta_0 = \frac{c_0 S\bar{\alpha}}{8V} \qquad (3\text{-}32)$$

式中，S 为水池壁面的面积；$\bar{\alpha}$ 为壁面的平均吸声系数。

若只考虑斜向波，则

$$\Delta\omega = 2\pi\Delta f = 2\pi\frac{c_0^3}{4\pi V f^2}\Delta N = \frac{2\pi^2 c_0^3}{V\omega^2}\Delta N \qquad (3\text{-}33)$$

把式（3-30）、式（3-32）及式（3-33）代入式（3-28）可得

$$\langle P^2(\boldsymbol{r}_0)\rangle = \frac{8\pi\rho_0^2 Q_0^2\omega^2}{S\bar{\alpha}\Delta N}\sum_n\frac{\phi_n^2(\boldsymbol{r}_0)}{\Lambda_n} \qquad (3\text{-}34)$$

对声源也进行空间平均，则

$$\langle P^2\rangle = \frac{8\pi\rho_0^2 Q_0^2\omega^2}{S\bar{\alpha}} \qquad (3\text{-}35)$$

容积速度为 $4\pi Q_0$ 的点源辐射声功率为

$$W = \frac{2\pi\rho_0 Q_0^2\omega^2}{c_0} \qquad (3\text{-}36)$$

因此，可得

$$\langle P^2 \rangle = \frac{4\rho_0 c_0 W}{S\bar{\alpha}} \tag{3-37}$$

式（3-37）只适用于 $\bar{\alpha}$ 较小的混响声场。对于水下混响水池，$\bar{\alpha}$ 较大，式（3-37）并不准确，马大猷[2]对式（3-37）修正后的结果为

$$\langle P^2 \rangle = \frac{4\rho_0 c_0 W}{R} \tag{3-38}$$

式中

$$R = \frac{S\bar{\alpha}}{1-\bar{\alpha}} \tag{3-39}$$

R 称为封闭空间常数，m^2。由式（3-39）可知，混响水池常数 R 与混响水池壁面的平均吸声系数 $\bar{\alpha}$ 有关，$\bar{\alpha}$ 越大，R 就越大。式（3-38）就是混响水池中测量的离声源较远处的空间平均均方声压与点源的辐射声功率之间的关系。

当 $r > 2r_h$ 时，混响声比直达声大 6dB，直达声的作用可忽略，定义此区域为混响控制区。在混响控制区，式（3-38）可简化为

$$\langle P^2 \rangle = \bar{W}\rho_0 c_0 \left(\frac{4}{R}\right) \tag{3-40}$$

当 $f \geqslant f_S$ 时有

$$\bar{W} \approx W \tag{3-41}$$

$$\langle P^2 \rangle = W\rho_0 c_0 \left(\frac{4}{R}\right) \tag{3-42}$$

式（3-42）与式（3-38）完全一致，说明按简正波理论得到的离声源较远处的空间平均均方声压表达式与统计声学得到的一致。

3.2.2 统计声学解法

混响水池中的声能将由两部分构成：第一种是直达声能，即未反射的声能；另一种是混响声能，它是经过第一次反射后所有声能的叠加。当混响声场达到稳态时，平均能量密度为稳态混响平均能量密度 $\bar{\varepsilon}_R$，设声源的平均辐射声功率为 $\bar{W}$，有

$$\bar{\varepsilon}_R = \frac{4\bar{W}}{Rc_0} \tag{3-43}$$

在混响水池中，若直达声平均声能量密度为 $\bar{\varepsilon}_D$，由于直达声能与混响声能是不相干的，它们在水池中叠加应为两者平均能量密度相加，即混响水池中总平均能量密度 $\bar{\varepsilon}$ 为[3]

$$\bar{\varepsilon} = \bar{\varepsilon}_D + \bar{\varepsilon}_R \tag{3-44}$$

由于声源是无指向性的，它在空间的辐射应是一均匀的球面波，其平均能量

密度可表示成 $\bar{\varepsilon}_D = \bar{W} / (4\pi r^2 c_0)$，其中 r 为接收点离声源声中心的径向距离。将该式与式（3-43）一并代入式（3-44），并考虑到 $\bar{\varepsilon} = \langle P^2 \rangle / (\rho_0 c_0^2)$，可得

$$\langle P^2 \rangle = \bar{W} \rho_0 c_0 \left(\frac{1}{4\pi r^2} + \frac{4}{R} \right) \tag{3-45}$$

式（3-45）括号中前一项表示直达声的贡献，括号中后一项表示混响声的贡献。

式（3-45）也可以写为

$$\langle L_P \rangle = L_{\bar{W}} + 10\lg \left(\frac{1}{4\pi r^2} + \frac{4}{R} \right) \tag{3-46}$$

式中，$\langle L_P \rangle$（dB re1μPa）表示混响声场内所测空间平均声压级；$L_{\bar{W}}$（dB re0.67×10^{-18}W）表示声源的平均辐射声功率级。

根据以上分析可以画出一系列 $\langle L_P \rangle - L_{\bar{W}}$ 关于 r 及 R 的曲线，如图 3-5 所示。

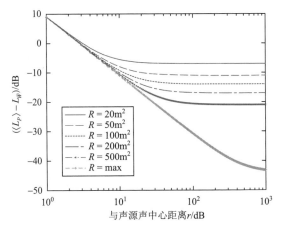

图 3-5　$\langle L_P \rangle - L_{\bar{W}}$ 关于 r 及 R 的曲线

若取 $1/(4\pi r^2) = 4/R$，由此确定一临界距离为

$$r = r_c = \frac{1}{4} \sqrt{\frac{R}{\pi}} \tag{3-47}$$

在此距离上，直达声与混响声的大小相等。当 $r > r_c$ 时，混响声起主要作用，而当 $r < r_c$ 时，直达声起主要作用。临界距离 r_c 与混响水池常数 R 的平方根成正比，如果 R 相当小，那么混响水池中大部分区域是混响声场；反之若 R 相当大，那么水池中大部分区域是直达声场。

由此可见，封闭空间常数 R 是描述非消声水池声学特性的一个重要的参量。

当 $r > 2r_c$ 时，混响声比直达声大 6dB，直达声的作用可忽略，定义此区域为混响控制区。在混响控制区，式（3-45）可简化为

$$\langle P^2 \rangle = \bar{W}\rho_0 c_0 \left(\frac{4}{R} \right) \tag{3-48}$$

当 $f \geqslant f_s$ 时，有

$$\bar{W} \approx W \tag{3-49}$$

因此

$$\langle P^2 \rangle = W\rho_0 c_0 \left(\frac{4}{R} \right) \tag{3-50}$$

式（3-50）与式（3-42）完全一致，说明按简正波理论得到的离声源较远处的空间平均均方声压表达式与统计声学得到的一致。

式（3-50）可用声压级表示为

$$\langle L_P \rangle = L_W + 10 \lg \frac{4}{R} \tag{3-51}$$

比较式（3-51）及式（2-17）可知，式（2-17）为根据理想扩散场条件建立的声源辐射声功率测量公式；在不满足扩散场条件的混响水池中，只需把理想扩散场测量公式中的声压级 L_P 替换为混响水池中的空间平均声压级 $\langle L_P \rangle$，就得到了混响水池中不满足扩散场条件下的声源辐射声功率测量公式。由此说明：在不满足理想扩散场条件的混响水池中，通过测点空间平均的方法，可解决声源辐射声功率的测量问题。以上结论不仅适用于混响水池，也适用于不满足扩散场条件的其他封闭空间。

3.2.3　改善混响水池声源辐射声功率测量精度的方法

（1）在混响声场中进行的单次测量通常都是不精确的，只有在大量位置测量基础上的空间平均才有实际意义。因此，为了取得较好的实验结果，或者对大量的采样进行空间平均，或者对源进行空间平均。

（2）混响水池的声场存在简正波的干涉，并不是理想的扩散场，但通过大量测点的空间平均，可得到与理想扩散场相似的声源辐射声功率测量公式，见式（3-51）。与理想扩散场声源辐射声功率测量公式（2-17）比较发现：在不满足扩散场条件的混响水池中，只需把理想扩散场测量公式中的声压级 L_P 替换为混响水池中的空间平均声压级 $\langle L_P \rangle$，就可得到不满足扩散场条件的混响水池中声源辐射声功率测量公式。

（3）混响水池中的简正波模态数与模态频率有关，模态频率越高，模态密度越大。只有达到一定的模态频率才具有足够的模态密度，达到足够的模态密度基于空间平均得到的声能密度（或均方声压）测量结果才满足理想的声能密度（或均方声压）起伏要求，同时在混响水池中基于空间平均测得的声功率才与自由场

声功率一致。Mailing[4]及 Waterhouse[5]研究了单极子声源的声功率输出并得出了单极子声源的理论及实验结果。频率较高时，通过改变单极子源的位置可以激励很多交叠的模态，其功率输出按指数分布。这样通过对源足够多的位置移动，就可以保证功率输出足够精确，此功率输出等于自由场的功率输出 W。低频情况下只能激励起很少的模态时，源移动很多空间位置的平均功率 $\langle W \rangle$ 输出并不等于自由场测量值 W，而是低于 W。其原因在于：有限的采样数、变化的声源辐射阻抗及空间声能密度不均匀导致不同点的测量值不一致。Schroeder[6]给出了满足足够模态密度，即满足理想混响声场条件的定量评价，即简正波共振峰半功率带宽内有三个简正波，此定量条件对应的频率为混响水池基于空间平均后的均方声压满足理想的均方声压起伏要求的最低频率，同时在该截止频率以上，在混响水池中基于空间平均测得的声源辐射声功率与自由场测量结果一致。

混响水池本身即使在截止频率以上也不一定满足扩散场条件，但是在截止频率以上，基于空间平均的均方声压测量结果满足理想的均方声压起伏要求；又由于混响水池声场中源点和场点满足互易性，因此，基于多声源的空间平均，在截止频率以上可得到满足理想扩散场条件的混响水池声场。

参考式（3-6），若只考虑斜向波，体积为 V 的混响水池频率低于 f 的简正波平均总数为

$$N_f = \frac{4\pi f^3 V}{3 c_0^3} \tag{3-52}$$

混响水池频率 f 处的模态密度为

$$n(f) = \frac{\mathrm{d} N_f}{\mathrm{d} f} = \frac{4\pi f^2 V}{c_0^3} \tag{3-53}$$

简正波共振峰的平均半功率带宽 $\overline{\Delta f}$ 为[1]

$$\overline{\Delta f} = \frac{\overline{\delta}}{\pi} \tag{3-54}$$

式中，$\overline{\delta}$ 为水箱的平均阻尼常数。由此可见，简正波共振峰的平均半功率带宽 $\overline{\Delta f}$ 取决于水箱的吸声系数，而参考文献[1]，可得

$$\overline{\delta} = \frac{6.9}{T_{60}} \tag{3-55}$$

混响水池基于多声源的空间平均可能满足扩散场条件的截止频率取决于单位带宽内简正波的数目及简正波共振峰的半功率带宽。根据 Schroeder 截止频率假定，满足扩散场条件时，平均共振峰的半功率带宽内包含有三个简正波。因此，满足扩散场的条件可表示为

$$n(f) \cdot \overline{\Delta f} \geqslant 3 \tag{3-56}$$

由此可求得

$$f_S = 0.33\sqrt{\frac{c_0^3 T_{60}}{V}} \tag{3-57}$$

通过式（3-57）可确定混响水池的 Schroeder 截止频率。

（4）在对测点或声源进行空间平均的基础上，混响水池声场的声能密度起伏与分析带宽内的模态重叠数有关，而模态重叠数与分析带宽及模态密度有关，同时模态密度由于与分析带宽的中心频率有关，因此，基于空间平均的混响水池声场声能密度起伏与分析带宽及中心频率有关。中心频率越高，分析带宽越宽，基于空间平均的混响水池声场声能密度起伏越低。

由式（3-53）可知，频率越高，混响水池的模态密度越大。

分析带宽 B 内的模态数为

$$M_S = B \cdot n(f) = \frac{4\pi f^2 V}{c_0^3} B \tag{3-58}$$

可见，分析带宽 B 内的模态数不仅与中心频率有关，还与分析带宽 B 有关。

而混响水池声场测量的相对方差与分析带宽内的模态数有关，参考文献[7]，相对方差与模态数的关系为

$$\varepsilon^2(p_{rms}^2) = 1 + \frac{2F(M_S)}{M_S} \tag{3-59}$$

式中，"浓度因子" $F(M_S)$ 是一个随模态数增加从 3 到 2 平滑过渡的函数。

所以，混响水池基于声源空间平均后的声场扩散性不但与频率有关，还与分析带宽有关。中心频率越高，分析带宽越大，基于声源空间平均后的声场扩散性越好。

以上分析结果也适用于空气中的室内声场。事实上，很少有室内声场满足理想的扩散场条件，而以上的分析结果对所有不满足扩散场的封闭空间声场都适用。

（5）为实现混响水池声源辐射声功率的准确测量，由于混响水池简正波的干涉，混响水池混响控制区声场声能密度分布极不均匀，因此需要对测点进行空间平均，或通过对声源空间平均来实现。若混响水池中独立测点或声源的个数为 N，测量的标准差为[8]

$$\sigma = 5.57 N^{-\frac{1}{2}}$$

若同时对频率进行空间平均，假设频率的带宽为 B，则标准差变为[8]

$$\sigma = 5.57(N(1 + 0.238 T_{60}B))^{-\frac{1}{2}}$$

若声源或测点空间平均是通过沿直线扫描声场中的距离 X，则[8]

$$\sigma = 5.57((1 + 0.238 T_{60}B)(1 + 3.3X/\lambda))^{-\frac{1}{2}}$$

式中，λ 为声波的波长。

因此，欲使混响水池中声源的辐射声功率达到预设的精度（标准差小于指定值），或者通过空间平均，或者通过频率平均，或者同时采用以上两种平均方式。

3.3 矩形混响水池复杂声源的声学测量理论

水下复杂声源是指具有复杂结构、声源种类及数量众多且具有指向性的水下声源。根据声场叠加原理，任意复杂声源均可分解为若干简单声源之和。不失一般性，以指向性声源作为研究对象，因为指向性声源比点源等简单声源复杂，比任意复杂声源简单，而且通过指向性函数叠加，可以构造任意结构、任意频率复杂声源。水下复杂声源可以看作具有指向性的多个声源的叠加，因此若可分析矩形混响水池内指向性声源的声场及其叠加性，便可分析矩形混响水池内复杂声源的声场。

3.3.1 矩形混响水池指向性声源的声学测量理论

在给定边界条件下，可求出水池中声场达到稳态情况下的格林函数 $G(r; r_0)$。格林函数 $G(r; r_0)$ 表征单位点源激发所形成声场的波函数。

格林函数 $G(r; r_0)$ 应满足如下波动方程：

$$\nabla^2 G(r; r_0) + k^2 G(r; r_0) = -4\pi\delta(r - r_0) \tag{3-60}$$

矩形混响水池在指向性声源的激发下将出现简正波。本征函数是齐次波动方程在给定边界条件下的解，本征函数 ϕ_n 满足以下方程：

$$\nabla^2 \phi_n + k_n^2 \phi_n = 0, \quad n = 1, 2, 3, \cdots \tag{3-61}$$

整个水池内，本征函数满足正交性，因此

$$\iiint_V \phi_n^* \phi_m \mathrm{d}V = \delta_{nm} = \begin{cases} 0, & m \neq n \\ 1, & m = n \end{cases} \tag{3-62}$$

若以本征函数 ϕ_n 表示混响声格林函数 $G(r; r_0)$，则格林函数 $G(r; r_0)$ 也满足给定边界条件。把格林函数 $G(r; r_0)$ 表示为

$$G(r; r_0) = \sum_n A_n \phi_n(r) \tag{3-63}$$

将式（3-63）代入式（3-60）并考虑本征函数 ϕ_n 得

$$\sum_n A_n(k^2 - k_n^2)\phi_n(r) = -4\pi\delta(r - r_0) \tag{3-64}$$

将式（3-64）两边乘以 $\phi_n(r)$ 的共轭函数 $\phi_n^*(r)$ 并在给定的区域 V 上积分，得

$$A_n = -\frac{4\pi\phi_n^*(r_0)}{(k^2 - k_n^2)V\Lambda_n} \tag{3-65}$$

将式（3-65）代入式（3-63），可得

$$G(r;r_0) = -4\pi \sum_n \frac{\phi_n^*(r_0)\phi_n(r)}{(k^2 - k_n^2)V\Lambda_n} \tag{3-66}$$

若指向性声源的强度为 Q_e，指向性因素为 $D(\theta,\varphi)$，指向性因素 $D(\theta,\varphi)$ 定义为离声源中心某一位置上（一般指远场）的声压与同样功率的无指向性声源在同一位置产生的声压的比值。因此，指向性因素 $|D(\theta,\varphi)|$ 的最大值大于 1，最小值小于 1，具体特性取决于指向性声源。

$$\phi(r;r_0) = Q_e D(\theta,\varphi) G(r;r_0) \tag{3-67}$$

把式（3-66）代入式（3-67），得

$$\phi(r;r_0) = -4\pi Q_e D(\theta,\varphi) \sum_n \frac{\phi_n^*(r_0)\phi_n(r)}{(k^2 - k_n^2)V\Lambda_n} \tag{3-68}$$

指向性声源作用下，水池中矢径为 r 的空间点的声压为

$$P(r;r_0) = \mathrm{j}4\pi\omega\rho_0 Q_e D(\theta,\varphi)\frac{\mathrm{e}^{\mathrm{j}k|(r-r_0)|}}{4\pi|r-r_0|}$$

$$+ \left(\mathrm{j}4\pi\omega\rho_0 Q_e D(\theta,\varphi) \sum_n \frac{\phi_n^*(r_0)\phi_n(r)}{(k^2 - k_n^2)V\Lambda_n} - \mathrm{j}4\pi\omega\rho_0 Q_e D(\theta,\varphi)\frac{\mathrm{e}^{\mathrm{j}k|(r-r_0)|}}{4\pi|r-r_0|} \right)$$

$$\tag{3-69}$$

矩形混响水池的声场是直达声与混响声的叠加，式（3-69）中等号右边第一项表示直达声的贡献，第二项表示混响声的贡献。当 $|r-r_0| = r_h(\theta,\varphi)$（混响半径）时，直达声与混响声相等。

指向性声源的混响半径 $r_c(\theta,\varphi)$ 与指向性因素 $D(\theta,\varphi)$ 有关，若与指向性声源等效（声功率相等）的点源（无指向性声源）的混响半径为 r_{c0}，则

$$r_c(\theta,\varphi) = D(\theta,\varphi)r_{c0} \tag{3-70}$$

将式（3-47）代入式（3-70），则有

$$r_c(\theta,\varphi) = \frac{D(\theta,\varphi)}{4}\sqrt{\frac{R}{\pi}} \tag{3-71}$$

以 P_r（混响声压）表示混响声的作用，若混响声场满足扩散场条件，则 P_r 保持不变。

因此，均方混响声压（有效值）为

$$P_r^2 = \frac{1}{2}|P_r|^2 = \frac{1}{2}\left(\frac{\omega\rho_0 Q_e D(\theta,\varphi)}{r_c(\theta,\varphi)} \right)^2 \tag{3-72}$$

把式（3-71）代入式（3-72），可得

$$P_r^2 = \frac{1}{2}\left(\frac{\omega\rho_0 Q_e}{r_{c0}} \right)^2 \tag{3-73}$$

由此可见，混响声为常量。

若以 r 表示测点距声源的距离，则

$$r = |\boldsymbol{r} - \boldsymbol{r}_0| \qquad (3\text{-}74)$$

指向性声源作用下，水池中矢径为 $\boldsymbol{r}$ 的空间点的均方声压（有效值）为

$$P^2(\boldsymbol{r};\boldsymbol{r}_0) = \frac{1}{2}\left|\frac{\omega\rho_0 Q_e D(\theta,\varphi)}{r}\right|^2 + P_r^2 = \frac{1}{2}(\omega\rho_0 Q_e)^2\left(\frac{D^2(\theta,\varphi)}{r^2} + \frac{1}{r_{c0}^2}\right) \qquad (3\text{-}75)$$

当 $r > 2r_c$ 时，混响声对总声功率的贡献是直达声的 4 倍（大 6dB）；当 $r > 4r_c$ 时，混响声对总声功率的贡献是直达声的 16 倍（大 12dB）。因此，当 $r > 2r_c$（混响控制区）时，可忽略直达声的贡献，总均方声压可近似为

$$P^2(\boldsymbol{r};\boldsymbol{r}_0) \approx P_r^2 = \frac{1}{2}\left(\frac{\omega\rho_0 Q_e}{r_c}\right)^2 \qquad (3\text{-}76)$$

可见，在混响控制区某点测量的均方声压为常量。

实际的混响声场由于边界干涉模式及能量密度分布的不均匀，不可能达到理论扩散场。为此，通过在混响控制区进行空间平均测量得到的空间平均均方声压比混响控制区某点测量的均方声压不确定度更低。若以 $\langle P^2 \rangle$ 表示混响控制区测量的空间平均均方声压，则

$$\langle P^2 \rangle = \frac{1}{2}\left(\frac{\omega\rho_0 Q_e}{r_{c0}}\right)^2 \qquad (3\text{-}77)$$

把式（3-47）及式（3-76）代入式（3-77），可得

$$\langle P^2 \rangle = W\rho_0 c_0\left(\frac{4}{R}\right) \qquad (3\text{-}78)$$

由式（3-71）及式（3-75）可知，指向性对直达声有影响，使混响半径发生变化，若声源至测点的方向（矢径 $\boldsymbol{r}_0$、$\boldsymbol{r}$ 的方向）为 $|D(\theta,\varphi)|$ 最大值的方向，则混响半径最大（$r_c(\theta,\varphi) > r_{c0}$），混响控制区变小；若声源至测点的方向为 $|D(\theta,\varphi)|$ 最小值的方向，则混响半径变小（$r_c(\theta,\varphi) < r_{c0}$），混响控制区变大。实际测量中为使测量混响控制区变大，可选择平均混响半径最小的方向进行测量。当在混响控制区（测点距声源中心的距离 $r > 2r_c$）测量时，直达声的影响可忽略，比较式（3-77）及式（3-49）可知，在混响水池中通过空间平均测量可测量指向性声源的等效辐射声功率。

偶极子声源的 $D(\theta,\varphi) = \sqrt{3}\cos\theta$，则当声源至水听器的方向为最大指向性方向时，偶极子声源的混响半径最大（大于 r_{c0}），此时的平均混响半径也较大，混响控制区变小；但当声源至水听器的方向为垂直于最大指向性方向时，偶极子声源的平均混响半径最小，混响控制区变大，测量时应选择这样的方向，如图 3-6 所示。

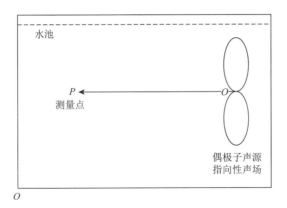

图 3-6 混响水池中偶极子声源布置

3.3.2 混响水池多个非相干声源的声学测量理论

若混响水池中有 n 个集中在一个有限区域内的独立非相干声源,该区域远小于混响水池的体积,其辐射声功率分别为 $W_1, W_2, W_3, \cdots, W_n$,则 n 个声源的辐射总功率为 $W = W_1 + W_2 + W_3 + \cdots + W_n$。因此,混响声场的总平均稳态混响声能密度为

$$\overline{\varepsilon}_R = \sum_{i=1}^{n} \frac{4W_i}{Rc_0} = \frac{4W}{Rc_0} \qquad (3\text{-}79)$$

混响水池中的声场可看作直达声与混响声的叠加。直达声的平均声能密度可表示为

$$\overline{\varepsilon}_D = \sum_{i=1}^{n} \frac{D_i^2 W_i}{4\pi r_i^2 c_0} \qquad (3\text{-}80)$$

式中, D_i 为第 i 个声源的指向性因素(偶极子声源 $D_i = \sqrt{3}\cos\theta$); r_i 为水听器离第 i 个声源的径向距离。

混响水池的总能量密度 $\overline{\varepsilon}$ 应等于

$$\overline{\varepsilon} = \overline{\varepsilon}_D + \overline{\varepsilon}_R \qquad (3\text{-}81)$$

若混响声场达到稳态时测量的空间平均均方声压为 $\langle P^2 \rangle$(有效值),则混响声场中的总平均声能密度还可以表示为

$$\overline{\varepsilon} = \frac{\langle P^2 \rangle}{\rho_0 c_0^2} \qquad (3\text{-}82)$$

把式(3-78)、式(3-79)及式(3-81)代入式(3-80),可得

$$\langle P^2 \rangle = \rho_0 c_0 \left(\frac{4W}{R} + \sum_{i=1}^{n} \frac{D_i^2 W_i}{4\pi r_i^2} \right) \qquad (3\text{-}83)$$

式中，括号中前一项表示混响声场的作用；后一项表示直达声的作用。

当测量点在混响声场的混响控制区（$r > \max(4r_{ci})$，r_{ci} 为每个声源的混响半径）时，由于 n 个声源集中在一个有限区域内，该区域远小于混响水池的体积，所以直达声可忽略。因此

$$\langle P^2 \rangle = \rho_0 c_0 \left(\frac{4W}{R} \right) \qquad (3\text{-}84)$$

式（3-84）测量的是 n 个独立声源的总声功率 W。

3.4　矩形混响水池内均匀脉动球源的声阻抗

根据文献[9]，尺度为 $L_x \times L_y \times L_z$ 的矩形混响水池 $r_0(x_0, y_0, z_0)$ 处的强度为 $4\pi Q_0$ 的点源在点 $r(x, y, z)$ 产生的声压为

$$p(\boldsymbol{r}, \boldsymbol{r}_0) = \rho_0 c_0^2 \sum_n \left(\frac{4\pi Q_0 \omega}{V \Lambda_n} \frac{\phi_n(\boldsymbol{r}) \phi_n(\boldsymbol{r}_0)}{2\omega_n \delta_n + \mathrm{j}(\omega^2 - \omega_n^2)} \right) \qquad (3\text{-}85)$$

令 $\boldsymbol{r} \equiv \boldsymbol{r}_0$，可得源表面的声压如下：

$$p(\boldsymbol{r}_0) = \rho_0 c_0^2 \left(\sum_n \frac{4\pi Q_0 \omega \phi_n^2(\boldsymbol{r}_0) / V \Lambda_n}{2\omega_n \delta_n + \mathrm{j}(\omega^2 - \omega_n^2)} \right) \qquad (3\text{-}86)$$

单极子声源在混响水池中每单位面积的声阻抗为

$$Z_r = \frac{p(r_0)}{4\pi Q_0 \exp(\mathrm{j}\omega t) / (4\pi a^2)} = 4\pi a^2 \rho_0 c_0^2 \sum_n \frac{\omega \phi_n^2(r_0) / (V \Lambda_n)}{2\omega_n \delta_n + \mathrm{j}(\omega^2 - \omega_n^2)} \qquad (3\text{-}87)$$

此为声源发射正弦信号时的辐射阻抗。把此公式应用于窄带 $\Delta\omega$ 情况，激励 Q^2 就由其功率谱密度 $Q^2 / \Delta\omega$ 代替，响应就为频带 $\Delta\omega$ 内的积分。因此，式（3-87）可简化为

$$Z_r = 4\pi a^2 \rho_0 c_0^2 \frac{1}{V \Delta\omega} \sum_n \frac{\phi_n^2(r_0)}{\Lambda_n} \qquad (3\text{-}88)$$

我们知道函数 $\phi_n^2(r_0) / \Lambda_n$ 对所有模态的空间平均值为 1，其求和就是 Δf 内简正模态的总数。根据式（3-6），可得

$$\Delta N = \left(\frac{4\pi V f^2}{c_0^3} + \frac{\pi S f}{2c_0^2} + \frac{L_z}{2c_0} \right) \Delta f \qquad (3\text{-}89)$$

在整个混响水池内对式（3-88）进行空间平均，可得

$$\langle Z_r \rangle_{\mathrm{tot}} = \langle R_r \rangle_{\mathrm{tot}} \approx \frac{4\pi^2 \rho_0 f^2 a^2}{c_0} \left(1 + \frac{Sc}{8Vf} \right) = \rho_0 c_0 (ka)^2 \left(1 + \frac{S\lambda}{8V} \right) \qquad (3\text{-}90)$$

因此

$$\langle R_r \rangle_{\text{tot}} = \rho_0 c_0 (ka)^2 \left(1 + \frac{S\lambda}{8V} \right) \tag{3-91}$$

式中，$\langle \cdot \rangle_{\text{tot}}$ 表示整个混响声场的空间平均。

由此可见，声源在混响声场中辐射阻的整个混响声场空间平均值 $\langle R_r \rangle_{\text{tot}}$ 与自由场的辐射阻 R_r 并不相同；只有在高频（$f \geqslant f_\mathrm{S}$）时，两者才近似相等。由于

$$\frac{\langle W \rangle_{\text{tot}}}{W} = \frac{\langle R_r \rangle_{\text{tot}}}{R_0} \tag{3-92}$$

因此

$$\langle W \rangle_{\text{tot}} = W \left(1 + \frac{S\lambda}{8V} \right) \tag{3-93}$$

即低频（$f < f_\mathrm{S}$）情况下，由于混响水池辐射阻的变化，按混响法测量的整个混响水池空间总平均声功率 $\langle W \rangle_{\text{tot}}$ 并不等于其自由场测量值 W。

参 考 文 献

[1] Kuttruff H. Room Acoustics[M]. 4th ed. London：Spon Press，2000.

[2] 马大猷. 复议室内稳态声场[J]. 声学学报，2002，27（5）：385-388.

[3] 杜功焕，朱哲民，龚秀芬. 声学基础[M]. 南京：南京大学出版社，2001：226-230.

[4] Mailing C G. Calculation of acoustic power radiated by a monopole in a reverberant chamer[J]. The Journal of the Acoustics Society of America，1967，42（4）：859-865.

[5] Waterhouse R V. Noise measurement in reverberant rooms[J]. The Journal of the Acoustics Society of America，1973，54（4）：931-934.

[6] Schroeder M R. Frequency-correlation function of frequency responses in rooms[J]. The Journal of the Acoustics society of America，1962，34（12）：1819-1823.

[7] Jacobsen F，Molares A R. The ensemble variance of pure-tone measurements in reverberation rooms[J]. The Journal of the Acoustics Society of America，2010，127（1）：233-237.

[8] Schroeder M R. Effect of frequency and space averaging on the transmission responses of multimode media[J]. The Journal of the Acoustics Society of America，1969，46（2）：277-283.

[9] Morse P M，Ingard K U. Theoretical Acoustics[M]. New York：McGraw-Hill Inc.，1967：554-599.

第4章　混响水池中声源辐射阻抗特性

声源在自由场中的声辐射与在封闭空间中的声辐射不同。区别于自由空间，声源在混响水池中发射涉及的物理问题是封闭空间边界对声源辐射阻抗的影响问题，其中包含了声源与声场耦合、边界对声场作用的复杂物理机理。封闭空间边界的存在会改变声源辐射阻抗特性，因此在封闭空间中测量声源声辐射特性并非易事。封闭空间中的声场特性与声源的辐射阻特性存在内在关联，清楚了封闭空间中声源辐射阻抗相对于自由场辐射阻抗的差异，也就掌握了声源在此封闭空间中发射的声场与自由场间的区别及联系，可以为在封闭空间中进行声源辐射声功率测量提供科学理解和测量原理、方法依据。

本章以混响水池中的换能器声源为研究对象，探究声源辐射阻抗与辐射声功率以及辐射声场之间的内在联系。

4.1　辐射阻抗理论基础

本节通过电声类比将水声换能器等效为集中参数系统，从电路的角度分析辐射阻抗在声场中的作用；针对辐射面振速均匀分布的声源，以声场对声源的反作用力与振速的比值定义此类声源的辐射阻抗；针对辐射面振速不均匀分布的声源，通过电功率类比声功率的方法给出辐射阻抗的计算方法。

4.1.1　水声换能器阻抗和导纳基础

水声换能器的阻抗或导纳是可以直接测量的基本电声参数，对于一个换能器而言，换能器本身可以通过机电类比等效为相应的电路，当指定频率和振速时，又能等效为一个集中参数系统。在换能器处于发射状态时，其等效图如图 4-1 所示。

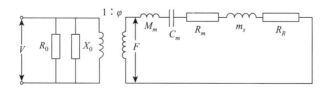

图 4-1　换能器在谐振频率附近的等效集中参数机电图

图中，V 为发射机加在处于发射状态的换能器输入端的电压；R_0 为静态电阻；X_0 为静态电抗；φ 为机电转换系数；F 为推动力；M_m 为等效质量；C_m 为等效电容；R_m 为机械阻；R_R 为辐射声阻；m_s 为共振质量。对于压电换能器，R_0 为介质损耗阻，$X_0 = 1/(jC_0\omega)$，φ 为压电的机电转换系数，F 为压电推动力；对于磁致伸缩换能器，R_0 为磁滞涡流损耗阻，$X_0 = jL_0\omega$，φ 为磁致伸缩机电转换系数，F 为磁致伸缩推动力。由图 4-1 可知，整个换能器的阻抗由以下三部分组成。

（1）静态阻抗 $Z_0 = R_0 + jX_0$。

（2）动态机械阻抗 $Z_m = R_m + j(\omega M_m - 1/(C_m\omega))$。

（3）辐射阻抗 $Z_R = R_R + jm_s\omega$。

对于压电换能器来说，可以等效为图 4-2 的形式。其中 Z_m/φ^2、Z_R/φ^2 分别为机械阻抗和辐射阻抗，是机电耦合反映到电路中的等效电阻抗，用 Z_d 来表示，称为动态电阻抗，即

$$Z_d = \frac{Z_m + Z_R}{\varphi^2} = \left(\frac{R_m + R_R}{\varphi^2}\right) + j\left(\frac{\omega(M_m + m_s)}{\varphi^2} - \frac{1}{\varphi^2 \omega C_m}\right) \tag{4-1}$$

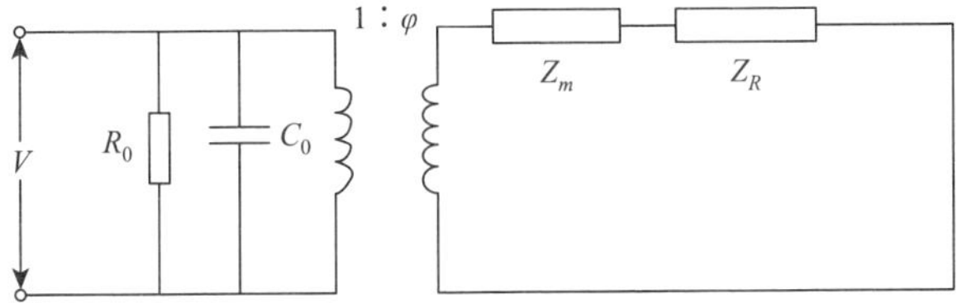

图 4-2　压电换能器等效电路

由图 4-2 可知，压电换能器的静态电阻抗和动态电阻抗相互并联，采用导纳的形式来描述更合适，令静态电导纳为 Y_0，动态电导纳为 Y_d，则

$$Y_0 = G_0 + jB_0 = \frac{1}{R_0} + j\omega C_0 \tag{4-2}$$

$$Y_d = G_d + jB_d = \frac{1}{Z_d} \tag{4-3}$$

式中

$$G_d = \frac{\varphi^2(R_m + R_R)}{(R_m + R_R)^2 + \left(\omega(M_m + m_s) - \dfrac{1}{C_m\omega}\right)^2} \tag{4-4}$$

$$B_d = \frac{-\varphi^2\left(\omega(M_m + m_s) - \dfrac{1}{C_m\omega}\right)}{(R_m + R_R)^2 + \left(\omega(M_m + m_s) - \dfrac{1}{C_m\omega}\right)^2} \tag{4-5}$$

G_0 为静态电导；B_0 静态电纳；G_d 为动态电导；B_d 为动态电纳。整个换能器的总电导纳 Y_t 为

$$Y_t = Y_0 + Y_d = G_t + jB_t \qquad (4\text{-}6)$$

式中

$$G_t = G_0 + G_d = \frac{1}{R_0} + \frac{\varphi^2(R_m + R_R)}{(R_m + R_R)^2 + \left(\omega(M_m + m_s) - \dfrac{1}{C_m\omega}\right)^2} \qquad (4\text{-}7)$$

$$B_t = B_0 + B_d = \omega C_0 + \frac{-\varphi^2\left(\omega(M_m + m_s) - \dfrac{1}{C_m\omega}\right)}{(R_m + R_R)^2 + \left(\omega(M_m + m_s) - \dfrac{1}{C_m\omega}\right)^2} \qquad (4\text{-}8)$$

G_t 和 B_t 分别为总电导和总电纳，在频率为机械谐振频率 ω_0，即

$$\omega_0(M_m + m_s) - \frac{1}{\omega_0 C_m} = 0 \qquad (4\text{-}9)$$

时，动态电导和总电导达到最大值，为

$$(G_d)|_{f=f_0} = \frac{\varphi^2}{(R_m + R_R)}, \quad (G_t)|_{f=f_0} = \frac{1}{R_0} + \frac{\varphi^2}{R_m + R_R} \qquad (4\text{-}10)$$

对应的动态电纳和总电纳为

$$(B_d)|_{f=f_0} = 0, \quad (B_t)|_{f=f_0} = \omega_0 C_0 \qquad (4\text{-}11)$$

相应的 G_t 及 B_t 随 f 的变化曲线见图 4-3。

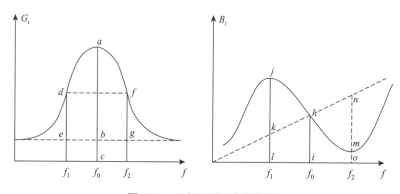

图 4-3 G_t 和 B_t 随 f 变化曲线

图中的虚线分别为静态电导 G_0 和静态电纳 B_0 的值。机械谐振时，总电导 G_t 和动态电导 G_d 达到最大值，图中 a 点所对应的频率为机械谐振频率 f_0。从图中可以看出，线段 $\overline{ab}$ 表示在此时的动态电导，则

$$\overline{ab} = (G_d)|_{f=f_0} = \frac{\varphi^2}{R_m + R_R} \tag{4-12}$$

线段 $\overline{bc}$ 表示静态电导，则

$$\overline{bc} = (G_0)|_{f=f_0} = \frac{1}{R_0} \tag{4-13}$$

线段 $\overline{ac}$ 表示总电导，则

$$\overline{ac} = (G_t)|_{f=f_0} = \frac{1}{R_0} + \frac{\varphi^2}{R_m + R_R} \tag{4-14}$$

当 $f = f_0$ 时，图中 $\overline{hi}$ 表示对应于频率为 f_0 时的静态电纳，此时

$$(B_d)|_{f=f_0} = 0 \tag{4-15}$$

$$\overline{hi} = (B_0)|_{f=f_0} = \omega_0 C_0 \tag{4-16}$$

在图 4-3 中存在频率 f_1 和 f_2，用线段 $\overline{de}$ 及 $\overline{fg}$ 来表示它们的动态电导，其大小为 $\overline{ab}$ 的一半，即

$$\overline{de} = (G_d)|_{f=f_1} = \frac{\varphi^2(R_m + R_R)}{(R_m + R_R)^2 + \left(\omega_1(M_m + m_s) - \dfrac{1}{C_m \omega_1}\right)^2} = \frac{1}{2}\frac{\varphi^2}{R_m + R_R} \tag{4-17}$$

$$\overline{fg} = (G_d)|_{f=f_2} = \frac{\varphi^2(R_m + R_R)}{(R_m + R_R)^2 + \left(\omega_2(M_m + m_s) - \dfrac{1}{C_m \omega_2}\right)^2} = \frac{1}{2}\frac{\varphi^2}{R_m + R_R} \tag{4-18}$$

在恒压工作状态下，换能器处于频率 f_1 和 f_2 工作时，此刻的电功率数值为最大功率的一半，可称 f_1 和 f_2 为半功率点频率，此时满足

$$\omega_1(M_m + m_s) - \frac{1}{C_m \omega_1} = -(R_m + R_R) \tag{4-19}$$

$$\omega_2(M_m + m_s) - \frac{1}{C_m \omega_2} = R_m + R_R \tag{4-20}$$

联立式（4-19）和式（4-20）得

$$(\omega_1 + \omega_2)(M_m + m_s) = \frac{\omega_1 + \omega_2}{C_m \omega_1 \omega_2} \tag{4-21}$$

进而

$$\omega_1 \omega_2 = \frac{1}{C_m(M_m + m_s)} = \omega_0^2 \tag{4-22}$$

将 $\omega = 2\pi f$ 代入式（4-22）得

$$f_0^2 = f_1 f_2 \tag{4-23}$$

又将式（4-19）和式（4-20）相减得

$$\omega_2 - \omega_1 = \frac{R_m + R_R}{M_m + m_s} = \frac{\omega_0}{\dfrac{\omega_0(M_m + m_s)}{R_m + R_R}} = \frac{\omega_0}{Q_m} \qquad (4\text{-}24)$$

式中，$Q_m = \omega_0(M_m + m_s)/(R_m + R_R)$，为换能器的水中机械品质因数。式（4-24）又可以写为

$$Q_m = \frac{f_0}{f_2 - f_1} = \frac{f_0}{\Delta f} \qquad (4\text{-}25)$$

通过图 4-3 中 G_t-f 曲线可以求得换能器在水中的机械品质因数 Q_m 和频带宽度 Δf。同样，在 B_t-f 曲线中有

$$(B_d)|_{f=f_1} = \frac{-\varphi^2\left(\omega_1(M_m + m_s) - \dfrac{1}{C_m\omega_1}\right)}{(R_m + R_R)^2 + \left(\omega_1(M_m + m_s) - \dfrac{1}{C_m\omega_1}\right)} \qquad (4\text{-}26)$$

$$(B_d)|_{f=f_2} = \frac{-\varphi^2\left(\omega_2^2(M_m + m_s) - \dfrac{1}{C_m\omega_2}\right)}{(R_m + R_R)^2 + \left(\omega_2(M_m + m_s) - \dfrac{1}{C_m\omega_2}\right)} \qquad (4\text{-}27)$$

$$(B_d)|_{f=f_1} = \frac{1}{2}\frac{\varphi^2}{R_m + R_R} \qquad (4\text{-}28)$$

$$(B_d)|_{f=f_2} = \frac{1}{2}\frac{\varphi^2}{R_m + R_R} \qquad (4\text{-}29)$$

在频率为 f_1 及 f_2 时，动态电纳 B_d 的绝对值达到最大值，两个频率下的动态电纳大小相等。令线段 $\overline{jk}$ 代表频率为 f_1 时的动态电纳，线段 $\overline{mn}$ 代表频率为 f_2 时的动态电纳，从 B_t 随 f 变化的曲线上可求得 Δf 及 Q_m。

处于发射状态的换能器等效类比为机电集中参数系统，辐射阻类比为电路电阻元件，辐射抗类比为电路电感元件，在电路系统中，普通的电阻元件大都属于耗能器件，而电感是把电能转化为磁能存储的元件，辐射阻抗是在振动面振动时反抗介质的反作用力做功的体现，做功转化为声场的能量。辐射阻是做有用功的体现，辐射阻的值大于或者等于零，反映有用功多少；在做功过程中，部分功周期平均为零，只是能量之间的相互转化，是场与声源之间的能量转化，相当于电路中电感元件的作用，辐射抗是源与场之间能量的转化体现。辐射阻抗是评价声振动系统声效率转化高低的一个重要参量。

4.1.2　辐射面振速均匀分布声源辐射阻抗计算

辐射面振速均匀分布声源最典型的是脉动球源和活塞声源，脉动球源源表面做球对称的周期膨胀和收缩运动，表面径向振速为 $v_0 \exp(-\mathrm{i}\omega t)$，表面振速均匀。根据辐射阻抗最初的定义即声场对声源的反作用力与声源辐射面振速的比值，反作用力可以通过表面声压对面积积分求得，振速已知，两者相除得到辐射阻抗。

以活塞声源为例，将活塞表面分割成无限多个小面元，设由面元 $\mathrm{d}S$ 的振动在面元 $\mathrm{d}S'$ 附近的介质中产生的声压为 $\mathrm{d}p$，则

$$\mathrm{d}p = \mathrm{j}\frac{k\rho_0 c_0}{2\pi h}u_a \mathrm{e}^{\mathrm{j}(\omega t - kh)}\mathrm{d}S \tag{4-30}$$

式中，h 为 $\mathrm{d}S$ 到 $\mathrm{d}S'$ 的距离。

在 $\mathrm{d}S'$ 处的总声压为

$$p = \int \mathrm{d}p = \mathrm{j}\frac{k\rho_0 c_0}{2\pi}u_a \mathrm{e}^{\mathrm{j}\omega t}\iint_S \frac{\mathrm{e}^{-\mathrm{j}kh}}{h}\mathrm{d}S \tag{4-31}$$

面元 $\mathrm{d}S'$ 受到声场的反作用力为

$$\mathrm{d}F_r = -p\mathrm{d}S' \tag{4-32}$$

对 $\mathrm{d}S'$ 积分得到活塞表面受声场的反作用力：

$$F_r = \int \mathrm{d}F_r = -\iint_S p\mathrm{d}S' = -\mathrm{j}\frac{\omega\rho_0 u_a}{2\pi}\mathrm{e}^{\mathrm{j}\omega t}\iint_S \mathrm{d}S'\iint_S \frac{\mathrm{e}^{-\mathrm{j}kh}}{h}\mathrm{d}S \tag{4-33}$$

利用特殊函数：

$$\begin{cases} \displaystyle\int_0^{\pi/2}\cos(x\cos\theta)\mathrm{d}\theta = \frac{\pi}{2}J_0(x) \\[2mm] \displaystyle\int_0^{\pi/2}\sin(x\cos\theta)\mathrm{d}\theta = \frac{\pi}{2}K_0(x) \end{cases} \tag{4-34}$$

最后得到 F_r 为

$$F_r = -\rho_0 c_0 \pi a^2 u_a\left(1 - \frac{2J_1(2ka)}{2ka} + \mathrm{j}\frac{2K_1(2ka)}{(2ka)^2}\right)\mathrm{e}^{\mathrm{j}\omega t} \tag{4-35}$$

活塞声源的辐射阻抗为

$$Z_r = \frac{-F_r}{u} = \rho_0 c_0 \pi a^2\left(1 - \frac{2J_1(2ka)}{2ka} + \mathrm{j}\frac{2K_1(2ka)}{(2ka)^2}\right) \tag{4-36}$$

4.1.3　辐射面振速非均匀分布声源辐射阻抗计算

对于振幅非均匀分布的声源，把辐射阻抗定义为作用面上的力除以振速，此

时的振速在辐射面上分布不均，4.1.2 节中的方法不适用，从声源做功和辐射声能角度引入非均匀辐射面辐射阻抗的定义。

辐射声功率类比电功率，声源表面振速分布为 $u(r,\varphi)\mathrm{e}^{\mathrm{j}\omega t}$，$u(r,\varphi)$ 是复数振幅，声压复数振幅分布为 $p(r,\varphi)$，则在 (r,φ) 点附近微元 $\mathrm{d}s$ 振动时的复数功率为

$$\mathrm{d}W_a = (\mathrm{d}F(r,\varphi))U^*(r,\varphi) = P(r,\varphi)U^*(r,\varphi)\mathrm{d}s \qquad （4\text{-}37）$$

整个辐射面的复数辐射声功率为

$$W_a = \iint_s P(r,\varphi)U^*(r,\varphi)\mathrm{d}s \qquad （4\text{-}38）$$

把式（4-38）声功率类比电功率，则有

$$Z_{ss} = \frac{1}{u_R^2}\iint_s P(r,\varphi)U^*(r,\varphi)\mathrm{d}s \qquad （4\text{-}39）$$

式中，Z_{ss} 为自辐射阻抗；u_R 为指定的振速幅值，对于对称分布的辐射面，通常用中心点振速作为参考速度，或者是辐射面平均振速为参考速度。针对弹性球壳声源和复杂圆柱壳结构声源声辐射特点，u_R 选择面平均速度。

式（4-39）只适用于自由场中计算辐射面振速分布不均的声源辐射阻抗，在封闭空间中 W_a 变为

$$W_a' = \iint_s P_R(r,\varphi)U^*(r,\varphi)\mathrm{d}s \qquad （4\text{-}40）$$

封闭空间中声源辐射阻抗计算式为

$$Z_{ss}' = \frac{1}{u_R'^2}\iint_s P_R(r,\varphi)U_R^*(r,\varphi)\mathrm{d}s \qquad （4\text{-}41）$$

式中，$P_R(r,\varphi)$ 为封闭空间中声源表面声压；$U_R^*(r,\varphi)$ 为封闭空间中声源表面振速共轭值；u_R' 为封闭空间中声源面平均速度。式（4-41）用于数值计算封闭空间中圆柱壳声源辐射阻，在低频段内自由场圆柱壳声源面平均速度与封闭空间中基本相同，封闭空间和自由场中圆柱壳声源辐射声功率的比值就等于封闭空间和自由场中圆柱壳声源辐射阻的比值，通过研究封闭空间与自由场中圆柱壳声源辐射阻比值关系，能够得到封闭空间与自由场中圆柱壳声源辐射声功率比值。

4.2　辐射阻抗建模方法

本节从解析分析和数值计算两个层面，给出脉动球源辐射阻抗的封闭空间中建模方法，并结合声学有限元软件 ACTRAN 和 COMSOL 验证建模方法可行，为分析混响水池声学环境对声源辐射阻抗影响提供方法。

4.2.1　声源辐射阻抗解析计算方法

1. 自由场中声源辐射阻抗计算

设脉动球源的半径为 r_0，介质密度为 ρ_0，声波在水中的传播速度为 c_0，球表面做球对称的周期膨胀和收缩运动，表面径向振速为 $V_0\exp(-\mathrm{j}\omega t)$，声场中某点距脉动球源中心的距离为 r，则脉动球源辐射的声场是

$$P = \frac{V_0\rho_0 c_0 r_0}{\left(1 - \dfrac{1}{\mathrm{j}kr_0}\right)r}\exp(\mathrm{j}k(r - r_0)) \tag{4-42}$$

声源辐射时受到介质的反作用力为

$$F_r = (-S_0 P)\big|_{r=r_0} = V_0\rho_0 c_0 S_0 \frac{\mathrm{j}kr_0}{1 - \mathrm{j}kr_0} \tag{4-43}$$

式（4-43）可以写为

$$F_r = -Z_r V_0 \tag{4-44}$$

式中

$$Z_r = -\rho_0 c_0 S_0 \frac{\mathrm{j}kr_0}{1 - \mathrm{j}kr_0} \tag{4-45}$$

式（4-45）为脉动球源在自由场中辐射阻抗的计算式，辐射阻抗的实部和负的虚部分别为辐射阻 $R_r = \rho_0 c_0 S_0 k^2 r_0^2 / (1 + k^2 r_0^2)$ 和辐射抗 $X_r = \rho_0 c_0 S_0 k r_0 / (1 + k^2 r_0^2)$，$R_r$ 和 X_r 随 kr_0 变化曲线如图 4-4 所示。

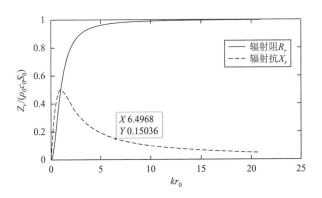

图 4-4　自由场脉动球源辐射阻抗曲线

2. 理想边界封闭空间中声源辐射阻抗计算

1）矩形理想边界封闭空间中脉动球源辐射阻抗计算

设在矩形理想边界中点源的容积速度为 $4\pi Q$，$\boldsymbol{r}_0$ 为声源的矢量坐标，$\boldsymbol{r}$ 为声场中某点的矢量坐标，$\varphi(\boldsymbol{r})$ 为点源速度势函数，$\varphi(\boldsymbol{r})$ 满足波动方程：

$$\nabla^2 \varphi + k^2 \varphi = -4\pi Q \delta(\boldsymbol{r} - \boldsymbol{r}_0) \tag{4-46}$$

将式（4-46）按简正波形式展开，用本征函数 φ_n 表示 $\varphi(\boldsymbol{r})$：

$$\varphi(\boldsymbol{r}) = -4\pi Q \sum_{n=1}^{\infty} \frac{\varphi_n(\boldsymbol{r})\varphi_n(\boldsymbol{r}_0)}{(k^2 - k_n^2)V\Lambda_n} \tag{4-47}$$

式中，V 为矩形空间的体积；$\Lambda_n = \dfrac{1}{V}\iiint_V |\varphi_n|^2 \, \mathrm{d}V$。

忽略时间因子，由运动方程得点源声场的声压表达式为

$$P(\boldsymbol{r}) = -\mathrm{j}\rho\omega\varphi(\boldsymbol{r}) = \mathrm{j}4\pi Q\rho\omega \sum_{n=1}^{\infty} \frac{\varphi_n(\boldsymbol{r})\varphi_n(\boldsymbol{r}_0)}{(k^2 - k_n^2)V\Lambda_n} \tag{4-48}$$

由式（4-47）得出脉动球源的表面声压，令 $\boldsymbol{r} = \boldsymbol{r}_0$，有

$$P(\boldsymbol{r}_0) = \mathrm{j}4\pi Q\rho\omega \sum_{n=1}^{\infty} \frac{\varphi_n^2(\boldsymbol{r}_0)}{(k^2 - k_n^2)V\Lambda_n} \tag{4-49}$$

在实际的声场中，池壁与水介质存在声吸收，声压值不能无限大，k_n 表示为复数形式：

$$k_n = \frac{\omega_n}{c_0} + \mathrm{j}\frac{\delta_n}{c_0} \tag{4-50}$$

式中，δ_n 为阻尼因子。则脉动球源单位面积声阻抗为

$$Z_r = \frac{P(\boldsymbol{r}_0)}{4\pi Q / (4\pi a^2)} = \mathrm{j}4\pi a^2 \rho\omega \sum_{n=1}^{\infty} \frac{\varphi_n^2(\boldsymbol{r}_0)}{(k^2 - k_n^2)V\Lambda_n} \tag{4-51}$$

由式（4-50）中 $\delta_n \ll \omega_n$ 有

$$k_n^2 = \frac{\omega_n^2}{c_0^2} - \mathrm{j}\frac{2\delta_n\omega_n}{c_0^2} \tag{4-52}$$

联立式（4-51）和式（4-52）得辐射阻为

$$\begin{aligned}
\operatorname{Re}(Z_r) &= \operatorname{Re}\left(\mathrm{j}4\pi a^2 \rho\omega \sum_{n=1}^{\infty} \frac{\varphi_n^2(\boldsymbol{r}_0)}{\left(\dfrac{\omega^2}{c_0^2} - \dfrac{\omega_n^2}{c_0^2} + \dfrac{\mathrm{j}2\delta_n\omega_n}{c_0^2} \right)V\Lambda_n} \right) \\
&= 4\pi a^2 \rho c_0^2 \omega \sum_{n=1}^{\infty} \frac{2\delta_n\omega_n\varphi_n^2(\boldsymbol{r}_0) / (V\Lambda_n)}{(\omega^2 - \omega_n^2)^2 + 4\delta_n^2\omega_n^2}
\end{aligned} \tag{4-53}$$

2）球形理想边界封闭空间中脉动球源辐射阻抗计算

如图 4-5 所示，脉动球源的半径为 a，表面径向振速为 $v_0 \exp(-\mathrm{j}\omega t)$，球形绝对软边界的半径为 b，选择球坐标系，坐标原点取在球心处。波阵面为球面，距离球心 r 处的波阵面面积 $S = 4\pi r^2$。

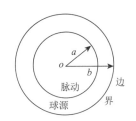

图 4-5　球形绝对软边界封闭空间中脉动球源

脉动球源声场满足球坐标系下的波动方程，即

$$\frac{\partial^2 P}{\partial r^2} + \frac{\partial P}{\partial r}\frac{\partial \ln S}{\partial r} = \frac{1}{c_0^2}\frac{\partial^2 P}{\partial t^2} \tag{4-54}$$

将 $S = 4\pi r^2$ 代入式（4-54）得

$$\frac{\partial^2 P}{\partial r^2} + \frac{2}{r}\frac{\partial P}{\partial r} = \frac{1}{c_0^2}\frac{\partial^2 P}{\partial t^2} \tag{4-55}$$

令 $Y = Pr$，则式（4-55）可化为

$$\frac{\partial^2 Y}{\partial r^2} = \frac{1}{c_0^2}\frac{\partial^2 Y}{\partial t^2} \tag{4-56}$$

利用分离变量法求得式（4-56）的一般解为

$$Y = A\mathrm{e}^{\mathrm{j}(\omega t - kr)} + B\mathrm{e}^{\mathrm{j}(\omega t + kr)} \tag{4-57}$$

则声压 P 的解为

$$P = \frac{Y}{r} = \frac{A}{r}\mathrm{e}^{\mathrm{j}(\omega t - kr)} + \frac{B}{r}\mathrm{e}^{\mathrm{j}(\omega t + kr)} \tag{4-58}$$

由运动方程 $\rho\dfrac{\mathrm{d}v}{\mathrm{d}t} = -\dfrac{\partial p}{\partial r}$ 得径向质点速度为

$$v_r = -\frac{1}{\mathrm{j}\omega\rho_0}\frac{\partial P}{\partial r} = \frac{A}{r\rho_0 c_0}\left(1 + \frac{1}{\mathrm{j}kr}\right)\mathrm{e}^{\mathrm{j}(\omega t - kr)} + \frac{B}{r\rho_0 c_0}\left(\frac{1}{\mathrm{j}kr} - 1\right)\mathrm{e}^{\mathrm{j}(\omega t + kr)} \tag{4-59}$$

满足边界条件：在脉动球源表面满足球表面振速与声场质点振速连续；球形声场边界为软边界。忽略时间因子得

$$\begin{cases} \left(\dfrac{A}{r\rho_0 c_0}\left(1 + \dfrac{1}{\mathrm{j}kr}\right)\mathrm{e}^{-\mathrm{j}kr} + \dfrac{B}{r\rho_0 c_0}\left(\dfrac{1}{\mathrm{j}kr} - 1\right)\mathrm{e}^{\mathrm{j}kr}\right)\Big|_{r=a} = v_0 \\[3mm] \left(\dfrac{A}{r}\mathrm{e}^{-\mathrm{j}kr} + \dfrac{B}{r}\mathrm{e}^{\mathrm{j}kr}\right)\Big|_{r=b} = 0 \end{cases} \tag{4-60}$$

解式（4-60）得

$$\begin{cases} A = -B\mathrm{e}^{\mathrm{j}2kb} \\[3mm] B = \dfrac{\mathrm{j}v_0\rho_0\omega a^2}{(1 - \mathrm{j}ka)\mathrm{e}^{\mathrm{j}ka} - (1 + \mathrm{j}ka)\mathrm{e}^{\mathrm{j}(2kb - ka)}} \end{cases} \tag{4-61}$$

将式（4-61）代入式（4-58）得

$$A = -B e^{j2kb} = \frac{jv_0 \rho_0 \omega a^2}{(1+jka)e^{-jka} - (1-jka)e^{j(ka-2kb)}} \tag{4-62}$$

$$P = \frac{\dfrac{jv_0 \rho_0 \omega a^2 e^{j(\omega t - kr)}}{(1+jka)e^{-jka} - (1-jka)e^{j(ka-2kb)}}}{r} + \frac{\dfrac{jv_0 \rho_0 \omega a^2 e^{j(\omega t + kr)}}{(1-jka)e^{jka} - (1+jka)e^{j(2kb-ka)}}}{r} \tag{4-63}$$

根据辐射面振幅均匀分布的声源的辐射阻抗的定义，即声源辐射时受到介质的反作用力与质点速度之比，得到球形绝对软边界封闭空间中脉动球源辐射阻抗为

$$Z_r = \frac{j4\pi\rho_0 \omega a^3 e^{j(\omega t - ka)}}{-(1+jka)e^{-jka} + (1-jka)e^{j(ka-2kb)}} + \frac{j4\pi\rho_0 \omega a^3 e^{j(\omega t + ka)}}{-(1-jka)e^{jka} + (1+jka)e^{j(2kb-ka)}} \tag{4-64}$$

4.2.2　声源辐射阻抗数值计算

利用有限元软件 ACTRAN 仿真计算确定参数的脉动球源在自由场和封闭空间中的辐射阻抗，并与解析解对比验证仿真计算结果的正确性，检验脉动球源数值建模方法的有效性。

1. 数值计算原理及其过程

针对脉动球源在球源表面上各点沿着径向做同振幅、同相位振动的特点，在 ACTRAN 中将脉动球源处理为法向加速度源，仿真计算不同特性的边界封闭空间中的辐射阻抗值。

ACTRAN 数值计算脉动球源的原理和过程如下。

1）原理

根据脉动球源的相关知识，脉动球源在球表面做球对称的周期膨胀和收缩运动，表面径向振速为 $v_0 \exp(-j\omega t)$。声源辐射时受到介质的反作用力为

$$F_r = (-S_0 P)|_{r=r_0} = V_0 \rho_0 c_0 S_0 (jkr_0 / (1-jkr_0)) \tag{4-65}$$

式（4-65）可以写成 $F_r = -Z_r V_0$，其中 $Z_r = -\rho_0 c_0 S_0 (jkr_0 / (1-jkr_0))$ 称为辐射力阻抗，即声源辐射时介质的作用力与质点速度之比，简称为辐射阻抗。在仿真处理中可以将 Z_r 处理为

$$Z_r = \sum_{i=1}^{N} \int_0^{2\pi} \int_{\varphi_i}^{\varphi_{i+1}} P_i r^2 \sin\varphi \, d\varphi \, d\theta \tag{4-66}$$

式中，P_i 为各个测量点表面声压；N 是离散点数。利用脉动球表面速度与加速度的关系

$$v(t) = \frac{\mathrm{d}x(t)}{\mathrm{d}t} = \frac{\mathrm{d}A\mathrm{e}^{\mathrm{j}(\omega t + \varphi)}}{\mathrm{d}t} = \mathrm{j}\omega A\mathrm{e}^{\mathrm{j}(\omega t + \varphi)} \quad (4\text{-}67)$$

$$a(t) = \frac{\mathrm{d}^2 x(t)}{\mathrm{d}t^2} = -\omega^2 A\mathrm{e}^{\mathrm{j}(\omega t + \varphi)} \quad (4\text{-}68)$$

得到 $v(t) = -\mathrm{j}a(t)/(2\pi f)$,进而利用式(4-65),可以通过设置法向加速度来仿真脉动球源的辐射声场。

2)过程

ACTRAN 脉动球源仿真过程见图 4-6,不同边界特性的封闭空间在设定边界时处理不同,对于绝对软或者绝对硬边界,将边界导纳值设为无穷大或者是无穷小,而弹性边界和阻抗边界在边界处理时将导纳值设置为具体值。

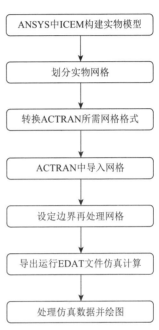

图 4-6　ACTRAN 脉动球源仿真过程

2. 声源辐射阻抗数值建模方法及其验证

以自由场和矩形绝对软边界中脉动球源解析解验证自由场和绝对软边界中脉动球源 ACTRAN 仿真计算结果的正确性,建立封闭空间中脉动球源数值计算方法,应用该 ACTRAN 数值方法仿真计算封闭空间中脉动球源辐射阻抗;通过 COMSOL 中自由场弹性球壳辐射阻抗仿真结果与解析解对比验证 COMSOL 数值建模方法的正确性,并以此模型构建方法为基础计算封闭空间中复杂圆柱壳声源的辐射阻抗。

1)自由场中脉动球源辐射阻抗数值计算

(1)自由场脉动球源建模。

针对脉动球源在自由场中的声场模型特点,通过三维建模验证数值方法的正确性。三维脉动球源数值模型如图 4-7 所示,脉动球源半径为 0.05m,构建 1m 的水域,用来仿真脉动球源在以水为介质的自由场中的声场。频率为 100Hz～10kHz,步长为 10Hz,在球源表面添加一个法向 1m/s^2 的加速度,用于仿真脉动球源辐射声场,在球表面建立合适的场点,提取场点声压数据以计算声场对脉动球源的反作用力,具体见图 4-8 和图 4-9。

(2)自由场脉动球源仿真结果分析。

将自由场脉动球源 ACTRAN 仿真结果中场点声压提取,根据数值计算原理处理数据,用 MATLAB 绘制辐射阻抗图,与解析解对比验证自由场数值方法正确性。三维脉动球源自由场辐射阻抗解析和仿真对比结果见图 4-10。

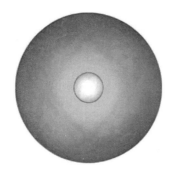

图 4-7　三维脉动球源数值模型

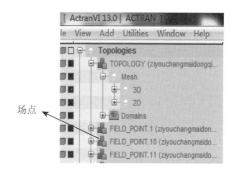

图 4-8　场点选取

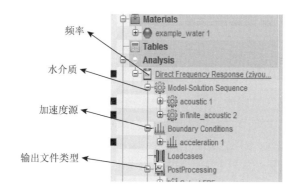

图 4-9　脉动球源自由场仿真参数设置

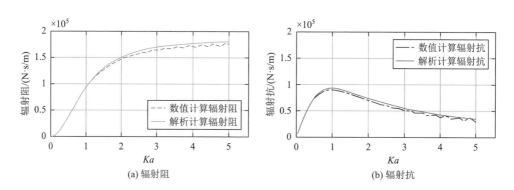

(a) 辐射阻　　　　　　　　　　　　(b) 辐射抗

图 4-10　三维脉动球源自由场辐射阻抗仿真和解析对比图

　　图 4-10 中，脉动球源自由场辐射阻抗仿真结果与解析解吻合，仿真方法在自由场中可行。根据仿真网格要求，每一个波长至少存在 6 个网格，仿真频率越高，网格越密，仿真越困难，而且高频时由于选取测量点偏少及测量频率间隔较疏，所以与解析结果有偏差。

2）矩形绝对软边界封闭空间中脉动球源辐射阻抗数值计算

矩形绝对软边界封闭空间中脉动球源的辐射阻抗解析解已知，通过 ACTRAN 数值仿真结果与解析解对比得到脉动球源在封闭空间中的数值建模方法。

（1）矩形理想边界封闭空间中脉动球数值建模。

如图 4-11 所示，矩形封闭空间的尺寸为 0.38m×0.3m×0.3m，矩形边界为绝对软，脉动球源的半径为 0.02m，介质为水，密度为 1000kg/m³，声速为 1500m/s，脉动球源设为 1m/s² 的加速度源，采用三维计算，频率为 4000～8000Hz，步长为 20Hz。利用 ACTRAN 仿真计算脉动球源辐射阻抗，数值建模方法与脉动球源 ACTRAN 自由场仿真相同。

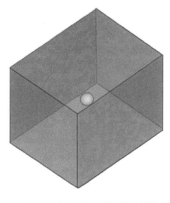

图 4-11　矩形绝对软边界封闭空间中脉动球源数值模型

（2）矩形绝对软边界封闭空间中脉动球数值计算结果。

以声场对脉动球源的反作用力与表面振速的比值计算辐射阻抗，将反作用力表示为脉动球源表面声压对辐射面积分，仿真结果处理方法参照自由场，得到矩形绝对软边界封闭空间中脉动球源仿真辐射阻曲线，见图 4-12，仿真结果与解析解对比图见图 4-13。

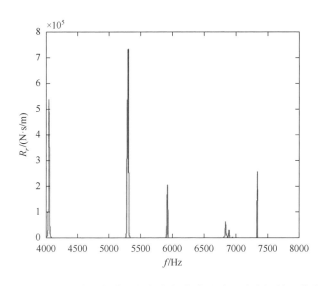

图 4-12　矩形绝对软边界封闭空间中脉动球源仿真辐射阻曲线

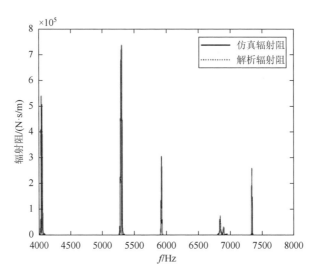

图 4-13　矩形绝对软边界封闭空间中脉动球源辐射阻数值解与解析解对比图

从图 4-13 可知，矩形绝对软边界封闭空间中脉动球源辐射阻数值解与解析解基本重合。通过声学仿真软件 ACTRAN 建立矩形绝对软边界封闭空间中脉动球源数值模型，利用在脉动球源的辐射面取点得到表面场点声压，根据脉动球源表面速度公式计算某频段内脉动球源表面速度，以脉动球源表面声压面积分与表面速度作比值的方法计算封闭空间中脉动球源辐射阻抗可行。

4.3　封闭空间声学环境对声源辐射阻抗影响研究

4.2 节给出了脉动球源在封闭空间中辐射阻抗的数值建模方法，本节利用此数值计算方法，通过改变封闭空间声学环境来分析封闭空间尺度、声场边界特性、声源发射位置对声源辐射阻抗和声场分布的影响，研究封闭空间中辐射阻抗与辐射声功率的内在联系。

4.3.1　封闭空间尺度对声源辐射阻抗影响研究

声源在封闭空间中发射，当声源位于某阶简正波的波节时，该阶简正波无法被激发。将脉动球源置于封闭空间某一位置并未激发声场在某频率范围内的所有阶简正波，得到的辐射阻抗可能不包含频率范围内由声学环境变化引起的全部辐射阻抗变化，但并不影响辐射阻抗变化规律研究。为了研究不同尺度的封闭空间中脉动球源辐射阻与自由场辐射声功率的内在联系，将封闭空间和自由场中脉动球源辐射阻对比，寻找封闭空间与自由场中脉动球源辐射阻的区别，来探究封闭空间和自由场中脉动球源辐射声功率的变化；将封闭空间中脉动球源辐射阻与声场均方声压进行归一化对比，来研究封闭空间中声源辐射阻变化对辐射声功率的影响。

将脉动球源球心和封闭空间中心均设在原点，球源半径为 0.04m，分析频率为 $100\sim7000$Hz，步长为 20Hz，在脉动球源表面添加 $1\mathrm{m/s^2}$ 的加速度来模拟脉动球声源，分别计算了如表 4-1 所示的 3 种工况。

表 4-1　封闭空间和脉动球源尺度

工况	封闭空间尺度	脉动球源半径
工况 1	0.4m×0.3m×0.25m	0.04m
工况 2	0.48m×0.36m×0.3m	0.04m
工况 3	0.8m×0.6m×0.5m	0.04m

用 ACTRAN 数值建模方法分别对 3 种工况进行数值仿真，数据处理及具体分析如下。

1. 工况 1

矩形封闭空间的外表面为绝对软边界，尺寸为 0.4m×0.3m×0.25m，介质为水，声速为 $(1497+7.5\mathrm{j})\mathrm{m/s}$，密度为 $1000\mathrm{kg/m^3}$。

数值分析得到封闭空间中脉动球源的辐射阻抗曲线见图 4-14，声场均方声压级曲线见图 4-15，封闭空间中脉动球源辐射阻和声场均方声压归一化对比曲线见图 4-15，封闭空间中脉动球源辐射阻和自由场辐射阻对比曲线见图 4-16。

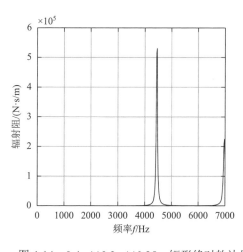 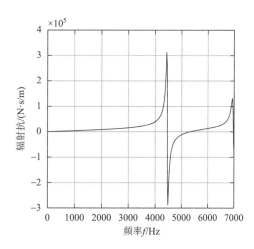

图 4-14　0.4m×0.3m×0.25m 矩形绝对软边界封闭空间中脉动球源辐射阻抗曲线（工况 1）

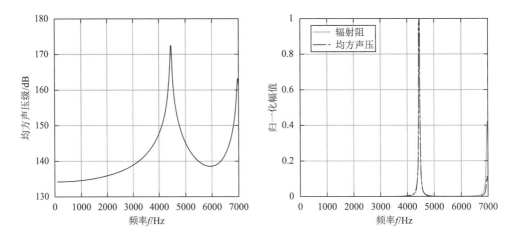

图 4-15　声场均方声压级曲线及与辐射阻归一化对比曲线（工况 1）

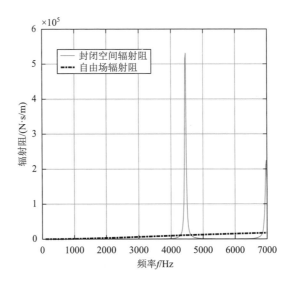

图 4-16　封闭空间中脉动球源辐射阻与自由场辐射阻对比曲线（工况 1）

矩形绝对软边界水池的特征频率计算公式为

$$f_{n_x,n_y,n_z} = \frac{c_0}{2}\sqrt{\left(\frac{n_x}{l_x}\right)^2 + \left(\frac{n_y}{l_y}\right)^2 + \left(\frac{n_z}{l_z}\right)^2}, \quad n_x,n_y,n_z = 1,2,3,\cdots \quad (4\text{-}69)$$

由式（4-69）计算出工况 1 中封闭空间的前 8 阶特征频率见表 4-2。

表 4-2　工况 1 封闭空间的前 8 阶特征频率　　　　　　　单位：Hz

阶数	频率	阶数	频率
1	4323.3	5	6834.0
2	5403.3	6	6918.8
3	6112.8	7	7489.2
4	6751.5	8	8016.1

从图 4-15 可知，在 100～7000Hz 频率范围内，4460Hz 为数值仿真得到的声场截止频率，6979Hz 与第 6 阶特征频率基本吻合，两者存在偏差与计算取点数和计算网格密度有关。由图 4-14 可知，100～4460Hz 为声场截止段，4460～7000Hz 为声场共振段，在截止段内辐射阻数值较小，辐射阻抗在模态频率处数值显著变化，其他频率处数值缓慢变化。由图 4-15 可知，封闭空间声场均方声压与脉动球源辐射阻随频率变化的趋势相同。由图 4-16 可知，与自由场辐射阻相比，脉动球源辐射阻在封闭空间中发生了改变，在声模态频率处数值先剧增再剧减，辐射阻数值的变化导致了封闭空间中脉动球源辐射声功率的变化。

2. 工况 2

矩形封闭空间外表面为绝对软边界，尺寸为 0.48m×0.36m×0.3m，脉动球源半径为 0.04m，介质为水，声速为(1497 + 7.5j)m/s，密度为 1000kg/m³。数值仿真得到封闭空间中脉动球源的辐射阻抗曲线见图 4-17，声场均方声压及与辐射阻归一化对比曲线见图 4-18，封闭空间中脉动球源辐射阻和自由场辐射阻对比曲线见图 4-19。

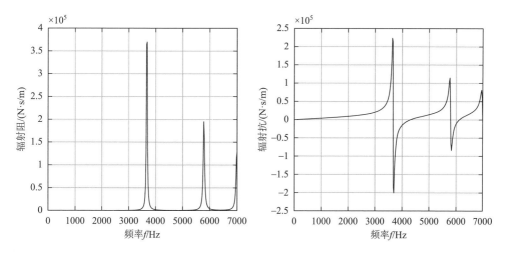

图 4-17　0.48m×0.36m×0.3m 矩形绝对软边界封闭空间中脉动球源辐射阻抗曲线（工况 2）

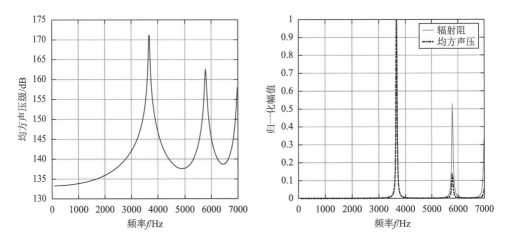

图 4-18 声场均方声压级曲线及与辐射阻归一化对比曲线（工况 2）

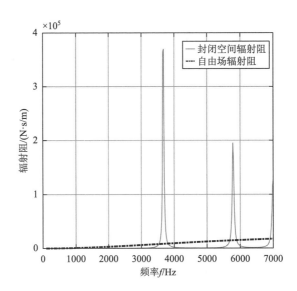

图 4-19 封闭空间中脉动球源辐射阻与自由场辐射阻对比曲线（工况 2）

由式（4-1）计算得工况 2 封闭空间的前 12 阶特征频率见表 4-3。

表 4-3 工况 2 封闭空间的前 12 阶特征频率 单位：Hz

阶数	频率	阶数	频率	阶数	频率
1	3534.6	5	5594.5	9	6455.5
2	4560.0	6	5884.4	10	6718.0
3	4795.6	7	6282.4	11	6986.1
4	5582.9	8	6364.4	12	7069.2

与工况 1 相比，随着封闭空间尺度的增大，各阶简正频率变低，在 100～6000Hz 频率段内图 4-18 中有 2 阶简正频率，比图 4-15 多 1 阶，符合理论规律。但将脉动球源固定在矩形封闭空间中心位置处仅激起 2 阶简正波，频率为 3680Hz 和 5780Hz，结合表 4-3 可知封闭空间中声场的截止频率为 3680Hz，在截止段 100～3680Hz 内脉动球源辐射阻较小，声模态频率处辐射阻抗数值发生显著变化，其他频率辐射阻数值缓慢变化。由图 4-18 可知，封闭空间中脉动球源辐射阻与声场均方声压随频率变化趋势相同，两者峰值一一对应。与自由场脉动球源辐射阻相比，封闭空间中脉动球源辐射阻发生了改变，在声模态频率处辐射阻变化显著，封闭空间中脉动球源辐射声功率发生了改变。

3. 工况 3

矩形封闭空间外表面为绝对软边界，尺寸为 0.8m×0.6m×0.5m，脉动球源半径为 0.04m，介质为水，声速为 (1497 + 7.5j)m/s，密度为 1000kg/m³。数值仿真得到封闭空间中脉动球源的辐射阻抗曲线见图 4-20，声场均方声压及与辐射阻归一化对比曲线见图 4-21，封闭空间中脉动球源辐射阻和自由场辐射阻对比曲线见图 4-22。

由图 4-21 可知，增大封闭空间尺寸，封闭空间中脉动球源声场模态变得复杂，在图 4-20 中，封闭空间中脉动球源辐射阻在声场截止段数值较小，声模态频率处辐射阻抗数值显著变化。封闭空间中脉动球源辐射阻与声场均方声压随频率变化趋势相同，在峰值频率处两者起伏趋势相同。在图 4-22 中，与自由场相比，封闭空间脉动球源辐射阻发生了改变，在模态频率处数值变化显著，脉动球源辐射声功率在封闭空间中发生了改变。

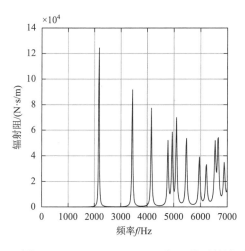
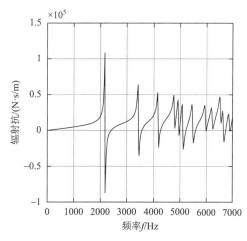

图 4-20　0.8m×0.6m×0.5m 矩形绝对软边界封闭空间中脉动球源辐射阻抗曲线（工况 3）

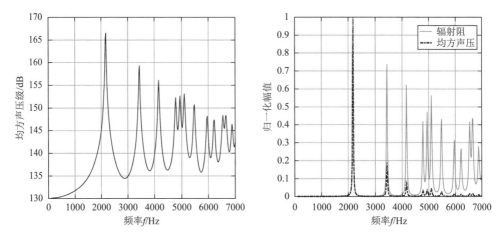

图 4-21 声场均方声压级曲线及与辐射阻归一化对比曲线（工况 3）

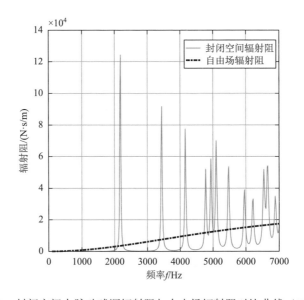

图 4-22 封闭空间中脉动球源辐射阻与自由场辐射阻对比曲线（工况 3）

由工况 1～工况 3 计算结果可知，当脉动球声源在封闭空间中心发射时，随着封闭空间尺度增大，脉动球源声场截止频率减小，声场模态数量增多。在声模态频率处辐射阻抗数值发生显著变化，其他频率处辐射阻抗数值变化平缓，但变化快慢与声模态密度有关，在截止段内辐射阻数值较小。封闭空间中脉动球源辐射阻与声场均方声压随频率变化趋势相同，在模态频率处辐射阻变化显著，封闭空间中脉动球源辐射阻的改变导致封闭空间中脉动球源辐射声功率发生了变化。

4.3.2 封闭空间边界特性对声源辐射阻抗影响研究

在矩形封闭空间中,将脉动球源置于封闭空间中心处,脉动球源半径为 0.04m,设置为 $1m/s^2$ 的加速度源,矩形封闭空间尺寸为 $0.56m \times 0.42m \times 0.35m$,介质为水,声速为 $(1497 + 7.5j)$ m/s。研究三种边界特性封闭空间中脉动球源辐射阻抗变化,分别为绝对软边界、弹性边界和阻抗边界。弹性边界是置于空气中的水槽的典型声场边界,如图 4-23 所示,水槽四周和底部均为玻璃,玻璃厚度为 0.005m,顶部为水和空气交界面,边界近似为绝对软边界。阻抗边界是混响水池的典型声场边界,由于实际混响水池混凝土边界的厚度不定,通过建立有厚度的混凝土来数值仿真在阻抗边界中脉动球源的声场不合适,采取在边界面上直接添加混凝土的导纳值 $(1.135529 \times 10^{-10}) + (-j3.459866 \times 10^{-7})$ 来模拟混响水池的阻抗边界。数值计算得到三种边界特性的封闭空间中脉动球源辐射阻抗、声场均方声压级与脉动球源辐射阻归一化对比曲线、封闭空间中脉动球源辐射阻与自由场辐射阻对比曲线,见图 4-24~图 4-32。

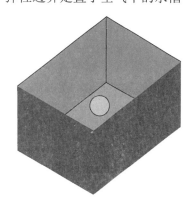

图 4-23 矩形弹性边界中
脉动球源数值模型

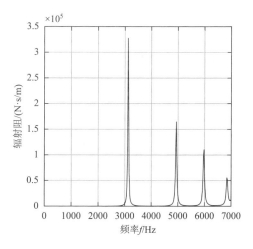
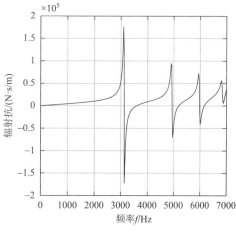

图 4-24 矩形绝对软边界封闭空间中脉动球源辐射阻抗曲线

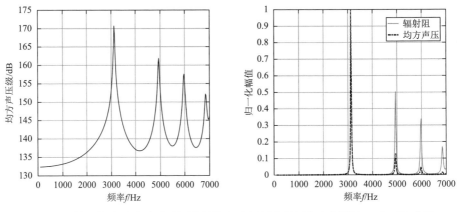

图 4-25 绝对软边界中脉动球源声场均方声压级曲线及与辐射阻归一化对比曲线

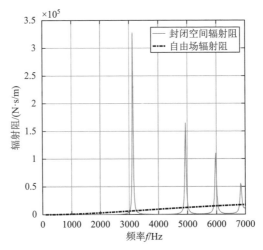

图 4-26 矩形绝对软边界封闭空间中脉动球源辐射阻与自由场辐射阻对比曲线

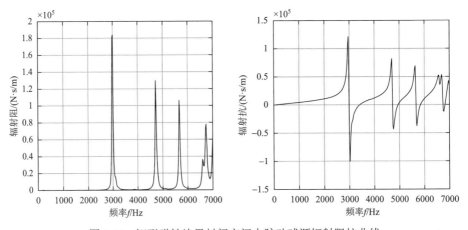

图 4-27 矩形弹性边界封闭空间中脉动球源辐射阻抗曲线

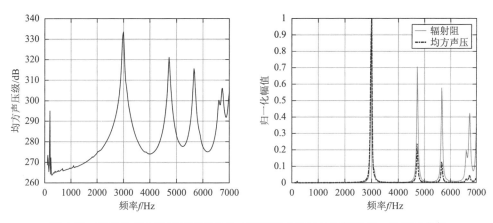

图 4-28　弹性边界中脉动球源声场均方声压级曲线及与辐射阻归一化对比曲线

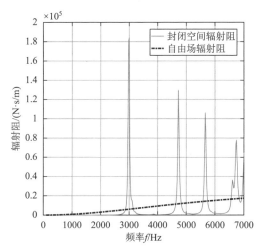

图 4-29　矩形弹性边界封闭空间中脉动球源辐射阻与自由场辐射阻对比曲线

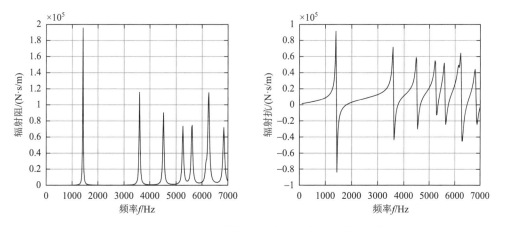

图 4-30　矩形阻抗边界封闭空间中脉动球源辐射阻抗曲线

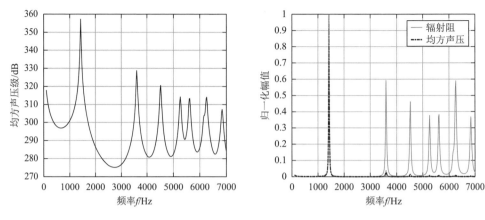

图 4-31　阻抗边界中脉动球源声场均方声压级曲线及与辐射阻归一化对比曲线

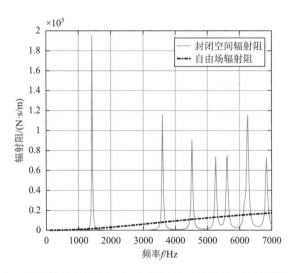

图 4-32　矩形阻抗边界封闭空间中脉动球源辐射阻与自由场辐射阻对比曲线

由玻璃水槽特征频率计算公式得到厚 0.005m 的 0.56m×0.42m×0.35m 矩形水槽的前 14 阶特征频率，见表 4-4。

表 4-4　玻璃水槽的前 14 阶特征频率　　　　　　　　　　单位：Hz

阶数	频率	阶数	频率	阶数	频率
1	2965.1	6	4723.7	11	5792.9
2	3706.7	7	5158.9	12	5904.8
3	4167.2	8	5499.1	13	5931.9
4	4654.7	9	5528.6	14	6490.9
5	4689.5	10	5628.6		

由图 4-27 可知，弹性边界中脉动球源声场截止频率以下的非简正波峰值并不影响辐射阻抗数值，辐射阻是声源自身特性，水槽壁固有振动不改变声源辐射阻。结合表 4-4 和图 4-28 可知，由于水槽壁与槽内声场存在强烈的耦合作用，水槽壁对声场的影响不能忽略，水槽壁本身振动模态影响封闭空间中脉动球源声场分布。在图 4-28 中，100～300Hz 频率内，有多阶非简正波峰值，是水槽壁自身振动产生并与脉动球源声场耦合得到的，弹性水槽壁的结构影响截止频率以下脉动球源的声场分布。

由封闭空间脉动球源辐射阻抗曲线可知，边界改变，脉动球源声场模态发生改变，辐射阻抗也发生了改变。脉动球源辐射阻与声场均方声压随频率变化曲线趋势相同，在模态频率处数值发生显著变化，辐射阻和辐射抗数值在同一频率处达到最大值。相同尺度的封闭空间中，截止频率按绝对软边界、弹性边界、阻抗边界依次减小。与自由场辐射阻相比，三种边界特性的封闭空间中脉动球源辐射阻发生了改变，在模态频率处变化更显著，辐射阻变化导致声源在封闭空间中辐射声功率发生了变化。

4.3.3 声源发射位置对封闭空间中声源辐射阻抗影响

矩形封闭空间外表面为绝对软边界，尺寸为 $0.48m \times 0.36m \times 0.3m$，脉动球源的半径为 $0.04m$，介质为水，密度为 $1000kg/m^3$，声速为 $(1497 + 7.5j)$ m/s，将脉动球源设置为 $1m/s^2$ 的加速度源，脉动球源位置变化见表 4-5。数值仿真得到不同位置脉动球源辐射阻抗、声场均方声压级及与辐射阻归一化对比曲线、与自由场辐射阻对比曲线见图 4-33～图 4-41。

表 4-5 脉动球源位置   单位：m

封闭空间类型	脉动球源位置
	(0, 0, −0.07)
矩形绝对软边界封闭空间	(0.12, 0, 0)
	(0, 0.09, 0)

由封闭空间中声场均方声压级曲线图可知，将脉动球源放置在封闭空间的不同发射位置，不同发射位置激起的声场声模态不同，脉动球源辐射阻也不同。脉动球源在封闭空间(0.12, 0, 0)和(0, 0.09, 0)发射位置时，声场出现峰值频率很近的共振峰。由脉动球源辐射阻与均方声压归一化曲线可知，在封闭空间中不同发射位置，每个位置的脉动球源辐射阻与均方声压随频率变化趋势相同，峰值一一对应。

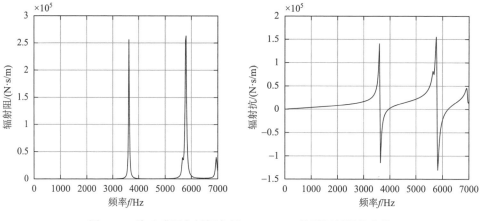

图 4-33 脉动球源在封闭空间(0, 0, −0.07)位置辐射阻抗曲线

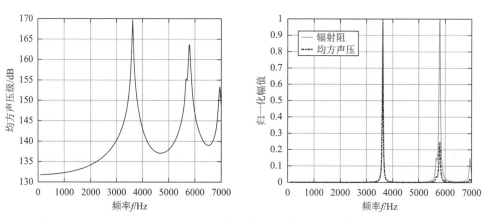

图 4-34 脉动球源在(0, 0, −0.07)声场均方声压级曲线及与辐射阻归一化对比曲线

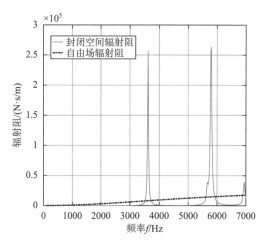

图 4-35 脉动球源在封闭空间(0, 0, −0.07)位置辐射阻与自由场辐射阻对比曲线

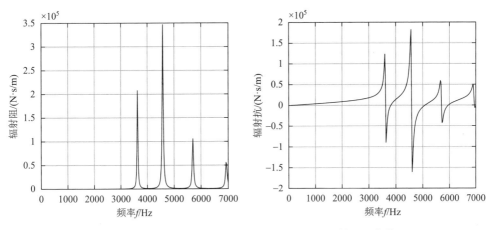

图 4-36　脉动球源在封闭空间(0.12, 0, 0)位置辐射阻抗曲线

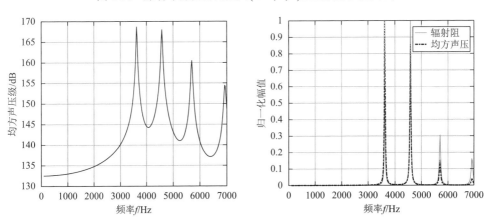

图 4-37　脉动球源在(0.12, 0, 0)声场均方声压级曲线及与辐射阻归一化对比曲线

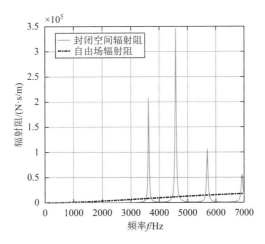

图 4-38　脉动球源在封闭空间(0.12, 0, 0)位置辐射阻与自由场辐射阻对比曲线

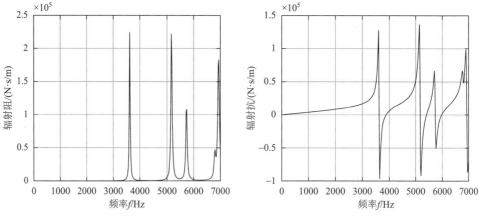

图 4-39 脉动球源在封闭空间(0, 0.09, 0)位置辐射阻抗曲线

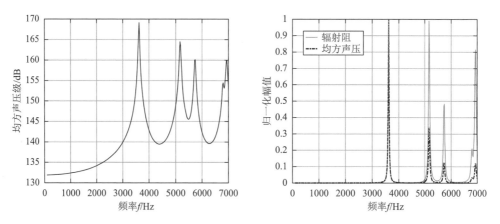

图 4-40 脉动球源在(0, 0.09, 0)声场均方声压级曲线及与辐射阻归一化对比曲线

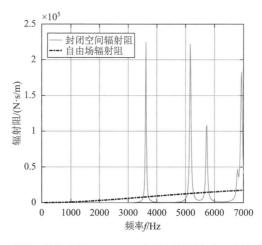

图 4-41 脉动球源在封闭空间(0, 0.09, 0)位置辐射阻与自由场辐射阻对比曲线

由封闭空间中辐射阻抗曲线可知，辐射阻抗在模态频率处发生显著变化，声场截止段内辐射阻较小，辐射阻与辐射抗在同一频率达到最大值。与自由场相比，将脉动球源放置在封闭空间任一发射位置，封闭空间中的脉动球源辐射阻都发生改变，在模态频率处变化最显著，由于辐射阻发生改变，封闭空间中脉动球源辐射声功率发生变化。

4.4　混响水池中球形换能器声源辐射阻抗测量实验

有关换能器阻抗和导纳的相关测量方法，存在以下两种方法可供选用。

（1）平衡电桥法。通过两个定值电阻，一个可变电阻和一个可变电容，以及待测的换能器共同组成一个电桥。在电桥平衡时可以得到待测换能器的电阻及电容的值。在不同频率时可以分别求得相应的电导和电纳，便可作出电导和电纳分别随 f 变化的曲线。

（2）矢量分解法。在测量时，只需要一台扫频振荡器及一台 X-Y 记录仪就可以自动绘制电导和电纳曲线。

以上两种方法都可作出电导和电纳分别随 f 变化的曲线。

4.4.1　玻璃水槽中球形换能器声源辐射阻抗测量方案

（1）使用阻抗分析仪测量水声压电换能器在空气中的电导纳。

（2）使用阻抗分析仪测量水声压电换能器在消声水池中的电导纳。

（3）使用阻抗分析仪测量水声压电换能器在待测非消声水池中若干测量位置处的电导纳。

（4）根据步骤（1）和（2）的测量结果分别绘出导纳曲线图，联合确定该换能器的内电阻和内电容，并进一步确定该换能器在各测试频率的静态导纳。

（5）根据步骤（1）的测量结果和步骤（4）的结果确定该换能器的机械阻抗。

（6）根据步骤（3）的测量结果与步骤（4）的结果确定该换能器在待测非消声水池中各测量位置处的动态阻抗。

（7）根据步骤（5）和步骤（6）的结果确定该换能器在待测非消声水池中各发射位置处的辐射阻抗，并求平均得到该换能器在待测非消声水池中的平均辐射阻抗。

该实验在哈尔滨工程大学水声楼内的消声水池和两个玻璃混响水槽中进行。实验选用了两个玻璃混响水槽，分别记为一号水池和二号水池，其尺寸为：一号水池带壁厚长 160cm，带壁厚宽 59.5cm，壁厚 1.5cm，水高 65.5cm；二号水池带壁厚长 80cm，带壁厚宽 59.5cm，壁厚 1.2cm，水高 55cm。

实验测量系统示意图如图 4-42 所示，测量所用设备（阻抗分析仪、声源、玻璃水槽）及现场照片如图 4-43 所示。

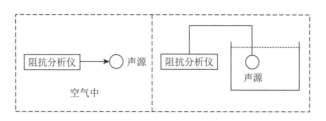

图 4-42　实验测量系统示意图

(a) 空气测量全景图　　　　　(b) 玻璃水槽测量全景图　　　　　(c) 测量时阻抗分析仪

图 4-43　实验仪器照片

4.4.2　实验数据处理及其分析

根据理论分析和实验方案设计，为得到水声压电换能器在封闭空间中的辐射阻抗，分别在空气中、消声水池中，以及两个玻璃水槽中使用阻抗分析仪测量水声压电换能器的电导纳，并记录其随频率变化的数据，绘成曲线。

依照此被测量的水声压电换能器的各种特性，将此次实验使用阻抗分析仪测量的频率范围定在了 1～40kHz，并在此频段范围内等频率间隔划出 1600 个测量点为被测频率点。

在空气中记录的电导纳随频率变化的数据并以此绘成的曲线如图 4-44 所示，在消声水池中记录的电导纳随频率变化的数据并以此绘成的曲线如图 4-45 所示。

在测量步骤（3）中，分别对一号水池和二号水池进行讨论，根据矩形水槽长度方向的对称性，一号水池选择如图 4-46 所示八个测量点，二号水池选择如图 4-47 所示四个测量点，将换能器置于各选定位置分别测量，记录电导纳随频率变化的数据并绘成曲线。

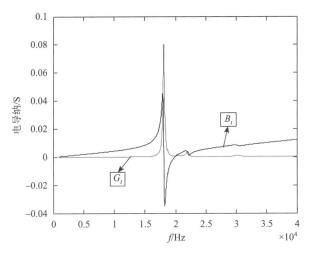

图 4-44　空气中声源的电导纳

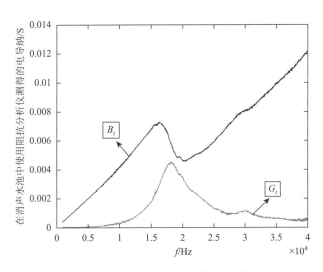

图 4-45　消声水池中声源的电导纳

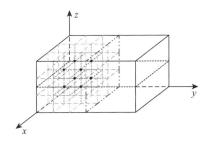

图 4-46　一号水池取点坐标图

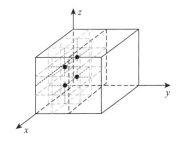

图 4-47　二号水池取点坐标图

在两个玻璃混响水槽中不同点位测得的声源电导纳进行平均处理得到水槽中的平均电导纳，利用 4.1 节的阻抗理论基础，则得到声源在水槽中的平均辐射阻抗，见图 4-48。

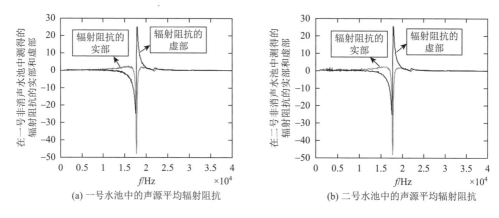

(a) 一号水池中的声源平均辐射阻抗　　　　　　(b) 二号水池中的声源平均辐射阻抗

图 4-48　实测混响水槽中换能器平均辐射阻抗的实部和虚部

实验表明，在混响水槽中某一个位置处测得的换能器辐射阻抗曲线并不平滑，在声场的简正模态频率处会有剧烈的起伏现象，这是声场干涉现象引起的，这也对应了声场声能密度起伏，表征了自由场和封闭空间声辐射差异。我们在信号处理中进行了空间平均处理，其意义正是为了消除声场的干涉，这种处理使得在混响水池中可以准确测量声源在自由场中的声辐射特性，如图 4-49 所示。

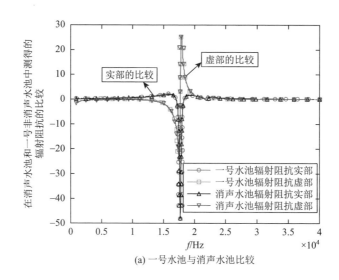

(a) 一号水池与消声水池比较

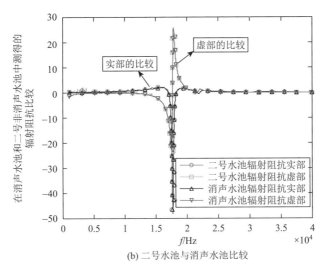

(b) 二号水池与消声水池比较

图 4-49　实测混响水槽与消声水池中换能器平均辐射阻抗的实部和虚部比较

第5章　混响水池人工扩散声场建立方法

扩散声场的假设源自室内声学，是指平均声能密度分布均匀的封闭空间声场，只有在反射性能良好的混响室中截止频率以上才能近似满足。由于常规非消声水池中声场的扩散性较差，通过固定场点测量误差很大，使用空间平均的办法可得到准确的测量结果，但是需要大量的测点。本章采用通过多声源以及起伏界面改善声场扩散性的方法，在扩散程度更高的混响水池内进行空间平均可以提高测量精度，并可简化测量步骤，改善测量效率。

5.1　混响水池声场扩散性理论

5.1.1　声源频率对扩散性的影响

1. 单频声源激发声场空间起伏

简正模态的频响曲线的共振峰与声场及边界吸收有关，平均吸声系数越大，频响曲线在简正频率的共振峰幅值越小，共振曲线越平坦；反之吸收越小，共振峰幅值越大，共振曲线越尖锐。简正频率对应的共振峰下降3dB处为半功率点，半功率点对应的频率之差是默认的共振峰带宽。图 5-1 为简正频率附近的共振曲线，只有在共振峰带宽内相邻的简正模态的激发程度才是可观的。在存在阻尼

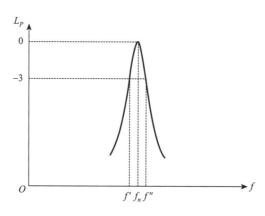

图 5-1　一个简正模式的共振曲线

的非消声水池中，单频声源可以激发的模态数与其是否处于该模态的共振峰带宽内有关。

简正波共振峰半功率带宽：

$$B_r = \frac{\bar{\delta}}{\pi} = \frac{2.2}{T_{60}} \tag{5-1}$$

式中，$\bar{\delta}$ 为平均阻尼常数。单频声源能激发的模态数不仅与共振峰带宽有关，还取决于该频率处的模态密度。

$$n(f) = \frac{\Delta N}{\Delta f} = \frac{4\pi f^2 V}{c_0^3} \tag{5-2}$$

为了说明某一共振带宽内简正模态的数目，模态重叠度是模态密度和模态统计带宽的乘积，它描述的是共振峰内邻近简正模式激发程度：

$$M_S = B_r n(f) = \frac{8.8\pi f^2 V}{T_{60} c_0^3} \tag{5-3}$$

模态重叠与频率的平方和房间内的总吸收面积成比例，在高频率时很大，因此单极子辐射的声功率基本上等于它在这个频率范围内的自由场声功率。

根据 Schroeder 截止频率定义，模式重叠指数 $M_S = 3$，即每个共振峰半功率带宽内有三个简正模态时截止频率为

$$f_S = 0.33\sqrt{\frac{T_{60} c_0^3}{V}} \tag{5-4}$$

在 Schroeder 截止频率以上，非消声水池声场可以建模为不同谐波声场的总和，声场中位置处的声压可以表示为

$$p(\boldsymbol{r}) = \lim \frac{1}{\sqrt{N}} \sum_{n=1}^{N} A_n e^{j(\omega t + k_n \cdot r)} \tag{5-5}$$

现阶段的单频扩散场随机的理论没有关于具体水池的细节。很容易看出，均方声压的对应表达式是两个独立的均方高斯变量和零均值变量的和。均方高斯变量和零均值变量是具有两个自由度的卡方（chi-squared）分布，从中可以得出相对总体方差为

$$\varepsilon^2(p_m^2) = 1 \tag{5-6}$$

式中，p_m 是声场中某位置声压的时间平均值。

由于对辐射阻抗的随机贡献，引起非消声水池中单极子声源发出纯音的声压分布的总体方差为

$$\varepsilon^2(p_a) = \frac{1}{M_S} \tag{5-7}$$

根据 Jacobsen[1]考虑声源位置处声场混响部分的局部增加，对式（5-7）进行修正：

$$\varepsilon^2(p_a) = \frac{F(M_{\mathrm{s}})}{M_{\mathrm{s}}} \tag{5-8}$$

式中，"浓度因子" $F(M_{\mathrm{s}})$ 是一个随模态重叠度增加从 3 到 2 平滑过渡的函数。

　　低模态重叠时声源发射声功率的有限集合方差意味着的总体平均值与随机过程的结果有关，式（5-6）不考虑这种变化。因此，平均平方压力的额外变化与 Schroeder 截止频率以下的声功率变化相对应。这可以通过将原始指数分布的均方压力乘以另一个表示发射声功率相对变化的均值为一正态分布的随机变量来表示，因此声功率的总体方差为

$$\varepsilon^2\{p_{\mathrm{rms}}^2\} = \varepsilon^2\{x(1+y)\} = \frac{E\{x^2(1+y)^2\}}{E^2\{x(1+y)\}} - 1$$

$$= \frac{E\{x^2\}E\{(1+y)^2\}}{E^2\{x\}E^2\{(1+y)\}} - 1 = \frac{2E\{(1+y)^2\}}{E^2\{(1+y)\}} - 1$$

$$= 2(1+E\{y^2\}) - 1 = 1 + \frac{2F(M_{\mathrm{s}})}{M_{\mathrm{s}}} \tag{5-9}$$

　　在高频简正频率的分布密集，声能由大量频率相近的简正波携带，在混响控制区的场点处，大量简正波的波峰波谷进行叠加，能够实现声压起伏差异消失，因此容易得到声能均匀分布的扩散效果。

　　线性单频混响声场的理论，给出了声压级空间起伏的统计分布特性的理论公式。通过数值仿真单频混响声场时，如果相邻频率间隔 $\Delta f > B_r$，其中 B_r 是共振峰的半功率带宽，此时两个频率会独立激励起完全不同的两个模式，它们之间不会互相影响。仿真 4kHz、8kHz、10kHz 和 20kHz 的单频信号激励的声场，在混响控制区内取 90 个场点（白色点），分布如图 5-2 所示。

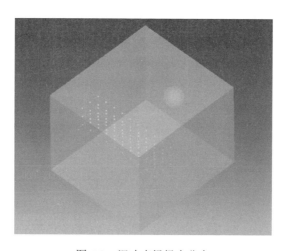

图 5-2　混响声场场点分布

计算 90 个场点声压级的概率密度分布并进行比较（图 5-3），概率密度曲线越尖锐说明声压级分布越集中，声场扩散性越好，反之曲线越平缓，空间中声压级的起伏越大，声场扩散性越差。可得出以下结论：单频混响声场的激发频率越高声场扩散性越好，声场的平均声压级随频率增加而变大。

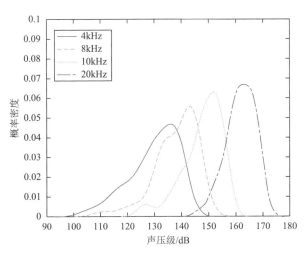

图 5-3　单频激发混响声场声压级概率密度分布

2. 噪声源激发声场空间起伏

单频声源能激发的简正模态是有限的，有一定带宽的噪声能激发多个简正模态，声场的空间起伏也会随之减小。根据 Lubma 空间平均理论，带宽为 B 的白噪声混响声场的总体方差为

$$\varepsilon^2(p_a) = \frac{2}{Z}\arctan Z - \frac{\ln(1+Z^2)}{Z^2} \tag{5-10}$$

式中，$Z = B/B_r = BT_{60}/2.2$。从图 5-4 中可以看出，方差随带宽和混响时间的乘积单调地减小。式（5-10）可近似为

$$\varepsilon^2(p_a) = (1 + BT_{60}/6.9)^{-1} \tag{5-11}$$

当 $BT_{60} \ll 1$ 时，方差几乎是 1，这就相当于单频激励的混响声场。只有当 $BT_{60} > 1$ 时，噪声激励的空间方差值才明显降低。这种现象的原因可以通过考虑 B/B_r 来解释，当 $B/B_r < 1$ 时，房间响应与带宽高度相关。换句话说，窄带噪声信号（B/B_r）在混响声场激发的均方声压基本上与以 B 为中心的纯音激发的均方声压的模态相同。另外，宽频带噪声信号激发许多独立的共振响应，而宽频带噪声信号被划分成多个宽度为 B_r 的窄带信号，每一个间隔 B_r 的信号都会在声场激发一个空间上不相关的均方声压模态。由于每个模态与不同的频率相关，总压力的平方是所有模态的叠加，因此与任何单个模态相比，多模态的和显然波动更小。

白噪声的功率谱是恒定的，接收点的频响曲线实际上就是非消声水池的频响曲线，在波长与水池尺寸相近的低频段，各阶简正频率对应的共振峰分布清晰。

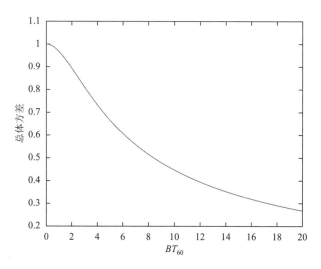

图 5-4 噪声激励声场方差与带宽和混响时间乘积关系

对声源辐射宽带噪声的声场仿真时，需要对连续的噪声进行离散化，从频率响应的角度出发，当频率密度足够时，才能完全反映出声场的全部信息。相邻频率间隔满足 $\Delta f \ll B_r$ 时可近似认为是宽带噪声信号，且噪声的带宽越宽声场空间起伏方差越小。仿真白噪声频带宽度为 $4\sim20\text{kHz}$ 和 $6.5\sim9.5\text{kHz}$，计算步长取 10Hz。输出混响控制区内 90 个场点的声压级，计算概率密度分布结果如图 5-5 所示。

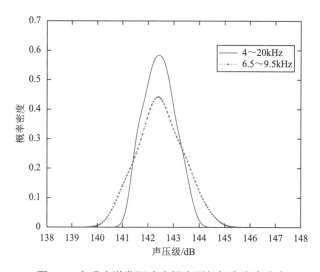

图 5-5 白噪声激发混响声场声压级概率密度分布

对比单频和噪声激励声场的概率密度分布可以看出，20kHz 单频声场的最大概率密度不到 0.1，比有一定带宽噪声的最大概率密度小得多，如图 5-6 所示，将二者放到同一坐标系中对比十分明显，这说明宽带噪声激励声场更有利于扩散声场的形成。

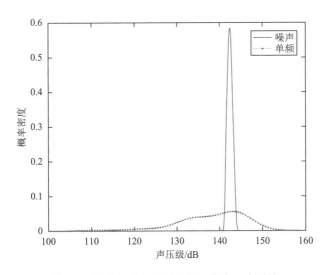

图 5-6　噪声与单频声压级概率密度分布对比

5.1.2　分析带宽对扩散性的影响

窄带噪声的直达声频谱是连续的无规则频谱,而混响声的频谱是只在简正频率处有微小宽度的线谱。混响声场中任一点处频谱的起伏程度也是衡量混响声场扩散性的一个因素。从声场能量角度出发，噪声激励的声场中总声能是一定的，如果不考虑频率分辨率，则在混响控制区中各点处接收声源辐射的声能都相等。当求具体某一频率处的声场声压级时，分析带宽会影响空间的声压起伏。

仿真白噪声频带宽度为 4～20kHz，计算步长取 5Hz。对于宽带信号的频率特性，一般取倍频程分析或者恒定的带宽分析。在混响控制区内取 10 个场点，彼此距离大于半波长，并且任意三个点所在的平面不平行于任一壁面，这样做的目的是要在低频段使各个模式对测量的影响较为均匀。图 5-7 为其中一个场点接收的声压级频谱，按 1/3 倍频程取 5～20kHz 的七个频点，分别求 10 个场点在指定分析带宽内的能量进行积分，计算某一频率下各场点平均能量的起伏，结果如图 5-8 所示。

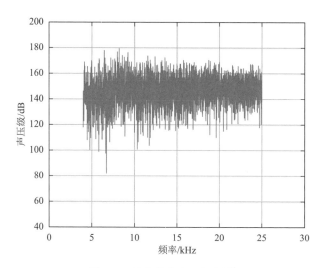

图 5-7　场点接收声压级频谱

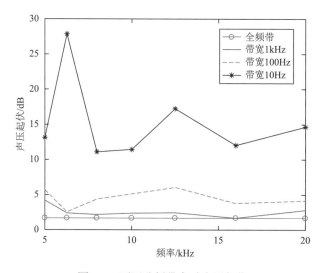

图 5-8　不同分析带宽时声压起伏

　　从图 5-8 中可以比较直观地看出，分析带宽越宽，声场中声压的起伏越小。当分析带宽取 10Hz 时，由于计算的步长为 5Hz，此时只有三个频点处在分析带宽中，其能量之和的随机性非常大，声场空间起伏也十分可观；带宽进一步增加到 100Hz 时声场整体起伏在 5dB 左右；带宽 1kHz 时在除 5kHz 外各频点声场的起伏在 3dB 左右，与在 4~20kHz 全频带积分后得到的起伏十分接近。

5.1.3　空间平均范围对扩散性的影响

空间平均的主要目的是消除混响声场场点均方声压中的干涉项，根据式（3-37）在非消声水池内进行全空间平均可以得到均方声压与声源辐射声功率成正比。图 5-9 所示模型研究了在不同的空间范围内，同样数量的场点进行空间平均，其中图 5-9（b）中各场点间隔 0.1m，图 5-9（a）小范围场点模型中场点最小间隔为 0.01m。

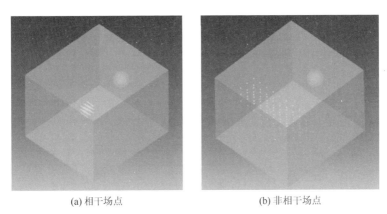

(a) 相干场点　　　　　　　　　　　　　(b) 非相干场点

图 5-9　不同范围场点模型

图 5-10 为带宽为 8～20kHz 带宽噪声激励声场的混响控制区内，在不同范围空间内同样数目场点的声压级概率密度分布函数。在小范围场点之间的距离不超

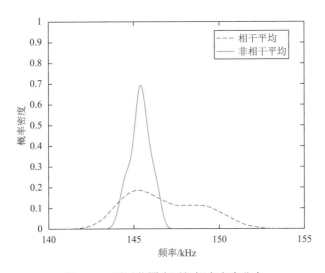

图 5-10　不同范围声压级概率密度分布

过半波长，各场点之间很可能是强相关的，因此声压起伏很大；在大范围的模型中，各场点的距离均大于半个波长，各点均方声压之间是不相关的，空间平均假设中要求样本是不相关的。

根据统计分析理论，声场中任意两点均方声压互相关系数为

$$R_{12} = \frac{\langle p_1(t)p_2(t)\rangle}{(\langle p_1^2(t)\rangle\langle p_2^2(t)\rangle)^{1/2}}$$

式中，$\langle\cdot\rangle$ 表示长时间平均。Cook 通过大量实验得出结论：在扩散声场中两点的平均互相关系数为

$$\overline{R}_{12} = \frac{\sin(kr)}{kr}$$

式中，r 为水听器间距，可知间距为半波长的两点相关系数为零。相关系数与水听器间距和波长之比的关系如图 5-11 所示，可见间距在半波长内的两点相关性很强，此时进行空间平均无法消除干涉。

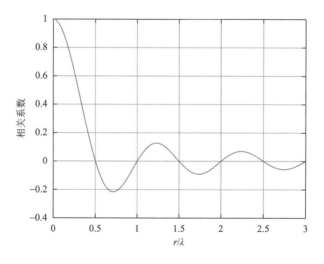

图 5-11　相关系数与水听器间距和波长之比的关系

在图 5-12 的模型中，在非消声水池的混响控制区域内，对大量不相关的场点处声压进行数值计算，场点模型中场点最小间隔 0.05m，对不同数目的场点进行空间平均时，声场的空间起伏情况。

由图 5-13 可以看出，空间平均点数越多，声压的频率起伏越小。当空间平均点数超过 100 个时，声场的频谱曲线起伏区域稳定。

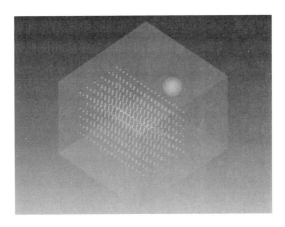

图 5-12　不同空间场点数模型

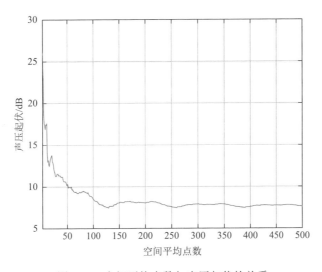

图 5-13　空间平均点数与声压起伏的关系

5.1.4　多声源激励声场

声源的分布可用特征函数的级数来表示：

$$q(x,y,z)\mathrm{e}^{-\mathrm{j}\omega t} = \sum_{M} Q_M \varphi_M(x,y,z)\mathrm{e}^{-\mathrm{j}\omega t}$$

$$Q_M = \left(\frac{1}{V\Lambda_M}\right) \iiint_{\text{封闭空间}} q(x',y',z')\varphi_M(x',y',z')\mathrm{d}x'\mathrm{d}y'\mathrm{d}z' \tag{5-12}$$

非消声水池里声场的分布也可用级数表示，该级数满足方程：

$$\sum_{M} A_M((\mathrm{j}\omega_N + k_N)^2 + \omega^2)\varphi_M = \mathrm{j}\omega\rho_0 c_0^2 \sum_{M} Q_M \varphi_M \tag{5-13}$$

可用声源的分布函数来表示稳态声压的级数解：

$$p = \rho_0 c_0^2 \mathrm{e}^{\mathrm{j}\omega t} \sum_n \frac{(\omega/(V\Lambda_n))\iiint q\varphi_n \mathrm{d}V}{2\omega_n k_n + \mathrm{j}(\omega^2 - \omega_n^2)} \varphi_n(x,y,z) \qquad (5\text{-}14)$$

式（5-14）表示，在声场中一点处的声压是不同简正模态的叠加，每个简正模态的振幅与声源强度成正比，与简正波的阻抗成反比。声场的简正模态的激发程度与声源频率、位置和简正波阻抗有关，简正频率和声源频率相近，并且在接收点和声源处都不是简正波波节的项对声压表达式的求和中做主要贡献。

对于绝对硬边界声场，特征函数为 $\varphi_n = \cos\left(\frac{n_x\pi}{l_x}x\right)\cos\left(\frac{n_y\pi}{l_y}y\right)\cos\left(\frac{n_z\pi}{l_z}z\right)$，声源在封闭空间顶角即在 $q(x,y,z) = q_0$ 时，其余位置声源函数为零，此时有源声场的声压为

$$p = -\mathrm{j}\rho_0 c_0^2 Q \sum \frac{\omega/(V\Lambda_n)}{\omega^2 - \omega_n^2} \varphi_n \qquad (5\text{-}15)$$

式中，Q 表示声源强度。可以看出此时声场中所有简正模态都能被激发。反之如果声场边界是绝对软的，则声源在该位置不能激发起任何一阶简正波。考虑到声源位置多简正波激发程度的影响，认为在非消声水池中放置多声源能够避免简正波激发程度的不均匀导致的声场起伏。

两个同频、同相小球声源同时辐射声波，合成声场的声压在 $r \gg l$ 的远场，忽略振幅的差别，在同样距离、不同方向上的声压幅度不同。如果两个声源十分靠近，即 $kl \ll 1$，合成声场就相当于一个加倍幅值的球源辐射的声场，也不存在指向性。当两个声源距离大于波长或者频率较高，满足 $kl \gg 1$ 时，合成声场的平均声能密度等于两个声源单独辐射时平均声能密度的和，因此非消声水池内多声源为了避免干涉互相之间距离需要大于工作频率对应的波长。

1. 声源位置变化

基于前面的水池模型改变声源的位置，如图 5-14 所示，位置分别为(0.1m,

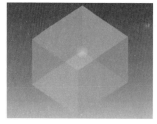  

(a) 声源位于底角　　　　　　(b) 声源位于角落　　　　　　(c) 声源位于中心

图 5-14　声源分布示意图

0.1m，0.1m)、(0.2m，0.3m，0.4m)、(0.6m，0.55m，0.5m)，观察声场的激发情况。计算频率范围为 10～2000Hz，分析频率可精确到 1Hz。

　　根据数值仿真得到声源分别在三个位置处时的频响曲线对比如图 5-15 所示。可以看出声源在 a、b 位置，声场的频响共振峰十分相近，但幅值有一定差异，声源位于底角时声场频响幅度较大，这说明声源的位置影响简正波的激发程度；声源在 c 位置即水池的正中心位置处时，前四阶简正波只有两阶在共振频率处有共振峰，可能是此时声源正好处于简正波的波节点处，因此在单个位置处的声源激起的声场是不全面的。为了使声场中可存在简正波能够充分激发，从而实现扩散声场，从声源的角度出发考虑通过在不同位置处的多声源实现。

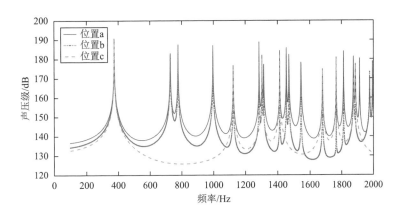

图 5-15　声源在不同位置时的频响曲线

2. 声源数目

　　根据声源的空间平均结果以及考虑不同位置声源对声场的激发程度，仿真研究非消声水池中多声源同时发声时声场的扩散性。用声压的空间分布的概率密度曲线的尖锐程度表示声场的扩散性，曲线越尖锐扩散性越好，曲线越平缓声压越分散，扩散性越差。

　　在前面构建的水池模型基础上进行多声源激励声场特性的仿真。在非消声水池中，多声源成阵后会有指向性，此时混响半径与指向性因素有关。在混响半径内，直达声的影响不可忽略，在混响控制区内的声场不受指向性因素影响。考虑到声场的对称性，只在一侧放置声源，增加混响控制区的范围，各声源间距为 0.1m，对比不同数目声源在不同位置激发的声场，声源分布如图 5-16 所示。

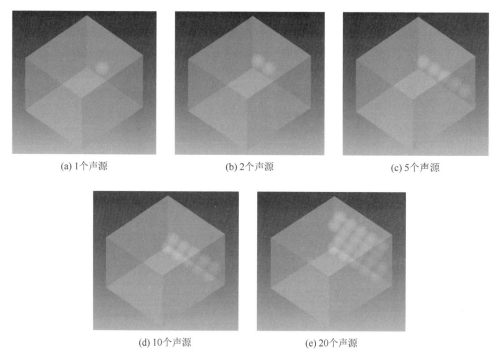

(a) 1个声源　　　　　　　　(b) 2个声源　　　　　　　　(c) 5个声源

(d) 10个声源　　　　　　　　(e) 20个声源

图 5-16　多声源分布示意图

仿真声源发射 5kHz 的单频声信号时，不同声源数目对应的声压云图在 yOz 方向截面（图 5-17）声源激励声场的干涉条纹是很明显的，在下半部放置 10 个声源时声场下半部的干涉效应明显减弱，在上半部增加 10 个声源上半部声场也更加均匀。

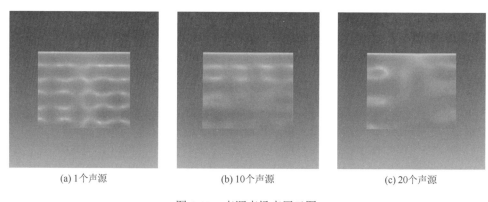

(a) 1个声源　　　　　　　　(b) 10个声源　　　　　　　　(c) 20个声源

图 5-17　声源声场声压云图

从声场的统计特性研究声源数目与扩散性的关系。仿真多声源发射 8kHz 和 15kHz 的单频声信号和白噪声激励的声场。

根据声波的叠加原理，多列非相干波在声场中任一点处叠加后的合成声能为单列声波携带能量直接相加，即

$$p_e^2 = p_{1e}^2 + p_{2e}^2 + \cdots + p_{ne}^2$$

在混响控制区内取声压的空间分布概率密度函数如图 5-18 所示，随着声源数目增加平均声压级变大，声场平均声压级增量满足叠加原理。

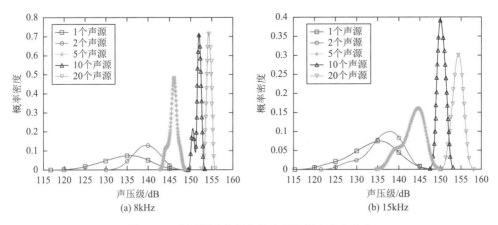

图 5-18　声源激励单频声场声压级概率密度分布

由图 5-18 可以看出，当声源辐射 8kHz 和 15kHz 声信号时，多声源对提高声场的扩散性有效，且声源数目越多，声场的扩散性越好；在图 5-18（b）中当声源数目为 20 个时，声场扩散性较 10 个声源的改善效果减弱，推测是声源距离水面较近，受边界干涉影响。

3. 多声源位置

仿真分析多声源的分布位置对声场的扩散性影响，选择 16 个声源分布位置如图 5-19 所示，声源分别位于水池池底、水面、底边以及侧面。混响控制区内声压的空间分布的概率密度如图 5-20 所示。

（a）池底

（b）水面

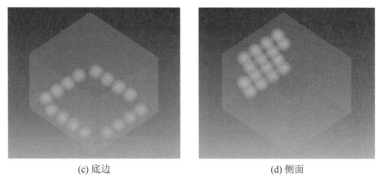

(c) 底边   (d) 侧面

图 5-19 多声源分布示意图

如图 5-20 所示，声源分布在水面时声场的概率密度曲线峰值最高，说明此时扩散性最好，但此时场点接收的声压级偏低，因为水面可看作绝对软边界，在水面附近简正波的激发幅度偏低；对比声源分布在池底、侧面和底边时的概率密度相差不大，声源均布于池底时比在侧面声场均匀性更好，声源在底边时声场起伏最大。

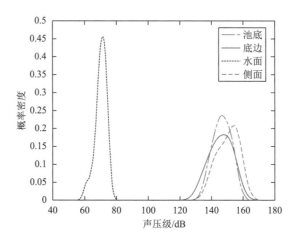

图 5-20 不同声源分布声场概率密度分布

使用 COMSOL 建立非消声水池模型进行多声源时域信号有限元数值仿真计算。划分网格尺寸满足每波长内有 6 个以上网格，可以得到正确的计算结果描述出完整的声场信息。模型尺寸为 1.6m×0.9m×0.7m。模型内部材料设置为水，声速为 1500m/s；池底边界设置为绝对硬边界，其余边界为绝对软，声源间距 0.3m，场点分布在水池一侧，如图 5-21 所示。

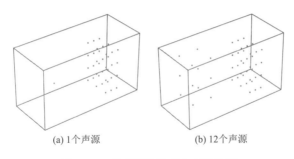

图 5-21　多声源及场点分布示意图

声源发射白噪声，采样时间 0.04s，采样间隔 6×10^{-5}s，将接收到的时域信号进行傅里叶变换，得到声压频谱。将各接收点频谱中对应的声压进行平方再取平均得到均方声压的能量谱如图 5-22 所示。由时域图可以看出，声场在 0.01s 后达到稳态，因此在处理时截取 0.01～0.04s 的信号进行处理。

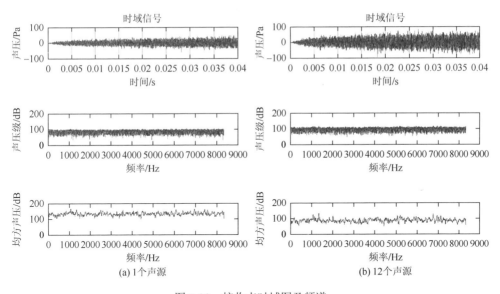

图 5-22　接收点时域图及频谱

归一化的均方声压的功率谱在整个频段处近似是常数，存在一定的频率起伏。将不同接收位置的信号谱分析处理得到声压级，根据声压的叠加原理对 12 个声源接收点声压级进行归一化，绘制概率密度分布图，如图 5-23 所示。可以得出，多声源同时激励声场可以改善非消声水池声场的扩散性，前提是声源的间距不能小于声波波长。

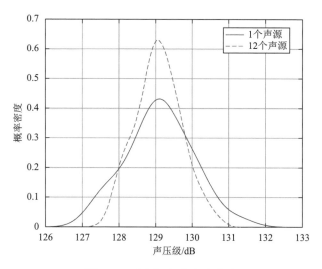

图 5-23　声压级概率密度分布

5.1.5　不规则边界声散射

声散射是指声波在传播途径中遇到界面（如海底、海面）、障碍物或目标时，部分声波偏离原始传播路径，从障碍物四周散播开来的声场畸变现象。当声波向障碍物入射时，障碍物受入射声的激励而成为一个次级声源，并将部分入射声能转换为散射声能而向其四周辐射。从障碍物四周散布开来的那部分声波称为散射波，散射波会从散射体上向四周散射，改变入射波的方向，使声场中声波的传播方向更加多样。

边界的反射特性对水池声场有很大影响，对于平面水池壁面的镜反射没办法实现声能密度的均匀分布，起伏界面能够增加声波的反射角度，使声场场点接收各个方向的声波相位是无规则的，这对于扩散声场的形成是有利的。

由 Schroeder 提出的伪随机序列扩散体是基于平面表面和深度为伪随机序列的阱构成的，主要分类有最大长度序列扩散体（maximum length sequence，MLS）、二次剩余序列扩散体（quadratic-residue diffuser，QRD）和原根序列扩散体（primitive-root diffuser，PRD）。

声波入射到边界后，其携带的声能一部分被边界吸收，其余声能被反射回声场，其中反射的形式有镜像反射和扩散反射。水池的边界对非消声水池声场的作用可用吸声系数和散射系数 s 两个参数来描述，即

$$\alpha + (1+\alpha)(1-s) + (1+\alpha)s = 1 \tag{5-16}$$

边界散射能够显著增加声波的反射角度，从统计声学观点出发更容易实现扩散声场。如果壁面装有运动的散射体或界面随机运动，声波在壁面上无数次反射，

对水池内任何一个位置,在某时刻的声压可能是从各个方向传来的反射波的叠加,而且它们的相位都是随时间无规则变化的,有效地避免了干涉,使水池内声场趋向均匀。

空气声学中建筑扩散体通常是有规则起伏的,在墙壁面安装扩散体的尺寸需满足

$$\frac{2\pi f}{c_0}a \geqslant 4, \quad \frac{b}{a} \geqslant 0.15, \quad \lambda \leqslant g \leqslant 3\lambda \qquad (5\text{-}17)$$

式中,a 为扩散体宽度;b 为扩散体凸起高度;g 为扩散体间距。

1. 边界阻抗

前面理想边界模型是为了验证物理模型的数值计算的精确性。实际非消声水池的边界不可能实现理想情况下的全反射,其中一部分声能会被壁面吸收掉。声压的吸声系数和反射系数的关系为 $\alpha = 1 - |r_p|^2$,根据反射系数的表达式,已知水的边界阻抗为 $\rho_0 c_0 = 1.5 \times 10^6 \text{N·s/m}^2$,设置边界的特性阻抗为 10^5N·s/m^2 和 $1 \times 10^{10} \text{N·s/m}^2$,得到不同边界吸声系数分别为 0 和 0.2 情况下声场中固定点处的频响曲线。求解频率范围为 10Hz~20kHz,计算频率间隔 10Hz。

由图 5-24(a)可以看出,理想全反射边界混响声场中固定点的频率响应曲线高频段的共振峰分布密度很大且低频共振响应分布清晰;图 5-24(b)中声压频响曲线的模式重叠程度明显低,由于声场空间起伏方差与模式重叠程度成反比,所以更不容易实现扩散声场,边界的吸收会使接收点的声功率降低,声场截止频率减小。

考虑混响水池体积时已提到,房间的吸收会影响模态重叠数。即在低频时,若壁面的吸声较小,共振曲线太尖锐,则被激发起的模态比较少,并且不利于混响室的扩散。在测量噪声时,增加低频吸收对改进非消声水池声场是有利的。当然吸收不能过大,尤其测量噪声功率时需要另外增加低频吸声体。另外,各池

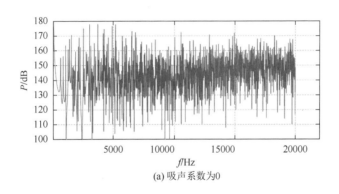

(a) 吸声系数为 0

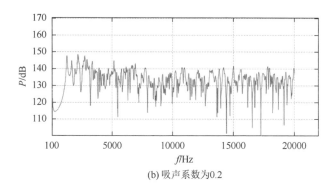

(b) 吸声系数为0.2

图 5-24　声压频率响应图

壁的吸声系数相差不能太过悬殊。对于测量单频或窄带噪声功率，为了多激发起简正模态，低频时池壁的平均吸声系数可以适当增加一些。但在低频截止频率以下，还须靠扩散体来改进扩散。

2. 固定起伏边界

根据声波的干涉特性，没有固定相位差的两列声波即使是相同频率也不会发生干涉，在非消声水池中池壁的反射是镜面反射，满足几何反射定律，从同一角度入射的声波在反射后会形成固定的相位差，多次反射后干涉效应仍然没有办法消除。扩散反射的目的是任意角度入射到界面上的声波，反射声波均向各个方向散射。

从增加壁面散射的角度出发提高声场的扩散性，研究不规则凹凸壁面对非消声水池声场扩散性的影响。起伏边界模型如图 5-25 所示，根据规则扩散体的尺寸与波长关系，边界面起伏尺度与入射声波波长相当，就可以实现扩散反射。对于直径为 0.2m 的半球扩散体，扩散反射的频率范围为 7.5～22.5kHz。

(a) 无散射体模型

(b) 20个散射体模型

(c) 48个散射体模型

图 5-25　起伏边界模型

对三种固定起伏边界的非消声水池模型进行仿真，声源发射 10～20kHz 白噪声，将不同接收位置的信号谱分析处理得到声压级，绘制概率密度分布图如图 5-26 所示。固定结构的散射体对声场的扩散性并没有起到改善作用，增加散射体前后声场扩散程度无明显差别，且散射体有一定的吸声效果，会导致声场平均声压级减小。

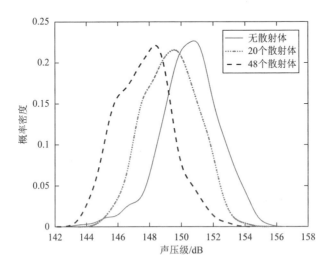

图 5-26　固定散射边界声场声压概率密度分布

固定结构散射体能够在扩散瓣内增加声场能量均匀性，也就是说其扩散性能作用范围有限制，相对于整个非消声水池，经过多个固定结构散射体的扩散瓣的作用叠加声波散射后仍存在干涉，反而会导致声场不均匀。

3. 随机起伏边界

固定结构散射体对增加相位无规性的影响有限，随机起伏的界面可以增加散射体的形态，使相位无规，避免简正波干涉。

使用 COMSOL 建立随机边界水池模型如图 5-27 所示，随机生成 10 种不规则上边界，对随机起伏边界的非消声水池模型进行仿真，声源发射高斯白噪声，计算时间为 0.02s，采样间隔为 6×10^{-5}s。将各模型时域信号连接到一起作为随机起伏边界测量的时域信号，将不同接收位置的信号谱分析处理得到的声压级，绘制概率密度分布图如图 5-28 所示。

固定界面的声压概率密度曲线比较宽，声压起伏大；随机边界的概率密度曲线越尖锐，说明随机边界越有利于扩散声场的均匀性。

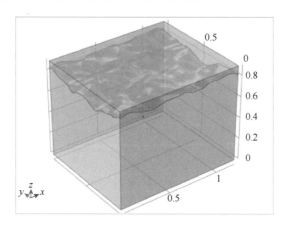

图 5-27　随机边界水池模型（单位：m）

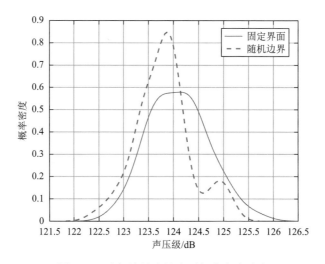

图 5-28　随机边界水池声压概率密度分布

随机起伏界面情况下是由于反射波的相位趋向无规则变化，消除了非消声水池内的简正波干涉造成空间起伏减小，且随机边界的变化越多，越有利于声场的均匀性。

5.2　混响水池扩散声场实验研究

5.2.1　实验方案与装置

实验中硬件设备分为发射系统和接收系统两个部分，实验系统如图 5-29 所示。发射系统由信号发生器、功率放大器（功放）和发射换能器组成，用于对非消声水池提供稳定的声能，形成稳态的混响环境。Agilent 信号源 33522A 能够产生各类稳定的电信号，包括单频信号、噪声信号和脉冲信号等。实验中发射换能器选择工作频段为 1.5～30kHz 的圆环换能器，其谐振频率为 24kHz，本次实验使用 24 个圆环换能器。搭配 B&K 2713 型功率放大器保证在实验工作频率范围内满足信噪比的要求。

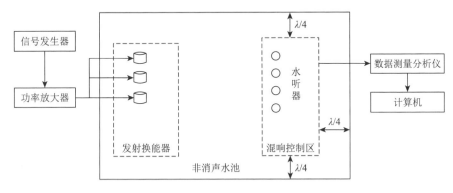

图 5-29　水池声场测量系统示意图

接收系统由水听器、数据测量分析仪和计算机三部分组成。实验中选用 B&K8103 水听器，要求 6 个水听器性能一致稳定；多通道数据测量分析仪最高采样率 51.2kHz，配合计算机 LABSHOP 软件进行时域数据采集以及频谱分析。

实验在哈尔滨工程大学水声技术全国重点实验室中进行，实验用玻璃水槽尺寸为 1.57m×0.72m×1m，如图 5-30 所示水槽壁厚度 1cm，水面与空气接触，底部为钢板。混凝土边界的水池相对于水介质的声刚性较差，玻璃水槽的边界比较薄且声阻抗与水相近，玻璃外侧为空气，声波的反射较强有利于扩散声场的形成。实验中水深 0.9m，水温 17.8℃，水的密度为 998kg/m^3。实验中通过水槽上方的航

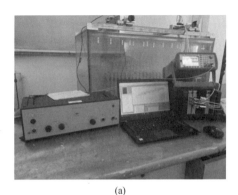

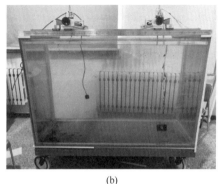

(a)　　　　　　　　　　　　　(b)

图 5-30　非消声水池实验实物图

车在水平面上调节水听器位置。声源和水听器距离水槽壁面大于 1/4 波长，水听器距离声源大于 4 倍混响半径。实验中注意对声源、水听器以及池壁表面的气泡进行擦拭，避免引入测量误差。

5.2.2　水槽声学特性测量实验

实验首先对玻璃水槽的声学特性进行测量，包括简正频率、混响时间、截止频率等声学参数。主要目的是为后续扩散声场的探究适用频率范围实验提供参考依据，以便开展后续实验。

1. 低频简正频率

测量水槽的简正频率采用无指向性声源发射白噪声，在整个频带内白噪声的功率谱密度是常数，则水听器接收信号的功率谱中的各个尖峰对应的频率即为水槽的共振频率。

通过信号源产生 10kHz 白噪声信号，经过功率放大器调整增益满足信噪比要求，连接玻璃水槽中的球形声源。在距离声源较远处利用水听器对声压信号采集，数据测量分析仪测量和记录水听器接收的声压频谱，设置采样频率为 51.2kHz。连接到计算机 LABSHOP 软件可对频响曲线进行实时观测，以便于及时调整测量方式以及保存测量的均方声压数据。

将实验数据导入 MATLAB 进行处理，得到混响控制区内测得的声压频谱如图 5-31 所示。水听器接收的频谱曲线在低频时，声压级整体偏低，这是发射换能

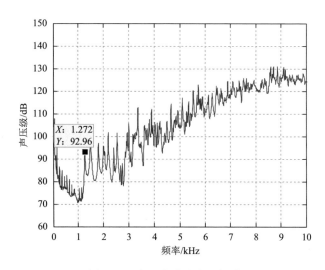

图 5-31　白噪声激励声压频谱

器在低频的响应不足导致的，并不是水槽的声场特性。低频简正波共振峰稀疏，频率起伏大，只有当频率足够高，简正波的共振峰分布密集的情况下才可能形成扩散声场。从频响曲线中可以看出，第一阶简正波频率约为 1.27kHz，因此此次实验不分析低于第一阶简正频率的频段。

根据理论分析，已知矩形水池简正频率仅与水池大小有关，其边界的阻抗特性只会改变共振峰宽度，表 5-1 列举了根据式（3-5）计算的水池特征频率与实验测得的低频段简正频率对比，其中实验测量频率分辨率为 8Hz。

表 5-1　水池低频共振频率

阶数 n	理论值/Hz	测量值/Hz	误差/%
1	1249	1272	1.84
2	1499	1496	0.18
3	1715	1712	0.18
4	1844	1808	1.97
5	1925	2000	3.8
6	2189	2192	0.15
7	2235	2236	0.03
8	2240	2248	4.80

2. 混响时间及截止频率

测量混响时间的方法主要有脉冲积分法和中断声源法，通过脉冲积分得到的衰减曲线能够得到混响早期衰变等细节。大量的研究结果显示，中断声源法多次测量混响衰减曲线结果的平均与脉冲积分法测得的衰减曲线十分相近。

本次实验采用常用的中断声源法测量混响时间。通过 B&K PULSE（3560E）动态信号分析仪中的信号发生模块产生带宽为 51.2kHz 的宽带白噪声，经功率放大器放大后对发射换能器进行激励，在水槽内形成稳态声场后停止发声。利用定时触发的方式记录声源中断后的水听器接收声能衰减情况，声能衰减 5dB 开始计算 T_{20} 或者 T_{30}，由于声压级随时间线性衰减，可求得混响时间。利用 B&K PULSE 动态信号分析仪信号接收处理模块可直接求得 1/3 倍频程带宽内的混响时间。

混响时间测量中会出现重复偏差和空间偏差。由于白噪声的随机性，测量混响时间时声源中断的瞬间，各简正方式的幅值和相角不同，会使同一测量点得到结果存在偏差，需要多次测量取平均值。在声场不完全扩散的情况下，声场内测量位置或声源位置的空间变化会导致混响时间的起伏，通常要在多个点测量。因为混响时间是研究混响声场性质很重要的特征值，为了增加测量值的准确性，在声场中选取 6 个位置进行测量，每个位置测量 6 次，取平均值确定声场的混响时间，测量结果如下。

表 5-2 为空间平均后的混响时间测量结果，应尽可能多地在不同位置进行测量。所有频率的平均混响时间为 0.213s，根据 5.2.1 节的理论可求得，水槽的混响半径约为 0.064m，截止频率为 8.29kHz，平均吸声系数为 0.03。在后续的非消声水池扩散性研究实验中，声源与水听器的间距不小于 0.256m，与池壁距离不小于 0.05m。

表 5-2   1/3 倍频程中心频率的混响时间及混响半径

1/3 倍频程中心频率/Hz	混响时间 T_{60}/s	混响半径/m
5000	0.238	0.059
6300	0.155	0.072
8000	0.190	0.065
10000	0.295	0.052
12500	0.223	0.060
16000	0.309	0.051
20000	0.265	0.059
25000	0.254	0.056
平均值	0.213	0.064

3. 水听器校准

实验中采用多个水听器同时测量以提高效率，前提是多个水听器性能稳定一致，因为水听器灵敏度的差异会引入误差。在消声水池中对 12 个水听器进行比较校准，其中 0#水听器为标准水听器，其灵敏度为–211dB。在消声水池中发射白噪声信号，测量 12 个水听器的开路输出电压，计算在 1/3 倍频程带宽的平均灵敏度级，结果如图 5-32 所示。可以看出 1#～5#水听器灵敏度的一致性较好且在 5～25kHz 频段内性能稳定。本次实验使用 0#～5#共 6 个水听器同时测量，各水听器等间距 10cm 成阵，垂直入水第一个水听器距离水面 15cm 且水听器与壁面距离大于 10cm，在图 5-32 所示系统中混响控制区内水平移动 10 个位置，每个位置距离 10cm，一共测量 60 个位置的声场数据。

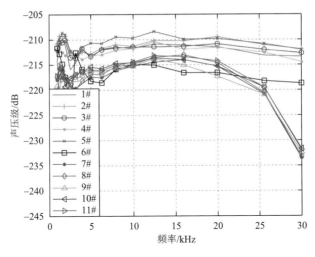

图 5-32　水听器灵敏度级

5.2.3　声场扩散性测量

1. 分析带宽对声场空间起伏的影响

声源发射 0～25kHz 白噪声信号，采样频率 51.2kHz，测量平均时间 10s。绘制固定场点的声压级曲线，结果见图 5-33。

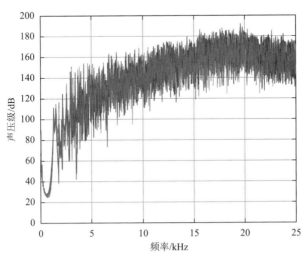

图 5-33　不同位置声压级

简正模态在频率分布上不均匀，对测量结果通常采用一定带宽分析。分别给出 10Hz、100Hz、400Hz 分析带宽下，声场中不同位置的声压级测量结果最大起伏以及空间声压的概率密度分布，结果如图 5-34 和图 5-35 所示。

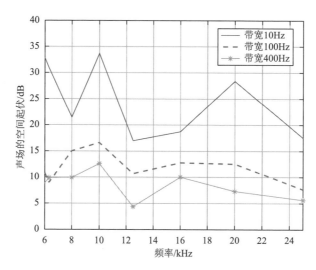

图 5-34　声场空间起伏

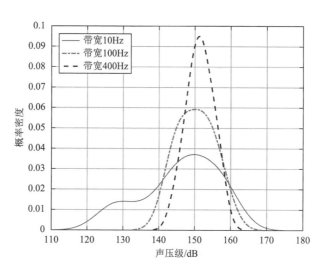

图 5-35　10kHz 声压级概率密度分布

分析带宽越宽，声场的空间起伏越小，声压级越集中，但声压级总体均值稍有不同，这是由于声源的辐射特性在低频响应不充分导致接收到的声压频谱不完全是平的。分析带宽为 10Hz 时声场空间起伏达到了 34dB，分析带宽为 100Hz 时声场空间起伏为 16dB，分析带宽为 400Hz 时声场空间起伏为 13dB，此时声场的空间起伏还是很大，不能满足实际声学测量的标准。

对于混响声场中固定测量点的声压，通常对测量结果采用倍频程分析。倍频程带宽是比例带宽，其分析上下限频率与中心频率成比例满足 $f_0^2 = f_h f_l$，$f_h = 2^n f_l$。图 5-36 分别给出对比采用 1/12 倍频程、1/6 倍频程、1/3 倍频程和 1 倍频程积分得到的声场声压最大空间起伏的结果，可以得到在 15kHz 以上带宽范围越大，空间起伏越小。倍频程分析得到的声场空间起伏小于 4dB，可以认为此时声场扩散性较好。值得注意的是，在 12.5kHz 频率 1/3 倍频程积分效果不好，原因可能是对比场点数不足，导致结果出现误差。采用宽带测量的方法减弱简正波的干涉影响，但同时牺牲了频率特性。

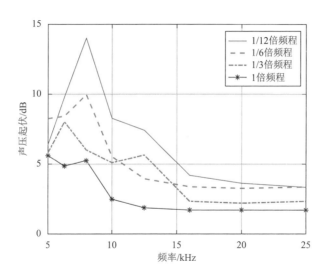

图 5-36　声场空间起伏

2. 水听器扫描范围

声源发射 0～25kHz 白噪声信号，采样频率 51.2kHz，测量平均时间 120s。绘制水听器在不同水池体积内扫描得到的声场频响曲线，结果如图 5-37 所示。

通过扫描水听器阵测量得到的均方声压的频谱起伏相较于固定点的测量结果有明显改善。结合图 5-37 和表 5-3 可得，声压级频谱起伏随频率增加逐渐减小，这是由于高频能激发出更多的简正波，单位带宽内简正波峰分布更密集。在玻璃水槽中扩大水听器扫描范围，均方声压的频谱起伏减小。本次实验通过大范围扫描得到声场的空间起伏小于 4dB。

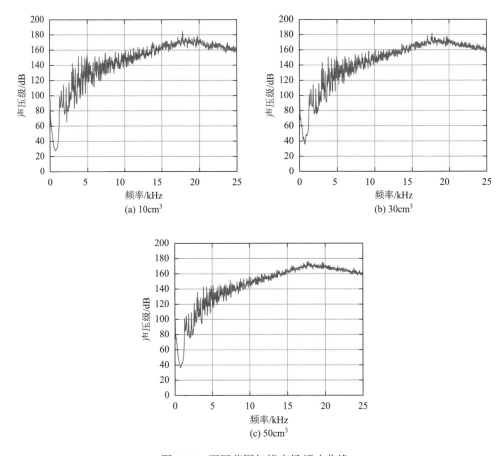

图 5-37　不同范围扫描声场频响曲线

表 5-3　不同范围扫描声场空间起伏

扫描范围 /cm³	频率							
	4000Hz	5000Hz	6300Hz	8000Hz	10000Hz	12500Hz	16000Hz	20000Hz
10	20.46dB	8.01dB	11.89dB	17.57dB	14.33dB	11.22dB	6.77dB	4.12dB
30	14.2dB	5.64dB	7.77dB	9.9dB	5.79dB	3.96dB	1.43dB	3.39dB
50	4.59dB	3.72dB	2.93dB	2.47dB	2.66dB	3.26dB	3.49dB	1.47dB

　　均方声压的空间起伏越小，声场的扩散性越好。通过水听器扫描声场测量均方声压可以减小简正波干涉造成的声场不均匀性，对非消声水池声场扩散性有所改善，可在拓宽混响法测量的频率范围的同时提高准确性。

5.2.4　多声源激励声场空间起伏实验

1. 确定声源位置

声源发射 0～25kHz 白噪声信号，采样频率 51.2kHz，测量平均时间 120s。分析声源分别在水池顶角和水池内部时，水听器测得均方声压的声压频谱曲线，如图 5-38 所示。

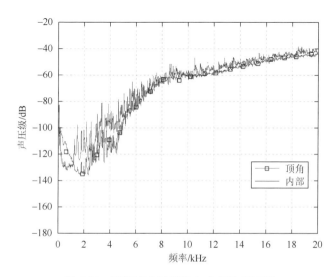

图 5-38　声源在水池顶角与内部的声压级

声源在内部时低频声场的频率响应更充分，因为声源在水池内部能比顶角激发更多的简正模态。在 9kHz 以下的低频段，声源在水槽顶角时测得的声压级较声源在水槽内部时测得声压级偏低，受边界干涉模式影响，需要对顶角测量的结果进行低频校正。在截止频率以上的频段声源位置对声场均匀性影响不大。

为了尽可能多地激发简正波，本次实验声源布放区水池一侧且距离池壁大于 5cm 的范围内，如图 5-39 所示，水池另一侧为混响控制区。

2. 声源可叠加性验证实验

在玻璃水槽中开展声源可叠加性的验证实验，实验装置连接见图 5-39。在玻璃水槽中依次增加声源数目，通过水槽上方用航车固定声源，保持声源间距大于一个波长。发射单频信号，通过水听器扫描分别测量水池均方声压，结果见表 5-4。

(a) 正面　　　　　　　　　　　　　　(b) 侧面

图 5-39　声源及水听器分布位置示意图

表 5-4　不同声源数目声压级　　　　　　　　单位：dB

频率	声源数目				
	1 个	2 个	4 个	12 个	24 个
5kHz	138.1	140.7	143.6	149.8	152.1
6.3kHz	138.5	140.8	143.8	150.1	152.3
8kHz	138.9	141.2	144.2	150.2	152.8
10kHz	139.1	141.5	144.4	150.5	153.1
12.5kHz	139.1	141.7	144.8	151	153.2
16kHz	139.4	142.1	145	151.1	153.3
20kHz	139.7	142.5	145.3	151.2	153.6

根据表 5-4 中结果，在截止频率以上时，非消声水池声场中多声源辐射产生的混响声场平均声能密度是单声源辐射平均声能密度的 n 倍，即声能密度增加 $10\lg n$（dB），满足非相干声源的叠加原理。当声源发射白噪声且声源间距大于一个波长时，不同数目声源激发声压频谱如图 5-40 所示，随着声源数目的增加，均方声压级随之增加。下面将具体开展多声源对声场扩散程度影响的探究实验。

3. 多声源声场扩散性

当多个相同的声源共同激励声场时，由于声源激发的声场简正波间的干涉减小，在混响控制区内声能密度更加均匀，在频响曲线上表现为单位频率带宽内浮动范围减小。因此，通过在玻璃水槽中增加声源数目，观测点处的均方声压起伏将降低。

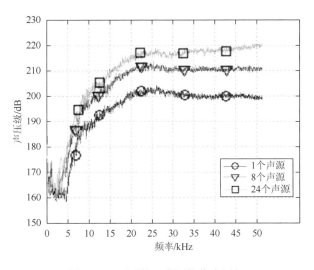

图 5-40　不同数目声源接收声压级

　　声源发射 0～25kHz 白噪声信号，采样频率 51.2kHz，通过测量分析仪计算 60 次时间平均。实验利用 1 个声源辐射和 24 个声源辐射，固定水听器测得均方声压的声压频响曲线，如图 5-41 所示。

　　混响声场中声源强度与声场平均声能密度是线性的关系，由 24 个相同强度的声源激励的声场，其平均声能密度为由 1 个声源激励的声场的 24 倍，即声压级增加 13.8dB，在计算时需进行归一化。1 个声源的声压级空间起伏为 35dB，20 个声源的声压级空间起伏为 20dB，多声源激励的声场声压级频响曲线起伏减小。

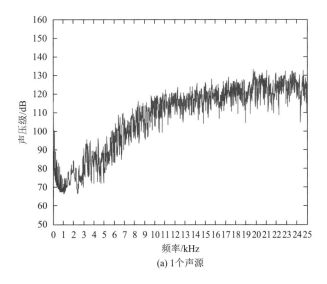

(a) 1 个声源

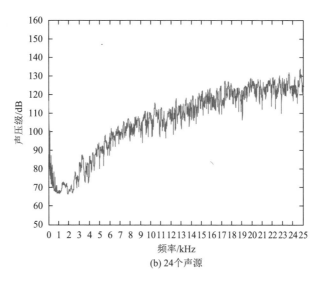

(b) 24个声源

图 5-41　　不同声源个数声压频响曲线起伏对比

5.2.5　声场扩散性评价

　　非消声水池扩散声场是指混响水池声场中能量密度均匀分布，声场扩散程度对声学测量的精度有直接影响。如何评价声场的扩散程度，马大猷曾提出过用封闭空间的吸声系数来衡量声场的扩散程度；还有比较测量混响时间的衰减曲线斜率是否一致，斜率不同的原因可能是声波传播方向不均匀或是声能的空间分布不均匀。以上方法可用作定性比较，但没有给出扩散场的具体标准。

　　在空气声学中，评价混响室的扩散性方法有声强、模态密度、相干函数等形式的扩散系数。国内外现行标准中，声场均匀性测量方法是用测量声场声压级标准差的方法来衡量声场。以上方法和标准均是研究空气声场，针对非消声水池水声学测量问题的评价，还没有相关标准。本节采用混响控制区内各不相关测点声压级的标准差作为声场的扩散系数。

　　对于声场测量的重复偏差的计算，采用的方法是：声场中单个观测点处的声压级进行 6 次独立重复测量，用多次测量同一空间位置的混响声压级的标准差和多次测量所得到声压级的平均值的比值来表征。第 m 个空间观测点处进行的第 n 次声压级独立测量表示为 $(L_P)_{mn}$，单点独立测量声压级平均值 $\overline{(L_P)_m}$ 为

$$\overline{(L_P)_m} = \frac{1}{N}\sum_{n=1}^{N}(L_P)_{mn} \qquad (5\text{-}18)$$

其标准差为

$$\sigma_m = \left(\frac{1}{N-1}\sum_{n=1}^{N}\left((L_P)_{mn} - \overline{(L_P)_m}\right)\right)^{1/2} \qquad (5\text{-}19)$$

单点测量重复偏差表达式为

$$\eta_m = \sigma_m / \overline{(L_P)_m} \qquad (5\text{-}20)$$

为了具体分析不同数目声源激励声场的均匀性，由于混响声场的声能密度与均方声压成正比，引入混响声场的空间偏差。声压级的空间平均值为

$$\overline{(L_P)} = \frac{1}{M}\sum_{m=1}^{M}(L_P)_m \qquad (5\text{-}21)$$

空间标准差为

$$\sigma = \left(\frac{1}{M-1}\sum_{m=1}^{M}\left((L_P)_m - \overline{(L_P)}\right)\right)^{1/2} \qquad (5\text{-}22)$$

空间偏差的表达式为

$$\eta = \sigma / \overline{(L_P)} \qquad (5\text{-}23)$$

本实验主要研究声源数目对声场扩散程度的影响，在玻璃水槽的混响控制区内依次增加声源个数。对多声源激励的声场声能密度进行归一化。实验中分别布置了 1、2、4、12、16、24 个声源，分别在不同声源数目下计算在 32 个不同位置，通过测量分析仪计算 60 次时间平均得到的声场均方声压之间的空间偏差，结果见表 5-5。

表 5-5　不同声源个数均方声压空间偏差 η

中心频率/Hz	1 个	2 个	4 个	12 个	16 个	24 个
5000	0.4392	0.1367	0.0970	0.0284	0.0155	0.0139
6300	0.3053	0.1011	0.0636	0.0295	0.0181	0.0099
8000	0.1883	0.0610	0.0501	0.0184	0.0138	0.0109
10000	0.1117	0.0501	0.0255	0.0127	0.0077	0.0053
12500	0.0526	0.0369	0.0235	0.0089	0.0052	0.0043
16000	0.0468	0.0313	0.0148	0.0056	0.0034	0.0019
20000	0.0344	0.0146	0.0089	0.0032	0.0018	0.0015

可以得出，随着声源数目的增加，声场的均方声压起伏减小，即使在截止频率以下，声场的空间均匀性也有所改善。即多声源能够提高非消声水池声场的扩散程度，对于应用混响法的测量精度有所提高。

多声源、增加分析频率带宽都是提高声场扩散度的方法。实验中布置了 1、2、4、12、16 个声源，分别给出 1/3、1/6、1/12 倍频程分析带宽下的 16 个水听器测量结果，通过测量分析仪计算 60 次时间平均得到的声压空间起伏，结果见表 5-6～表 5-8。

表 5-6   不同声源个数 1/3 倍频程声压空间起伏   单位：dB

中心频率/Hz	1 个	4 个	8 个	16 个
6300	9.42	7.47	5.59	3.11
8000	9.21	6.81	4.93	2.96
10000	8.82	6.55	4.59	2.90
12500	8.47	6.29	4.44	2.78
16000	7.89	5.95	3.98	2.82
20000	7.51	5.23	3.26	2.74

表 5-7   不同声源个数 1/6 倍频程声压空间起伏   单位：dB

中心频率/Hz	1 个	4 个	8 个	16 个
6300	10.97	9.01	7.73	5.32
8000	10.54	9.21	7.21	5.24
10000	10.88	8.81	6.74	4.86
12500	10.05	8.03	6.42	4.34
16000	9.86	7.29	5.59	4.02
20000	9.59	6.54	5.06	3.99

表 5-8   不同声源个数 1/12 倍频程声压空间起伏   单位：dB

中心频率/Hz	1 个	4 个	8 个	16 个
6300	11.85	9.69	8.74	7.48
8000	12.23	9.72	8.94	7.46
10000	11.24	9.04	8.44	6.88
12500	11.30	9.08	8.01	6.31
16000	10.68	8.45	7.65	6.32
20000	10.43	8.33	6.87	5.95

由以上分析可以得出，分析带宽变窄，各水听器测量结果起伏变大，在对分析频带宽度有限制时，使用多声源可以保证非消声水池声场扩散程度。当布放 16 个声源工作时，1/3 倍频程均方声压空间分布不确定度小于 3.1dB。

参 考 文 献

[1]   Jacobsen F. Sound power emitted by a pure-tone source in a reverberation room[J]. The Journal of the Acoustics Society of America，2009，126:676-684.

第 6 章　混响水池中水下复杂声源辐射声功率测量

辐射声功率是水下复杂声源的重要声学特性，对于水下舰船的降噪和隐身，辐射声功率测量尤为重要，特别是在水下舰船的设计建造过程中的减振降噪处理，建造完成后的噪声评价与验收，准确、高效的噪声测量方法尤为重要。对于目前水下声源声功率测量的方法主要有自由场声压法、自由场声强法、混响法等。自由场声压法和自由场声强法在水声领域应用比较常见，对于小型发射器的测量非常有效，但对于水下大型舰船来说，在消声水池中测量存在频率限制，而在海洋环境下，由于不太容易修正海底及海面反射的影响，因此准确测量水下复杂声源的辐射声功率及频谱特性是很困难的，更无法实现噪声源分离。

混响水池提供了测量水下复杂声源辐射声功率的新思路且具有效率高、费用低等优点。本章基于空间平均方法有效地将混响法应用到了水下复杂声源的声功率测量，具有较高的测量精度和较低的测量频率。

6.1　混响水池中标准声源的辐射声功率测量

6.1.1　标准声源辐射声功率测量原理

若混响水池中点声源的辐射声功率为 W，当混响声场达到稳态时，按式（3-45）中 $f \geqslant f_s$ 情况下混响声场内距声源 r 处所测空间平均均方声压 $\langle P^2 \rangle$ 与声源的辐射声功率 W 间的关系为

$$\langle P^2 \rangle = W \rho_0 c_0 \left(\frac{1}{4\pi r^2} + \frac{4}{R} \right) \tag{6-1}$$

混响时间表示在扩散声场中，声能密度下降为原来值的百万分之一所需要的时间（即声压级降低 60dB），通常用 T_{60} 来表示。参考文献[1]，可知

$$T_{60} = \frac{55.2V}{-c_0 S \ln(1 - \bar{\alpha})} \tag{6-2}$$

式中，$\bar{\alpha}$ 为壁面的平均吸声系数。由式（6-2）可得 R 与 T_{60} 之间的关系为

$$R = S(\mathrm{e}^{\frac{55.2V}{T_{60} S c_0}} - 1) \tag{6-3}$$

令 $\beta = e^{\frac{55.2V}{T_{60}Sc_0}}$ （β 与混响时间 T_{60} 有关），则式（6-3）可写为

$$R = S(\beta - 1) \tag{6-4}$$

把式（6-4）代入式（6-1）可得

$$\frac{\langle P^2 \rangle}{\rho_0 c_0} = W\left(\frac{1}{4\pi r^2} + \frac{4}{S(\beta - 1)}\right) \tag{6-5}$$

式（6-5）也可以写为

$$\langle L_P \rangle = L_W + 10\lg\left(\frac{1}{4\pi r^2} + \frac{4}{S(\beta - 1)}\right) \tag{6-6}$$

式中，$\langle L_P \rangle$（dB relμPa）表示混响声场内所测空间平均声压级；L_W（dB re0.67×10^{-18}W）表示声源的声功率级。

若在混响声场的混响控制区测量，$r \geqslant 4r_h$（混响声比直达声大 12dB），混响声起主要作用，直达声的作用可忽略。因此，式（6-6）可简化为

$$L_W \approx \langle L_P \rangle - 10\lg\left(\frac{4}{S(\beta - 1)}\right) \tag{6-7}$$

式（6-7）即为 $f \geqslant f_s$ 情况下混响水池中测量点源辐射声功率的测量原理，即通过在混响水池混响控制区测量出声源作用下的混响声场空间平均声压级 $\langle L_P \rangle$，再根据测量的混响时间 T_{60}（β 与混响时间 T_{60} 有关），就可得到声源的辐射声功率 L_W。式（6-7）中的 $10\lg\left(\frac{4}{S(\beta - 1)}\right)$ 为校准量，表示在混响水池中混响控制区测量的点声源的空间平均声压级与其声功率级间的差值。该量只与混响水池特性有关而与声源无关，通过在混响水池中利用标准声源测量混响时间得到。

若自由场离声源 1m 处的声压为 P_f，则由式（6-1）可得

$$\frac{\langle P^2 \rangle}{P_f^2} = \frac{16\pi}{R} \tag{6-8}$$

若定义 $R_c = \frac{16\pi}{R_0}$，则

$$\frac{\langle P^2 \rangle}{P_f^2} = R_c \tag{6-9}$$

式（6-9）也可以写为

$$\langle L_P \rangle = \mathrm{SL} + 10\lg R_c \tag{6-10}$$

式中，$\langle L_P \rangle$（dB re1μPa）表示混响声场混响控制区所测空间平均声压级；SL（dB re1μPa）表示声源的自由场声源级；$10\lg R_c$ 为混响声场至自由场的声压级修正量，其也可以表示为

$$101\mathrm{g}\,R_c = 101\mathrm{g}\left(\frac{16\pi}{R}\right) = 101\mathrm{g}\left(\frac{16\pi}{S(\beta-1)}\right) \tag{6-11}$$

6.1.2　空间平均声压的空间平均测试原理

混响水池中由于存在边界干涉模式及能量密度空间分布的不均匀（尤其是对于单频激励），测量的各点均方声压的空间变化是不可避免的，同时实验已验证在混响声场中对某定点的时间平均无法消除简正波的干涉。因此，在混响水池中采用混响法测量声源的辐射声功率必须进行空间平均。

根据式（6-11），混响水池中矢径为 r 的空间点的均方声压 $P^2(\boldsymbol{r},\boldsymbol{r}_0)$（有效值）为

$$P^2(\boldsymbol{r},\boldsymbol{r}_0) = \frac{1}{2}\,|\,P(\boldsymbol{r},\boldsymbol{r}_0)\,|^2 = \frac{(4\pi\rho_0 Q_0 c_0^2)^2}{2V^2}\left(\sum_n \frac{\omega^2}{\Lambda_n^2}\frac{\phi_n^2(\boldsymbol{r}_0)\phi_n^2(\boldsymbol{r})}{(2\omega_n\delta_n)^2 + (\omega^2 - \omega_n^2)^2}\right.$$

$$\left. + \sum_n \sum_{\substack{m \\ m \neq n}} \frac{\omega^2}{\Lambda_n^2}\frac{\phi_n(\boldsymbol{r}_0)\phi_n(\boldsymbol{r})\phi_m^*(\boldsymbol{r}_0)\phi_m^*(\boldsymbol{r})}{(2\omega_n\delta_n + \mathrm{j}(\omega^2 - \omega_n^2))(2\omega_m\delta_m + \mathrm{j}(\omega^2 - \omega_m^2))}\right) \tag{6-12}$$

式中，等号右边括号中第一项表示声源所激起的各阶简正波在测量点处对声能贡献的独立相加；第二项表示各阶简正波在测量点处的干涉相加。

利用简正波的正交性可得到

$$\frac{1}{V}\iiint_V \phi_n(\boldsymbol{r})\phi_m^*(\boldsymbol{r})\mathrm{d}V = \begin{cases} 0, & n \neq m \\ \Lambda_n, & n = m \end{cases} \tag{6-13}$$

若只是对某测点时间平均却无法消除式（6-12）括号中的第二项，因此无法消除简正波间的干涉。而通过空间平均可消除简正波间的干涉，去掉式（6-12）括号中的第二项，从而得到

$$\langle P^2(\boldsymbol{r}_0)\rangle = \frac{1}{2}\frac{(4\pi\rho_0 Q_0 c_0^2)^2}{V^2}\sum_n \frac{\omega^2}{\Lambda_n}\frac{\phi_n^2(\boldsymbol{r}_0)}{(2\omega_n\delta_n)^2 + (\omega^2 - \omega_n^2)^2} \tag{6-14}$$

式（6-14）可简化为

$$\langle P^2(\boldsymbol{r}_0)\rangle = \frac{8\pi\rho_0^2 Q_0^2 \omega^2}{S\bar{\alpha}\Delta N}\sum_n \frac{\phi_n^2(\boldsymbol{r}_0)}{\Lambda_n} \tag{6-15}$$

式中，$\phi_n^2(\boldsymbol{r}_0)$ 表示简正波在声源处的幅度，在混响水池中不同位置，$\phi_n^2(\boldsymbol{r}_0)$ 也存在不均匀性，若对声源也进行空间平均，则可消除 $\phi_n^2(\boldsymbol{r}_0)$ 的波动，从而减少空间平均均方声压 $\langle P^2(\boldsymbol{r}_0)\rangle$ 的波动，更进一步降低测量的不确定度。

通过对声源的空间平均可得到声源的辐射声功率与空间平均均方声压之间的关系如下：

$$\langle P^2 \rangle = \frac{4\rho_0 c_0 W}{R} \tag{6-16}$$

所以，在混响水池内进行空间平均，可消除简正波的干涉，使测量结果准确可靠；空间平均的范围越大，式（6-12）括号内的第二项消除得越干净，简正波干涉的影响越小，效果越好；若同时对声源进行空间平均，可消除式（6-15）中 $\phi_n^2(r_0)$ 的波动，从而减少空间平均均方声压 $\langle P^2(r_0)\rangle$ 的波动，更进一步降低测量的不确定度，增加测量的准确性，效果更好。

6.1.3　混响时间测量原理

混响声场条件下的声源声功率测量的关键参数之一是获取水池的房间常数。房间常数取决于水池体积、表面材料等特性的影响，可以用混响时间来表征。混响时间的测量方法一般使用脉冲积分法或中断声源法。

中断声源法是先在水池中建立一个稳定的声场，然后声源突然停止辐射，采用水听器在声场中记录声压的衰减曲线，最后通过衰减曲线计算声压下降60dB所用的时间，根据声能指数衰减规律，一般计算声压下降20dB所用时间 T_{20}。由于测量存在空间性误差和重复性误差，因此必须进行多次测量取平均值。

脉冲积分法[2]是由 Schroeder 在 1965 年提出，该方法基于下面的公式：

$$\langle S^2(t)\rangle = N \cdot \int_t^\infty r^2(x)\mathrm{d}x$$

式中，$S^2(t)$ 是稳态噪声的声压衰减函数；N 是谱密度；$r(x)$ 是水池的脉冲响应。上式表示的连续稳态的白噪声停止后，声场的声能密度衰减的平均值与一次脉冲响应平方在 t 到无穷的积分是相等的，其优点为只需测量一次，测量的混响时间曲线比较平滑，波动小。

混响时间测量时选择的信号源为无指向性声源，布放位置选择水池中心区域，声源辐射保证足够高的信噪比，一般不小于30dB；为了获取较为准确的测量结果，需要进行多位置的多次测量，并且测量位置距离池壁或水面不小于测量下限频率波长的1/4。

6.1.4　标准声源辐射声功率测量方法与实施技术

1. 测量方法

1）适用频率范围

基于水听器空间平均技术测量声源辐射声功率的适用频率范围取决于水池特

性。根据水池的体积和壁面材料属性，混响法的测量下限频率 f_l 将发生变化；测量的上限频率 f_u 为 20 f_l。

2）混响法测量方法

采用图 6-1 的测量系统，将接收的信号送到 PULSE 动态信号分析仪的通道 1 进行谱分析。空间点的选取尽量避免离水池池壁、池底以及声源太近，以使测量点位于混响控制区内。

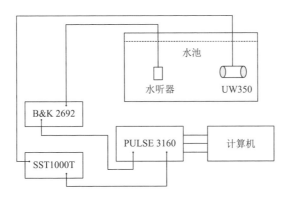

图 6-1　混响法测量系统图

由于简正波的干涉，对于混响声场中每个具体的测量点，其测量结果具有随机性，通过空间平均，可消除简正波的干涉，使测量结果准确可靠。空间平均声压级的测量方法是通过在水池内缓慢移动水听器，水听器移动的路线按照图 6-2 的扫描路线，同时分析仪作谱分析时取 200 次平均。

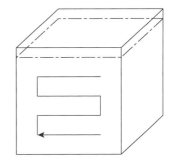

图 6-2　水池内水听器扫描路线图

由于水听器的运动，每个样本便相当于空间中某点处的声压级，因此测量结果相当于空间中 200 个点上声压级的平均。为了获得更好的平均效果，选定 6 个不同区域进行声压级的测量，然后对这 6 个区域的测量结果进行平均。实验用的发射换能器为一球形压电换能器，声压测量采用 8104 水听器，声源的自由场发射响应通过在消声水池中测量得到。

2. 实施技术

1）空间平均的作用及不同空间平均方式的效果对比

图 6-3（a）给出了当声源发白噪声时，水听器在水池内某点固定不动分析仪

进行 200 次平均的声压功率谱测量结果。当水听器不动时，测量的是水池内某点处时间平均的声压功率谱，在水池内其他点处测量的声压功率谱与之基本相似，但峰谷的细节各不相同，简正波的干涉造成测量的不确定性增大，最大不确定度（标准差）达到 20dB，平均不确定度为 5dB。

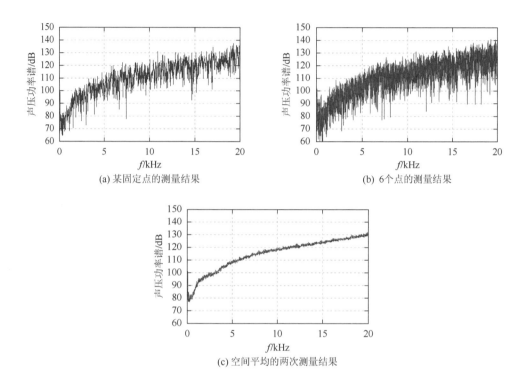

(a) 某固定点的测量结果　　　　　　　　　　　　(b) 6个点的测量结果

(c) 空间平均的两次测量结果

图 6-3　水池内声压功率谱测量结果

　　图 6-3（b）为水池内 6 个点的声压功率谱测量结果，不同点处测量的声压功率谱的峰和谷是相互交错的，但其不确定度与图 6-3（a）基本一致。当水听器进行空间扫描移动时，分析仪取 200 次平均后得到的声压功率谱两次测量结果见图 6-3（c）。由此可见，声压功率谱中几乎没有起伏，测量结果的重复性较好，测量的平均不确定度为 0.3dB。从而证明：经过空间平均，可消除简正波间的干涉，显著减少测量的不确定性，空间平均声压功率谱与声源的自由场发射频响曲线非常相似。

　　图 6-4 及图 6-5 分别采用球形声源及圆柱形声源（UW350）对不同空间平均的方式进行了对比。对于球形声源的测量，图 6-4（a）中水听器局部平均情况下 6kHz 以上测量不确定度低于 2dB，6kHz 以下测量不确定度平均为 3dB；图 6-4（b）

水听器大范围空间平均测量的不确定度明显改善，3kHz 以上不确定度不超过 0.5dB，3kHz 以下平均不确定度低于 1dB；图 6-4（c）在水听器空间平均的基础上同时对声源进行空间平均测量的不确定度进一步改善，整个测量频段内不确定度都小于 0.5dB。对于圆柱形声源的测量，图 6-5（a）中水听器不动时全频段的不确定度为 3.1～4.9dB；图 6-5（b）中水听器局部平均时 3kHz 以上不确定度不超过 1.5dB，3kHz 以下的不确定度略有改善；图 6-5（c）水听器大范围空间平均测量的不确定度明显改善，2kHz 以下不确定度不超过 2.3dB，2kHz 以上不确定度不超过 1dB。图 6-5（d）在水听器空间平均的基础上同时对声源进行空间平均测量的不确定度进一步改善，2kHz 以下不确定度不超过 2dB，2kHz 以上不确定度不超过 0.5dB。由图 6-4 及图 6-5 可知，空间平均优于同一位置的时间平均；连续性空间平均中，平均的范围越大，效果越好；若在水听器空间平均的基础上考虑对源的平均，效果更好。

2）声源发射纯音情况下混响控制区空间平均的两次测量结果对比

声源发射纯音的情况下，在混响控制区进行空间平均（x 及 z 方向其平均范

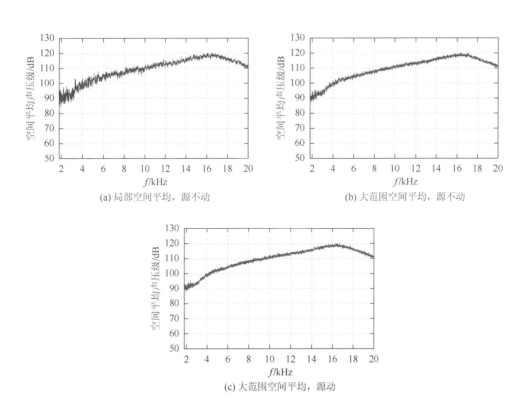

(a) 局部空间平均，源不动

(b) 大范围空间平均，源不动

(c) 大范围空间平均，源动

图 6-4　球形声源不同线性连续性空间平均方式的效果比较

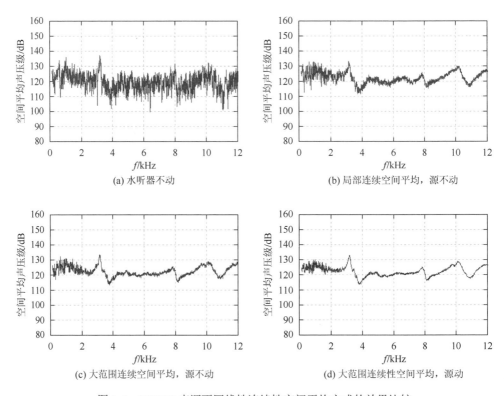

(a) 水听器不动

(b) 局部连续空间平均，源不动

(c) 大范围连续空间平均，源不动

(d) 大范围连续性空间平均，源动

图 6-5　UW350 声源不同线性连续性空间平均方式的效果比较

围近似为 $d_1 \sim l - d_1$ （ $d_1 = \lambda / 4$ ）， y 方向为 1.9～2.2m），空间平均声压级应为常量。不同纯音的两次测量结果如图 6-6 所示。由图 6-6 可以看出，空间平均的两次测量结果相差不超过 0.5dB，说明在混响控制区经过空间平均测量的空间平均声压级为一常量，而且通过校准可以求得声源的辐射声功率。

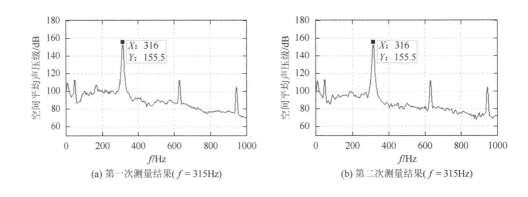

(a) 第一次测量结果($f = 315$ Hz)

(b) 第二次测量结果($f = 315$ Hz)

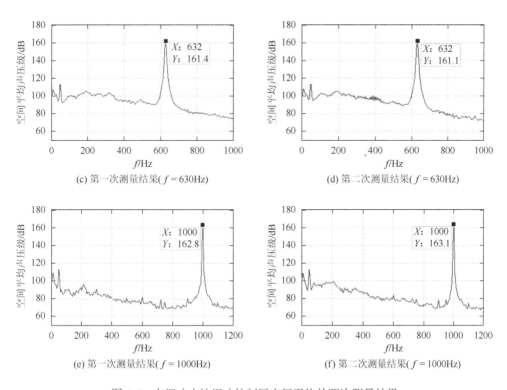

图 6-6　在混响水池混响控制区空间平均的两次测量结果

3. 水听器与声源距离对测量结果的影响

在声源的作用下，混响水池内的声能由直达声及混响声组成。由前面分析可知，当水听器与声源的距离 r 很小时，直达声起主要作用，此时声能按球面规律衰减，符合自由场的辐射规律；当 r 逐渐增大至 $r=r_c$ 时，直达声与混响声相等；当 $r>r_c$ 时，混响声起主要作用，当 r 继续增大至 $r>4r_c$ 时，所测量的区域为混响控制区，在该区域，直达声的影响可以忽略，平均后的声能密度达到稳态，水听器与声源距离测量结果比较如图 6-7 所示。

实验水池中，T_{60} 取 0.474s（6kHz 时测得 T_{60} 为 0.474s），把以上参数代入式（3-47）可得 $r_c=1.2$m，见图 6-7 中虚线。当 $r<r_c$ 时，直达声起主要作用，声压级按球面波规律衰减，如图 6-7 中前三个测量点；当 $r>4r_c$（4.8m）后，测量的区域为混响控制区，直达声的影响可以忽略，随 r 的增大，声压级的测量结果基本不变。因此建议在混响水池的混响控制区（$r>4r_c$）进行水下声源的辐射声功率测量。

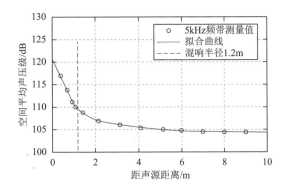

图 6-7　　水听器与声源的不同距离测量结果比较

在混响水池混响控制区的三个不同位置空间平均声压级的测量结果如图 6-8 所示。不同位置测量的不确定度不超过 0.5dB，因此建议采用混响法进行水下声源辐射声功率测量时尽量在混响控制区进行。为减少测量误差，建议在空间平均的区域尽可能大。

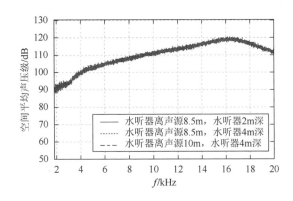

图 6-8　　在混响控制区不同位置测量的空间平均声压级

4. 声源位置对测量结果的影响

只要声源离水池的壁面及底面不是太近，同时水听器在混响控制区（离声源的距离 $r \gg r_c$）测量，则声源位置对声源辐射声功率测量结果的影响不是太明显。图 6-9 为声源分别在水池中离水面 2m 及 4m（离水池壁面很远，离底面不小于 1m）的空间平均声压级测量结果，两者相差不超过 0.5dB。由此可见，声源位置对声源辐射声功率测量结果的影响不是太明显。为减少声源位置的影响，建议对声源也进行空间平均。

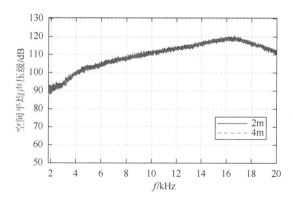

图 6-9　声源在不同深度的空间平均声压级测量结果

6.1.5　测量结果的分析方法

1. 混响时间测量结果分析

混响时间测量中会出现重复偏差和空间偏差。因此，为提高混响时间测量的精度，建议在尽可能多的位置测量混响时间并取平均。采用中断声源法测量混响时间时，测试信号为白噪声信号，由于其具有随机性，在声源终止发声时，其激发的简正波模式及程度也具有随机性，不同模式的混响时间是不同的，因此便产生了混响时间测量的重复偏差。采用脉冲积分法或固定的测试信号可以有效减少重复偏差。实际上，脉冲积分法或固定的测试信号都使用确定信号，模式激发的程度不是随机的，因而能显著减少重复偏差。为减少重复偏差，建议进行 6 次以上的测量并进行平均；同时为减少空间偏差，建议对声源及水听器分别进行多点空间平均，所有测点距离水池壁面及底面至少 1.5m，声源及水听器至少取 6 点进行空间平均。

混响时间测量的偏差通过多次或多点测量的混响时间的标准差与混响时间平均值的比值来表征。

若 T_{ij} 表示第 i 次测量的第 j 个 1/3 倍频程的混响时间，$\bar{T}_j$ 表示第 j 个 1/3 倍频程测量 N 次得到的平均混响时间，则

$$\bar{T}_j = \frac{1}{N}\sum_{i=1}^{N} T_{ij} \tag{6-17}$$

σ_j 表示第 j 个 1/3 倍频程测量 N 次混响时间的标准差，则

$$\sigma_j = \left(\frac{1}{N-1}\sum_{i=1}^{N}(T_{ij}-\bar{T}_j)^2\right)^{1/2} \tag{6-18}$$

则混响时间测量的偏差 μ_j 可以用相对标准差表示如下：

$$\mu_j = \frac{\sigma_j}{\overline{T}_j} \times 100\% \qquad\qquad (6\text{-}19)$$

2. 声功率测量结果分析

1）水池中通过测量得到修正量

分别在混响水池及消声水池中测量标准球形声源的空间平均声压级，见图 6-10。由图 6-10 可见，混响水池中测量的空间平均声压级与消声水池中测量的自由场发射频响曲线非常相似，只是二者之间相差一个常数。按式（6-11）可求出修正量 $10\lg R_c$，如图 6-11 所示。由图 6-11 及式（6-11）可以看出，修正量是与混响水池常数有关的常数，随频率变化而变化，可以通过混响时间测量得到。

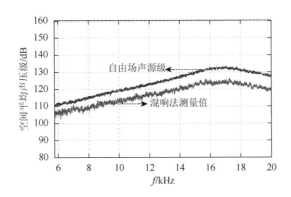

图 6-10　水池中测量的球形声源空间平均声压级

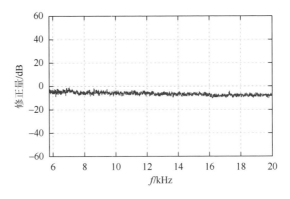

图 6-11　水池中测量得到的修正量

2）修正量的计算值与测量值比较

由于混响水池中壁面吸收较大，混响水池中计算水池常数 R 时不能把 $1-\overline{\alpha}$ 近似为 1。利用测量的混响时间，按式（6-11）计算可求得修正量 $10\lg R_c$，与测量得到的修正量进行比较，如表 6-1 所示。实测修正量与利用混响时间计算的修正量之间的差别不超过 1dB。由此说明，根据混响时间法及自由场法得到的声源辐射声功率之间的差不超过 1dB。由此证明，混响法可以准确地测量声源的辐射声功率。

表 6-1　按混响时间计算的修正量与实测的修正量比较

1/3 倍频程中心频率/kHz	混响时间/s	计算的修正量/dB	实测的修正量/dB
6.3	0.28	−4.6	−4.7
8	0.31	−4.1	−5.0
10	0.231	−5.8	−6.0
12.5	0.2	−6.7	−6.6
16	0.181	−7.4	−7.8
20	0.164	−8.1	−8.0

3. 混响法测量的声源辐射声功率与自由场测量结果比较

分别在混响水池及消声水池中测量球形声源的辐射声功率，如图 6-12 所示。由图可见，两种方法测量的声源辐射声功率基本一致。混响法测量的 2～20kHz 的总辐射声功率为 138.2dB，16kHz 频段的辐射声功率为 135.3dB；在自由场中测量 2～20kHz 的总辐射声功率为 138.0dB，16kHz 频段的辐射声功率为 135.5dB。这也同时证明，在混响水池（壁面吸收较大，反射系数较小）条件下采用混响法可准确测量水下声源的辐射声功率。

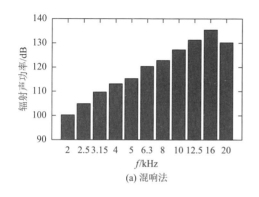
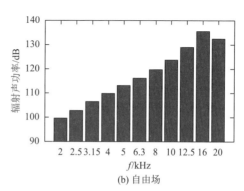

图 6-12　球形声源辐射声功率两种测量方法比较

6.2 混响水池内水下复杂声源的辐射声功率测量

6.2.1 指向性声源的辐射声功率测量原理

若混响水池中一指向性声源的辐射声功率为 W_1，其指向性因素为 D_1，当混响声场达到稳态时，按前面分析可建立 $f \geqslant f_s$ 情况下混响声场内距声源 r_1 处所测空间平均均方声压 $\langle P_1^2 \rangle$ 与声源的辐射声功率 W_1 间的关系为

$$\langle P_1^2 \rangle = W_1 \rho_0 c_0 \left(\frac{D_1^2}{4\pi r_1^2} + \frac{4}{R} \right) \tag{6-20}$$

利用与 6.1.1 节类似的过程可推出

$$\frac{\langle P_1^2 \rangle}{\rho_0 c_0} = W_1 \left(\frac{D_1^2}{4\pi r_1^2} + \frac{4}{S(\beta-1)} \right) \tag{6-21}$$

式（6-21）也可以写成

$$\langle L_{P1} \rangle = L_{W1} + 10\lg \left(\frac{D_1^2}{4\pi r_1^2} + \frac{4}{S(\beta-1)} \right) \tag{6-22}$$

式中，$\langle L_{P1} \rangle$(dB re 1μPa) 及 L_{W1}(dB re 0.67×10^{-18} W) 分别表示混响声场内所测空间平均声压级及指向性声源的声功率级。

若等效无指向性声源的混响半径为 r_{c0}，指向性声源的混响半径为 r_c，则

$$r_c = D_1 r_{c0} \tag{6-23}$$

若在混响声场的混响控制区测量，$r_1 \gg 2r_c$，混响声起主要作用，直达声的作用可忽略。因此，式（6-22）可简化为

$$L_{W1} = \langle L_{P1} \rangle - 10\lg \left(\frac{4}{S(\beta-1)} \right) \tag{6-24}$$

式（6-24）即为 $f \geqslant f_s$ 情况下混响水池中指向性声源辐射声功率的测量原理：与点源的辐射声功率测量一样，通过在混响水池混响控制区测量出指向性声源作用下的混响声场空间平均声压级 $\langle L_{P1} \rangle$，再根据测量的混响时间 T_{60}，就可得到声源的辐射声功率 L_{W1}。只是在测量中要关注指向性声源引起的混响半径的变化，要根据混响半径的变化调整测量的区域。

6.2.2 多个指向性声源的辐射声功率测量原理

在 $f \geqslant f_s$ 情况下，混响水池中有 n 个集中在一有限区域内的指向性声源，该

区域远小于水池的体积，其辐射声功率分别为 $W_1, W_2, W_3, \cdots, W_n$，其指向性因素分别为 $D_1, D_2, D_3, \cdots, D_n$，则 n 个声源的总辐射声功率为

$$W = W_1 + W_2 + W_3 + \cdots + W_n$$

若测量点在混响水池的混响控制区（$r > \max(4r_{ci})$，r_{ci} 为每个指向性声源的混响半径），由于 n 个声源集中在一个有限区域内，该区域远小于水池的体积，所以直达声可忽略。由前面分析可得

$$\langle P^2 \rangle = \rho_0 c_0 \left(\frac{4W}{R} \right) \tag{6-25}$$

把式（6-25）中的 R 以 β（与 T_{60} 有关）表示，则

$$\frac{\langle P^2 \rangle}{\rho_0 c_0} = W \left(\frac{4}{S(\beta - 1)} \right) \tag{6-26}$$

式（6-26）也可以写为

$$L_W = \langle L_P \rangle - 10\lg \left(\frac{4}{S(\beta - 1)} \right) \tag{6-27}$$

式中，$L_W (\text{dB re } 0.67 \times 10^{-18}\,\text{W})$ 和 $\langle L_P \rangle (\text{dB re } 1\mu\text{Pa})$ 分别为多个指向性声源的总声功率级及多个指向性声源作用下混响声场混响控制区测量的空间平均声压级。

比较式（6-7）、式（6-24）及式（6-27）可知，在 $10\lg \left(\dfrac{4}{S(\beta - 1)} \right)$ 情况下，多个指向性声源与单个指向性声源及单个点源的校准常数（混响声场中所测空间平均声压级与声源辐射声功率的差值）都为 $10\lg \left(\dfrac{4}{S(\beta - 1)} \right)$。因此，当声场内存在复杂声源（$n$ 个集中在一个有限区域内的指向性声源），该区域远小于混响水池的体积时，可以通过校准单个点源的方式来校准复杂声源。即使用标准声源测出混响时间，再按校准常数 $10\lg \left(\dfrac{4}{S(\beta - 1)} \right)$ 校准水下复杂声源。因此，只要测出水下复杂声源存在时的空间平均声压级，再减去校准常数 $10\lg \left(\dfrac{4}{S(\beta - 1)} \right)$ 就可得到水下复杂声源的总辐射声功率。

6.2.3　实施例：偶极子声源辐射声功率测量实验

采用混响法测量偶极子声源、相干球形声源（同相位）及圆柱形声源（UW350 声源）的辐射声功率，通过与理论值（偶极子声源、同相位相干球形声源）及

自由场测量结果（UW350 声源）进行比较，验证混响法测量指向性声源的准确性。

偶极子声源及相干球形声源（同相位）的测量仍采用图 6-1 的测量系统，由 PULSE（3560E）产生两路相位相反（或相位相同）的纯音信号经功率放大器（B&K2713）放大后加到两个球形换能器。调整功率放大器（B&K2713）的增益使两个球形声源的输出相等，使两个球形声源构成偶极子或同相位相干声源。测量每个球形声源单独工作及两球形声源构成偶极子或同相位相干声源时的辐射声功率，如图 6-13 所示。测量两球形声源距离为 0.17m，发射纯音频率分别为 600Hz、700Hz 及 800Hz（满足 $kl<1$）时每个球形声源及两球形声源构成偶极子或同位相干声源的辐射声功率，比较偶极子声源及同相位相干球形声源的辐射声功率。

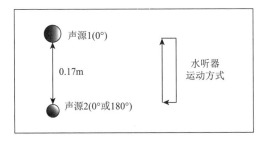

图 6-13　采用混响法测量偶极子及同相位相干球的辐射声功率

水听器距声源 8.5m

参考《UW350 声源使用说明书》，该声源在 1.6～12.5kHz 具有指向性。仍采用图 6-1 的测量系统，由 PULSE（3160）模块产生白噪声信号经功率放大器（B&K2713）放大后加到两个球形换能器。在混响水池混响控制区采用 8104 水听器通过大范围空间平均测量 UW350 声源的辐射声功率。

6.3　混响水池中水下无人系统的辐射声功率测量

无人水下潜航器（水下无人系统）可用于反潜战、水雷战、监察与监视等领域，可配合潜艇及水雷作战，增加母艇的安全性。其声隐身性能决定其战斗力，如果其声隐身性能不达标，其使用就受到限制。

为提高水下无人系统的声隐身性能，就要关注其辐射噪声水平。因此，测量无人水下潜航器的辐射噪声从而了解其辐射噪声水平是十分关键的。

水下无人系统的噪声源主要包括推进器噪声、螺旋桨噪声和水动力噪声。

目前，国内在水下螺旋桨及水下无人系统流线型设计技术上相对比较成熟，因此螺旋桨噪声及水动力噪声不是主要问题，影响水下无人系统噪声的关键是推进器噪声问题。水下无人系统体积较小，故很少像潜艇一样设计浮筏等减振装置，其推进器直接通过壳体向水中辐射噪声，因此对推进器及其电机的设计提出了更高要求。目前，国内水下电机设计团队更关注其实现的功能而对其辐射噪声水平重视不够，造成水下无人系统推进器的辐射噪声较大。推进器的噪声随航速的增加而增大，因此降低高航速下的推进器噪声是水下无人系统减振降噪的关键。

水下无人系统的辐射噪声一般在湖中或海中通过声压测量得到。海底海面反射、海洋环境噪声及测量方位都对测量结果产生一定影响，而且在水下无人系统的减振降噪研究中，每改进一次电机的设计及采取一次减振降噪措施就进行一次湖试或海试是很麻烦的工作，十分不利于研究效率的提高。

混响室是空气声学研究中的一个非常重要也是经常使用的实验测量标准装置，广泛应用于不规则复杂声源的辐射声功率测量、噪声源定位、故障诊断及声波无规入射时材料吸声系数的测量等。而在水声学中，混响法则应用较少。

在混响水池中，背景噪声低，通过混响法的校准技术可以准确测量水下无人系统的辐射声功率；另外，与湖试及海试相比，在混响水池中采用混响法测量具有测量周期短、费用低、容易实施等优点。在水下无人系统的减振降噪研究中，每一次电机的设计改进及减振降噪措施，都可以在实验室混响水池中采用混响法测量并对减振降噪效果进行评价。因此，在混响水池采用混响法测量水下无人系统的辐射声功率并推动水下无人系统减振降噪工作的开展具有湖试或海试所不具有的优势。

在混响水池中采用混响法不但可以测量简单声源的辐射声功率，还可测量水下无人系统的辐射声功率并指导水下无人系统的减振降噪研究。

6.3.1　水下无人系统辐射噪声的混响法测量系统

水下无人系统的辐射声功率测量系统如图 6-14 所示。水下无人系统的辐射声功率测量装置包括混响水池、水下无人系统模型及水听器阵。水下无人系统模型的辐射噪声测量在哈尔滨工程大学水声技术全国重点实验室的混响水池进行。采用固定装置对水下无人系统进行固定，采用缆绳调整水下无人系统的姿态和入水深度，通过岸电对水下无人系统供电。测量时水下无人系统不要露出水面，水听器阵布放于水池中离水下无人系统推进器较远的另一侧的混响控制区。

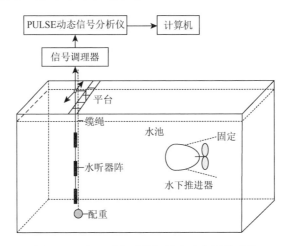

图 6-14 水下无人系统辐射声功率测量系统

　　水下无人系统推进器工作时，为减少水流对测量带来的影响，可采用透声材料或布做成的隔离装置将水听器阵保护起来。在混响水池的混响控制区测量水下无人系统各工况下的空间平均声压级，水听器阵采集的声压信号经智能信号调理器（28000）滤波放大后送到 PULSE 动态信号分析仪进行谱分析。空间点的选取尽量避免离水池池壁、池底以及声源太近，以使测量点位于混响控制区内。通过水听器阵的空间扫描移动，分析仪上百次平均方式对测量的声压进行空间平均，以得到稳定且重复性良好的空间平均声压级信号。

6.3.2 混响水池的混响声场特性

　　混响水池中混响声场的建立是通过混响水池壁面对声波的反射实现，混响水池中的水下无人系统为待测声源。混响水池壁面与水的阻抗比必远小于同样材料的混响室壁面与空气的阻抗比，所以同样壁面、同样体积的水下混响水池壁面对声波的吸收比空气中的混响室大，导致水下混响水池中声能衰减快。因此，水下混响水池中测量的混响时间短、混响半径大，空间平均所使用的混响控制区变小，混响声场条件不如空气中的混响室。水下混响水池通过以下措施改善其混响声场条件：混响水池的上边界为自由边界，对声波几乎没有吸收；混响水池的壁面及底面贴有瓷砖提高其反射系数，以减少壁面对声波的吸收。

　　水池尺寸为 15m×9m×6m，可测量的频率范围为 300Hz～20kHz，水下无人系统推进器电机的主要工作频段在 500Hz 以上，水下无人系统的测量满足混响测量条件。为改善混响水池的测量效果，采用空间平均技术进行水下无人系统的辐射声功率测量。简正波的干涉使得对于混响声场中的每个具体测量点，其测量结果具有随机性，通过空间平均，可消除简正波的干涉，使测量结果准确可靠。空间平均声压级的测量方法是通过在混响水池的水听器移动平台上缓慢移动水听器竖直阵，如图 6-14 所示，同时分析仪进行谱分析时取上百次平均。由于水听器阵的运动，每个水听器的每个样本便相当于空间上某点处的声压级，因此，测量的每个水听器声压级相当于空间中上百个点上声压级的平均。再对整个水听器阵进行垂直平均，便得到稳定且重复性好的水下无人系统空间平均声压级。

6.3.3　混响水池中水下无人系统辐射声功率测量的准确性验证

在海上测量不同转速下的水下无人系统的总声级（已归算至 1m 处的声源级），同时在非消声水池中采用混响法测量其总声级，如图 6-15 所示。由图可见，非消声水池中采用混响法测量的水下无人系统总声级与海上测量结果基本一致，两者相差不超过 1.5dB。

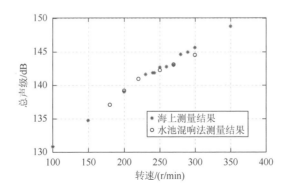

图 6-15　水下无人系统海上测量的总声级与混响水池中总声级对比

6.3.4　水下无人系统辐射声功率的混响法测量结果

测量的水下无人系统典型工况下的辐射噪声及混响水池背景噪声如图 6-16 所示。由图 6-16 可知，水下无人系统在较小功率（625V·A）情况下，对噪声起主要作用的 8kHz 以下频段，实测噪声比背景噪声大 15dB 以上；在较大功率（1500V·A，水下无人系统的满功率可达 5000V·A）情况，实测噪声比背景噪声大 20dB 以上。因此，采用混响法测量水下无人系统辐射噪声满足信噪比要求。

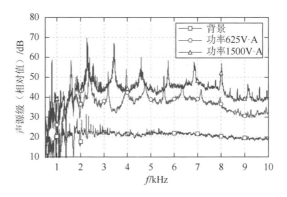

图 6-16 背景噪声与实测噪声对比

6.3.5 水下无人系统推进器的减振降噪效果验证

采用混响法测量了水下无人系统推进器的辐射噪声以评估水下无人系统推进器的减振降噪效果,指导水下无人系统推进器电机的设计,推进器实物图如图 6-17 所示。

图 6-17 固定于混响水池中的水下无人系统推进器

水下无人系统推进器辐射声功率的测量结果如图 6-18 及图 6-19 所示。由此可见,加减振装置后,推进器的总声级平均降低 5dB,主要峰值频率噪声降低超过 10dB。因此,通过混响法测量加减振装置前后水下无人系统推进器的辐射噪声,就可以对不同状态下的水下无人系统推进器辐射噪声水平进行评价并对水下无人系统的减振降噪提供指导。

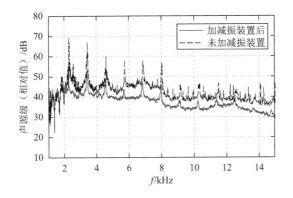

图 6-18　加减振装置前后水下无人系统推进器噪声比较（功率 1400V·A）

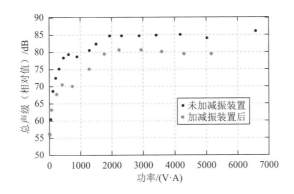

图 6-19　加减振装置前后水下无人系统推进器总声级比较

6.3.6　结论

通过在混响水池中建立的水下无人系统辐射声功率的混响法测试系统，在此基础上采用混响法测量得到的水下无人系统及其推进器的辐射噪声表明：

（1）混响水池的混响声场特性虽不如空气中的混响室，但在混响水池中测量水下声源的辐射声功率依然有效，采用混响法测量的标准声源辐射声功率与自由场测量结果基本一致。

（2）与湖试及海试比较，混响法测量具有效率高、费用低等特点，在实验室环境就可实施，可提高水下无人系统测量及研究的效率。

（3）通过混响水池中水下无人系统及其推进器辐射噪声的混响法测量，可以对水下无人系统及其推进器的辐射噪声水平进行评价，并可对水下无人系统的减振降噪提供指导。

6.4　混响法普遍适应性说明

混响水池中在混响控制区所测量的空间平均声压级、混响声场所测量的空间平均声压级与自由场声源级间的修正量、信噪比及混响声场可测量的下限频率等都与混响水池尺度有关，混响水池的这种特性，称为混响水池的尺度效应特性。式（6-25）也可以写成

$$\frac{\langle P^2\rangle}{\rho_0 c_0} = W\left(\frac{4(1-\overline{\alpha})}{S\overline{\alpha}}\right) \tag{6-28}$$

式（6-28）也可以写成

$$\langle L_P\rangle = L_W + 10\lg\left(\frac{4(1-\overline{\alpha})}{S\overline{\alpha}}\right) \tag{6-29}$$

式中，$\langle L_P\rangle$（dB re 1μPa）和 L_W（dB re 0.67×10^{-18} W）分别为混响声场混响控制区测量的空间平均声压级和声源的声功率级。

由式（6-29）可见，随着混响水池尺度的增大，在混响水池混响控制区所测量的空间平均声压级 $\langle L_P\rangle$ 减少。

根据式（6-11），混响水池混响控制区所测空间平均声压级 $\langle L_P\rangle$ 与自由场声源级 SL 间的修正量 $10\lg R_c$ 也可以写为

$$10\lg R_c = 10\lg\left(\frac{16\pi}{R_0}\right) = 10\lg\left(\frac{16\pi(1-\overline{\alpha})}{S\overline{\alpha}}\right) \tag{6-30}$$

令 $S_0 = 16\pi(1-\overline{\alpha})/\overline{\alpha}$，当 $S = S_0$ 时，混响声场混响控制区测量的空间平均声压级等于自由场的声源级；当 $S > S_0$ 时，S 越大，混响声场至自由场的声压级修正量绝对值越大（混响声场的声压级小于自由场的声源级）；当 $S < S_0$ 时，S 越小，混响声场至自由场的声压级修正量越大（混响声场的声压级大于自由场的声源级）。

若混响水池的背景噪声级为一固定值 SPL_{BN}，则混响水池的信噪比为

$$\text{SNR} = \langle L_P\rangle - \text{SPL}_{\text{BN}} = L_W + 10\lg\left(\frac{4(1-\overline{\alpha})}{S\overline{\alpha}}\right) - \text{SPL}_{\text{BN}} \tag{6-31}$$

由式（6-31）可知，水池越大，S 越大，信噪比 SNR 越小。若 SNR $>$ 10dB，背景噪声对测量影响不大；若 SNR $\leqslant$ 10dB，则背景噪声就会对测量有一定影响。所以水池不能无限制增大，当水池大到不满足信噪比要求时，测量就失去了意义。共振的平均半功率带宽为[3]

$$\overline{\Delta f_n} = \frac{\overline{\delta}}{\pi} \tag{6-32}$$

式中，$\overline{\delta}$ 为平均阻尼常数。

只考虑斜向波，忽略轴向波及切向波，由式（6-32），三个简正波的带宽为

$$\overline{\Delta f_n} = \frac{3c_0^3}{4\pi V f^2} \tag{6-33}$$

按照 Schroeder 的定义，在 f_S 处，一个共振的平均半功率带宽内平均有三个简正波。因此

$$f_S = \frac{\sqrt{3}}{2}\sqrt{\frac{c_0^3}{V\overline{\delta}}} \tag{6-34}$$

平均阻尼常数与混响时间的关系为[3]

$$\overline{\delta} = \frac{6.9}{T_{60}} \tag{6-35}$$

因此可得

$$f_S = 0.33\sqrt{\frac{T_{60}c_0^3}{V}} \tag{6-36}$$

把式（6-2）代入式（6-36）可得

$$f_S = 0.33\sqrt{\frac{55.2c_0^2}{S\ln\left(\dfrac{1}{1-\overline{\alpha}}\right)}} \tag{6-37}$$

由式（6-37）可知，水池越大，S 越大，可测量的 f_S 越低。

因此，混响水池的尺度效应特性如下。

（1）混响水池尺度越大，在混响水池混响控制区所测量的空间平均声压级 $\langle L_P \rangle$ 越小。

（2）当 $S = S_0$ 时，混响声场混响控制区测量的声压级等于自由场的声源级；当 $S > S_0$ 时，S 越大，混响声场至自由场的声压级修正量绝对值越大（混响声场的声压级小于自由场的声源级）；当 $S < S_0$ 时，S 越小，混响声场至自由场的声压级修正量越大（混响声场的声压级大于自由场的声源级）。

（3）混响水池的尺度越大，测量的信噪比越小。

（4）混响水池越大，可测量的 f_S 越小。

不同水池测量的空间平均声压级的测量结果如图 6-20 所示。由图 6-20 可见，混响水池中混响控制区测量的空间平均声压级及混响水池可测量的截止频率与混响水池的尺度有关，水池越大，空间平均声压级的测量值越小，可测量的截止频率越低。按式（6-36）计算的不同尺度水池的下限频率如表 6-2 所示。把表 6-2 中的结果与图 6-20 的测量结果进行比较，结果基本吻合。

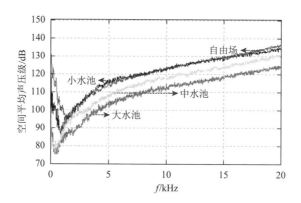

图 6-20　不同水池测量的空间平均声压级比较

表 6-2　不同水池下限频率

水池	规格	下限频率/Hz
大水池	25m×15m×10m	150
中水池	15m×9m×6m	300
小水池	12m×5m×4m	600

　　图 6-21 及图 6-22 为不同水池中测量得到的修正量及信噪比。由此可见，小水池（12m×5m×4m）空间平均声压级的测量值与自由场测量的声源级接近，大水池及中水池的修正量都为负，随着水池尺度的增大，混响水池的修正量绝对值越大；在声源的工作频段（3kHz 以上），不同水池测量的信噪比都大于 30dB 且随着水池尺度的增大，测量的信噪比降低。

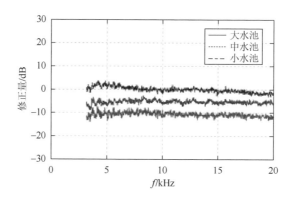

图 6-21　不同水池测量的修正量

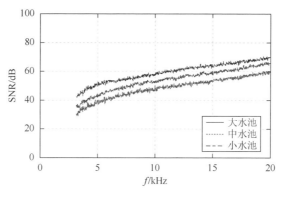

图 6-22　不同水池测量的信噪比

6.5　混响水池声源辐射声功率测量的不确定度评定

6.5.1　数学模型

混响水池中测量标准声源辐射声功率的公式如下：

$$\langle L_P \rangle = L_W + 10 \lg \left(\frac{4}{R} \right) \tag{6-38}$$

即

$$L_W = \langle L_P \rangle + 10 \lg R - 6 \tag{6-39}$$

6.5.2　测量不确定度评定

混响水池中声源辐射声功率测量的不确定度评定分为以下两类：不确定度 A 类评定和 B 类评定。A 类评定是由重复测量引起的，可以通过统计的方法进行评定；B 类评定是由测量系统本身或测量方法不完善等因素引起的，可以通过理论和经验分析的方法进行评定。

不确定度 A 类评定一般是通过对样品 x_i 进行独立的 n 次测量，以测量平均值的实验标准偏差作为系统的 A 类不确定度分量，通过式（6-10）计算被测参数的 A 类测量不确定度。

$$u_A = \left(\frac{1}{n(n-1)} \sum_{i=1}^{n} (x_i - \overline{x})^2 \right)^{1/2} \tag{6-40}$$

6.5.3　声源辐射声功率测量的不确定度分量

混响水池中声源辐射声功率测量的不确定度来源有以下几种。

（1）混响水池扩散声场不均匀性引起的声源辐射声功率测量的不确定度分量，属 A 类。

（2）混响水池混响声场重复测量的标准偏差引起的声源辐射声功率测量的不确定度分量，属 A 类。

（3）混响水池混响时间测量引起的声源辐射声功率测量的不确定度分量：①仪器测量精度及读数误差引起的声源辐射声功率测量的不确定度分量，属 B 类；②混响时间重复测量引起的声源辐射声功率测量的不确定度分量，属 A 类。

（4）混响水池体积及表面积测量引起的声源辐射声功率测量的不确定度分量：

①测量混响水池体积引起的声源辐射声功率测量的不确定度分量，属 A 类；②测量混响水池表面积引起声源辐射声功率测量的不确定度分量，属 A 类。

（5）在声源声功率计算中，因水温及水压对水中声传播速度进行修正而引起的声源辐射声功率测量的不确定度分量，属 B 类。

（6）标准器校准水听器所引起的声源辐射声功率测量的不确定度分量：①水听器校准腔及校准仪器不确定度引起的声源辐射声功率测量的不确定度，属 B 类；②水听器检测装置的不确定度引起的声源辐射声功率测量的不确定度，属 B 类。

6.5.4　合成不确定度及不确定度分量的灵敏度系数

由式（6-41）求得合成不确定度：

$$u_c^2(L_W) = u_{cA}^2(L_W) + u_{cB}^2(L_W) = \sum_{i=1}^{6}\sum_{j=1}^{3}\left(\frac{\partial L_W}{\partial x_{ij}}\right)^2 u^2(x_{ij}) \tag{6-41}$$

式中，$u_{cA}^2(L_W)$、$u_{cB}^2(L_W)$ 分别为声功率级 L_W 估计的 A 类及 B 类不确定度总方差；$u^2(x_{ij})$ 为声功率级 L_W 公式中变量 x_i 的方差，可以为 A 类或 B 类方差；$\partial L_W / \partial x_{ij}$ 为灵敏度系数；$u_c(L_W)$ 为合成不确定度。

根据不确定度分类方法，可求得各分量的灵敏度系数如下。

（1）混响水池扩散声场不均匀性不确定度分量灵敏度系数为

$$\frac{\partial L_W}{\partial x_1} = \frac{\partial L_W}{\partial L_P} = 1 \tag{6-42}$$

（2）混响水池混响声场重复测量的标准偏差不确定度分量灵敏度系数为

$$\frac{\partial L_W}{\partial x_2} = \frac{\partial L_W}{\partial L_P} = 1 \tag{6-43}$$

（3）混响水池混响时间测量不确定度分量灵敏度系数为

$$\frac{\partial L_W}{\partial x_{31}} = \frac{\partial L_W}{\partial x_{32}} = \frac{\partial L_W}{\partial T_{60}} = \frac{10}{R_0 \times \ln 10} \frac{\partial R_0}{\partial T_{60}} \tag{6-44}$$

（4）混响水池体积及表面积测量引起的声源辐射声功率测量的不确定度分量。

①测量水池体积引起的不确定度分量灵敏度系数为

$$\frac{\partial L_W}{\partial x_{41}} = \frac{\partial L_W}{\partial V} = \frac{10}{R_0 \times \ln 10} \frac{\partial R_0}{\partial V} = 0.00834 \tag{6-45}$$

②测量水池表面积引起的不确定度分量灵敏度系数为

$$\frac{\partial L_W}{\partial x_{42}} = \frac{\partial L_W}{\partial S} = \frac{10}{R_0 \times \ln 10} \frac{\partial R_0}{\partial S} = 0.0057 \tag{6-46}$$

（5）因水温及水压对水中声传播速度进行修正而引起的声源辐射声功率测量的不确定度分量灵敏度系数为

$$\frac{\partial L_W}{\partial x_{52}} = \frac{\partial L_W}{\partial c_0} = \frac{10}{R_0 \times \ln 10} \frac{\partial R_0}{\partial c_0} = -0.0035 \tag{6-47}$$

（6）标准器校准水听器所引起的不确定度分量灵敏度系数。

①水听器校准腔及校准仪器不确定度引起的声源辐射声功率测量的不确定度分量灵敏度系数为

$$\frac{\partial L_W}{\partial x_{61}} = \frac{\partial L_W}{\partial L_P} = 1 \tag{6-48}$$

②水听器检测装置的不确定度引起的声源辐射声功率测量的不确定度分量灵敏度系数为

$$\frac{\partial L_W}{\partial x_{62}} = \frac{\partial L_W}{\partial L_P} = 1 \tag{6-49}$$

6.5.5 不确定度分量的不确定度计算

（1）混响水池扩散声场不均匀性引起的声源辐射声功率测量的不确定度。

在相同条件下，将测量用水听器分别置于 5 个不同的位置，采用图 6-15 的声源辐射声功率测量系统在混响水池 5 个不同位置测量的 UW350 声源空间平均声压级标准不确定度为

$$u(x_1) = \sqrt{\sum_{i=1}^{n_1} \frac{(L_P(i) - \overline{L_P})^2}{n_1(n_1 - 1)}}, \quad n_1 = 5 \tag{6-50}$$

（2）混响水池混响声场重复测量的标准偏差引起的声源辐射声功率测量的不确定度。

在同等条件下，在同一位置（相同高度及范围的空间平均）重复测量 UW350 声源的辐射声功率 5 次。

（3）混响水池混响时间测量引起的声源辐射声功率测量不确定度：①仪器测量精度及读数误差引起的声源辐射声功率测量的不确定度；②混响时间重复测量引起的声源辐射声功率测量的不确定度。

在水池中不同位置测量混响时间的不确定度会引起声源辐射声功率测量的不确定度。混响时间空间误差和重复性误差，两个分量相互独立，则

$$u(x_3) = \sqrt{\sum \left(\frac{\partial L_W}{\partial x_{3j}} u(x_{3j}) \right)^2} \qquad （6\text{-}51）$$

按式（6-51）可求得混响时间测量引起的不确定度 $u(x_3)$。

（4）混响水池体积及表面积测量引起的声源辐射声功率测量的不确定度：①测量水池体积引起的声源辐射声功率测量的不确定度；②测量水池表面积引起的声源辐射声功率测量的不确定度。

（5）因水温及水压对水中声传播速度进行修正而引起的声源辐射声功率测量的不确定度。

若水温及水压变化引起的水中声传播速度的变化为 1%，则

$$u(x_5) = \sqrt{\sum \left(\frac{\partial L_W}{\partial x_{5j}} u(x_{5j}) \right)^2} = 0.03\text{dB} \qquad （6\text{-}52）$$

（6）标准器校准水听器所引起的声源辐射声功率测量的不确定度：

①水听器校准腔及校准仪器不确定度引起的声源辐射声功率测量的不确定度。

根据校准器证书，给出其不确定度为

$$u(x_{61}) = 0.04\text{dB}$$

②水听器检测装置的不确定度引起的声源辐射声功率测量的不确定度。

根据水听器检测装置证书，给出其不确定度为

$$u(x_{62}) = 0.2\text{dB}$$

以上两个分量相互独立，则

$$u(x_6) = \sqrt{\sum \left(\frac{\partial L_W}{\partial x_{6j}} u(x_{6j}) \right)^2} = 0.2\text{dB} \qquad （6\text{-}53）$$

参 考 文 献

[1]　杜功焕，朱哲民，龚秀芬. 声学基础[M]. 南京：南京大学出版社，2001：226-230.

[2]　成忠军，周笃强，牛聪敏. 脉冲响应法测量混响时间技术的研究[J]. 应用声学，2000，19（1）：1-15.

[3]　Kuttruff H. Room Acoustics[M]. 4th ed. London：Spon Press，2000.

第 7 章　混响水池声源辐射声功率低频扩展测试

混响水池相对于空气中的混响室,由于池壁的高吸收、水介质的高特性阻抗、边界对声场的干涉影响等因素,低于下限频率的频域范围内的声场分布极不均匀。实际测量中通过增加声源发射位置,并采取空间平均采集技术来改善声场分布的均匀性。尽管如此,由于低于下限频率范围内单位频带内简正波数过少,声场本身的共振影响无法消除。利用混响时间对水下声源辐射声功率进行混响测试的方法,前提是要满足足够高的模态密度,这样对混响时间的测量才有意义。由于混响时间测量本身存在的不确定度偏差,尤其在低频,影响可能会很大,影响了声功率的测试精度,限制了传统的混响法在低频域测量的应用。基于声场精细校准的混响法低频扩展测试技术则避开混响时间的测量,而是通过测量非消声场与自由场之间声场固有特性的差异,对混响水池内均方声压进行精细校正,可显著扩展混响法在低频域测量的应用,提高测量精度。在低于混响水池声场首阶模态频率的甚低频段,声场已没有声模态,声能将以非均匀波的形式从声源辐射面处迅速衰减,因此为了能保证测量信号的信噪比,需要在声源近场测量,因而本章采用近场声强分离法测试水池声场甚低频段声源的辐射声功率,开展相应的理论分析、数值模拟以及实验研究等工作。

7.1　混响水池结构声源声场仿真研究

7.1.1　矩形混响水池声场数值建模与校验

混响水池结构声源低频声场的仿真建模需要考虑结构与流体间的流固耦合以及混响水池边界的反射。结合上述两点,选择声学仿真软件 ACTRAN 进行仿真计算。ACTRAN 软件可以计算的问题包括:声波的辐射、散射、封闭和开放声场、管道中的声传播、声振耦合等。ACTRAN 软件简单易用,与 CAE 软件的集成方便快捷,具有出色的鲁棒性和解算效率。但是 ACTRAN 软件的建模模块功能不够完善,因此采用 CAE 软件建模联合 ACTRAN 软件计算的方法进行混响水池声场的仿真计算,计算流程如图 7-1 所示。

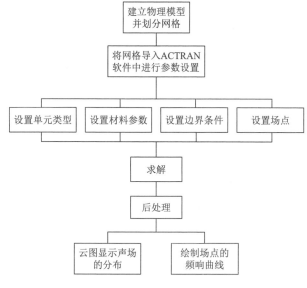

图 7-1　仿真计算流程图

　　为了验证数值计算的准确性，计算了绝对软边界混响水池中点源声场，混响水池尺寸为 $L_x = 1.52\text{m}$、$L_y = 0.95\text{m}$、$L_z = 0.58\text{m}$，水中声速 $c_0 = 1474\text{m/s}$。数值计算中，模型的结构参数与解析方法一致。使用 ANSYS 软件建模并划分网格，有限元计算时要求一个波长内包含至少 6～8 个网格，计算中声源频率取 1500Hz，将矩形水池划分为边长 $l = 0.05\text{m}$ 的立方体网格，将网格导入 ACTRAN 软件中，提取表面网格，设置边界面处的导纳为一无穷大值以满足绝对软边界条件。定义水介质的材料参数，设置声源的位置和频率，在混响水池的长、宽和深度方向设置场点采集声场声压，以上参数均与解析方法选取的数值相同。使用 MUMPS 求解器运行计算，并通过 ACTRAN 软件的后处理工具查看计算结果。

　　如图 7-2 所示，数值方法与解析方法很好地吻合，说明所建立起的数值方法可以准确计算混响水池声场，验证了数值计算方法的正确性。

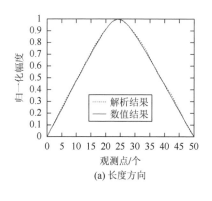

(a) 长度方向

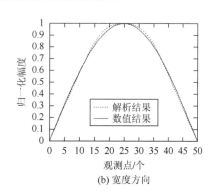

(b) 宽度方向

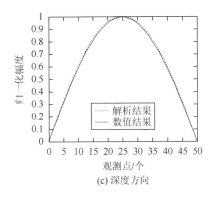

(c) 深度方向

图 7-2　声源频率为 1500Hz 时观测点声压解析与数值结果对比

7.1.2　混响水池声场传递特性的数值计算方法研究

本节提出了混响水池声场传递特性的数值计算方法。通过典型声源与体积声源在混响水池辐射声场的数值计算研究，建立起封闭空间中声源近场声特性与自由场声源近场声特性的传递关系，利用这个声场传递关系，即可在混响水池中通过测量声场得到声源在自由场的辐射声场，进而准确得到声源的辐射声功率。通过实验验证，所提的混响水池声场传递特性的数值计算方法适用于封闭空间首阶简正频率以下低频范围。该方法还可以推广到利用声场测量反演结构声源表面振速中。

当声源在混响水池中发射时，如果固定声源位置，则声场中任意一点的声压与声源的自由场声源级之间将存在一个固定的传递关系，如果通过仿真计算的方法得出这一传递关系，则可以利用混响水池对声源的自由场辐射声功率进行测量。

首先，对声源在混响水池中的声场进行仿真计算，在声场中设置 M 个场点以采集声场中的声压信息，由这 M 个场点的声压信息可以得到局部范围内的空间平均均方声压级：

$$\langle L_P \rangle = 10\lg \frac{\sum\limits_{m=1}^{M} P_m^2}{M P_{\text{ref}}^2} \tag{7-1}$$

然后，对声源在自由场中的声场进行仿真计算，在距离声源 r 处设置 N 个场点采集声场信息，由这 N 个场点的声压信息可以得到声源的自由场声源级：

$$\text{SL} = 10\lg \frac{\sum\limits_{n=1}^{N} \left(\dfrac{P_n}{r} \right)^2}{N P_{\text{ref}}^2} \tag{7-2}$$

利用上述计算结果可以求出声源在混响水池中发射时，声场中某点声压相对于自由场声源级的传递关系。在通过仿真计算得出混响水池声场到自由场的传递关系后，在混响水池中对声源的辐射声场进行实验测量。将声源放置在与仿真计算相对应的位置处，并测量仿真计算中场点位置处的声压，由此计算得出实际测量的混响水池中某一位置局部范围内的空间平均均方声压级为

$$\langle L_P' \rangle = 10 \lg \frac{\sum_{m=1}^{M} P_m'^2}{M P_{\text{ref}}^2} \qquad (7\text{-}3)$$

利用 ΔR 对实验测量得到的局部空间平均均方声压进行修正以获得声源的自由场声源级为

$$\text{LS} = \langle L_P' \rangle - \Delta R \qquad (7\text{-}4)$$

进而得出声源的辐射声功率

$$L_W = 10 \lg \frac{10^{(\text{LS}-170.8)/10}}{W_{\text{ref}}} \qquad (7\text{-}5)$$

为了检验这种方法的可行性，利用此方法在玻璃水槽中测量了小体积球形声源的辐射声功率，并与此声源在消声水池中测得的辐射声功率进行了对比。实验所用玻璃水槽如图 7-3 所示，玻璃水槽壁厚为 1cm。对声源在玻璃水槽中的声场进行仿真计算，仿真计算的数值模型如图 7-4 所示。

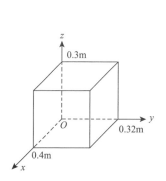

图 7-3　玻璃水槽尺寸及所处坐标系

图 7-4　数值模型

为了探究声源位置对声场分布的影响，仿真计算了三种声源位置的声场，如图 7-5 所示。从图中可以看出，当声源的频率大于水槽的首阶简正频率或者声源靠近水槽边界时，玻璃水槽中的声场分布会比较复杂，对实验中水听器的布放精度要求较高，所以针对低于水槽首阶简正频率以下的频率范围开展验证实验。

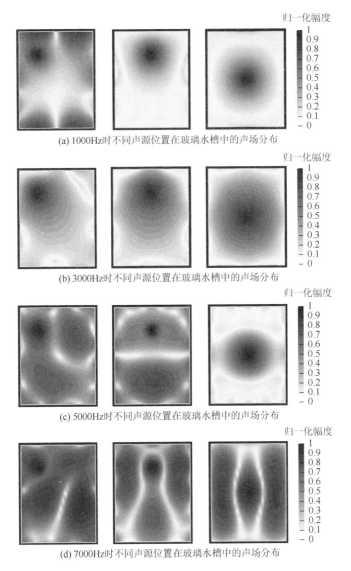

(a) 1000Hz时不同声源位置在玻璃水槽中的声场分布

(b) 3000Hz时不同声源位置在玻璃水槽中的声场分布

(c) 5000Hz时不同声源位置在玻璃水槽中的声场分布

(d) 7000Hz时不同声源位置在玻璃水槽中的声场分布

图 7-5　玻璃水槽声场仿真结果

　　实验系统如图 7-6 所示，考虑到玻璃水槽尺寸较小，采用 B&K 8105 作为声源，B&K 8103 作为接收水听器。由动态信号分析仪（B&K PULSE 3560E）中的信号源模块发出单频信号，经功率放大器（B&K 2713）固定增益放大后加到声源上，使其满足信噪比要求。水听器拾取到的信号再由动态信号分析仪采集并以声压平方的形式存储在计算机中。实验中声源和水听器位置如图 7-7 所示。

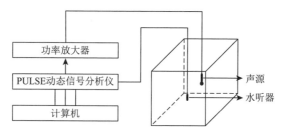

图 7-6 实验系统示意图

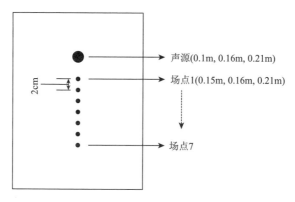

图 7-7 声源和水听器位置示意图

实验测量结果如表 7-1 所示。从表中可以看出，利用此方法测量得到的辐射声功率与声源在消声水池测量得到的辐射声功率间的误差基本能够控制在 2dB 以内。不仅说明了利用此方法对声源进行低频辐射声功率的测量是可行的，也验证了利用 ACTRAN 仿真计算软件对混响水池进行仿真计算的准确性。

表 7-1 实验测量结果

频率/Hz	混响水池中辐射声功率级/dB	消声水池中辐射声功率级/dB	误差/dB
1000	92.22	90.75	−1.47
1250	95.59	93.75	−1.84
1500	99.04	96.80	−2.24
1750	101.04	99.74	−1.3
2000	102.85	103.57	0.72
2250	105.81	105.85	0.04
2500	106.92	107.40	0.48
2750	107.84	107.23	−0.61
3000	109.35	108.98	−0.37
3250	111.65	110.16	−1.49
3500	110.78	111.51	0.73

7.2 混响水池中声源低频辐射声功率测量

7.2.1 混响水池中声源辐射声功率低频扩展测试技术原理

为了分析混响声场空间平均均方声压级与自由场声源级的关系，将声源的体积速度用此声源在自由场距离声中心 1m 处的声压值 p_f 表示，则

$$(\rho_0 \omega Q_0)^2 = p_f^2 \tag{7-6}$$

利用式（3-27）、式（7-6），可得混响水池内声压平方的空间平均值与自由场距离声中心 1m 处声压平方的比值为

$$\frac{\langle |p(\boldsymbol{r}_0)|^2 \rangle}{p_f^2} = (4\pi)^2 \sum_{n=1}^{\infty} \frac{|\phi_n(\boldsymbol{r}_0)|^2}{(k^2 - k_n^2)^2 V^2 \Lambda_n} \tag{7-7}$$

对于任意点源声场，$\langle |p(\boldsymbol{r}_0)|^2 \rangle / p_f^2$ 的值取决于简正波在不同位置声源处的 $|\phi_n(\boldsymbol{r}_0)|^2$ 及 k_n^2，而一旦混响水池给定以及声源在水池中的发射位置给定，$\langle |p(\boldsymbol{r}_0)|^2 \rangle / p_f^2$ 的值将固定不变。也就是说，$\langle |p(\boldsymbol{r}_0)|^2 \rangle / p_f^2$ 的值不随声源的特性改变，为一定值。如果对式（7-7）两边取对数，则可得到水池中的空间平均声压级 $\langle L_P \rangle$ 与自由场声源级 SL 之间的恒定关系：

$$\langle L_P \rangle - \text{SL} = \Delta C \tag{7-8}$$

$$\langle L_P \rangle = 10 \lg \frac{\langle |p(\boldsymbol{r}_0)|^2 \rangle}{p_{\text{ref}}^2} \tag{7-9}$$

$$\text{SL} = 10 \lg \frac{p_f^2}{p_{\text{ref}}^2} \tag{7-10}$$

$$\Delta C = 10 \lg \left((4\pi)^2 \sum_{n=1}^{\infty} \frac{|\phi_n(\boldsymbol{r}_0)|^2}{(k^2 - k_n^2)^2 V^2 \Lambda_n} \right) \tag{7-11}$$

式中，p_{ref}^2 为参考声压（$p_{\text{ref}} = 1\mu\text{Pa}$）的平方。如果 ΔC 通过一已知声源测量得出，利用式（7-8）～式（7-11），对于某个未知声源的自由场声源级 SL^*，则可通过测量混响水池中对应的空间平均均方声压 $\langle L_P^* \rangle$ 获得：

$$\text{SL}^* = \langle L_P \rangle^* - \Delta C \tag{7-12}$$

其中声功率级的参考功率为 $W_{\text{ref}} = 0.67 \times 10^{-18}\,\text{W}$。则未知声源的自由场辐射声功率可以类似地通过测量混响水池中的空间平均均方声压获得：

$$L_W^* = \langle L_P^* \rangle - (\langle L_P \rangle - L_W) \tag{7-13}$$

式中，L_W、$\langle L_P \rangle$ 分别为已知声源自由场辐射声功率级及混响水池中的空间平均声压级；L_W^*、$\langle L_P^* \rangle$ 分别为未知声源自由场辐射声功率级及混响水池中与已知声

源对应的空间平均声压级。式（7-13）描述了混响水池中声源辐射声功率低频扩展测试技术（简称为比较法测量技术）的原理。

7.2.2　标准声源辐射声功率测量

1. 标准声源 A 与标准声源 B 在消声水池中的声源级测试

分别将标准声源 A 和标准声源 B（两声源无指向性）置于消声水池中，其中信号源发出的 1～20kHz 的宽带白噪声经过功率放大器加载到声源上稳态发射，增大信号源发射幅值和功率放大器，使远场接收水听器（阵）接收到的信噪比大于 15dB。使用采集器记录水听器接收到的数据并进行时间平均处理。利用水听器（阵）接收数据对标准声源的声源级进行归算。记录此时标准声源 A 与标准声源 B 声源级的信号源输入频率、幅度、功放增益等参数。测试结果如图 7-8 所示。

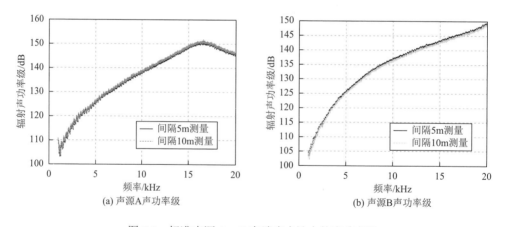

(a) 声源A声功率级　　　　　　　　　　(b) 声源B声功率级

图 7-8　标准声源 A、B 在消声水池中的声功率级

2. 标准声源 A 与标准声源 B 在混响水池中的均方声压级测试

混响水池采用体积为（1.52×0.95×0.58）m³ 的玻璃水池，如图 7-9 所示，测试标准声源 A 和标准声源 B 在混响水池中的空间平均均方声压级。将标准声源 A 和标准声源 B 同时置于混响水池中，交替发射。水听器阵均匀置于混响控制区内。按照标准声源 A 在消声水池发射时的信号源输入频率、幅度、功率放大器增益等参数驱动标准声源，使用采集器记录水听器阵接收到的数据并进行时间平均处理。

 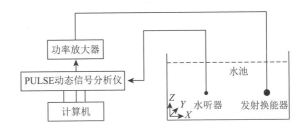

图 7-9　测量系统示意图

　　改变标准声源 A 和水听器阵的相对位置重复以上步骤测试，共计改变标准声源位置 10 次，计算混响水池中标准声源 A 的空间平均均方声压级。测试标准声源 B 在混响水池中的空间平均声压级方案与测试标准声源 A 在混响水池中空间平均声压级的方案相同，得到混响水池中标准声源 B 的空间平均声压级。测试结果如图 7-10 所示，混响水池满足混响条件的下限频率约为 8kHz。

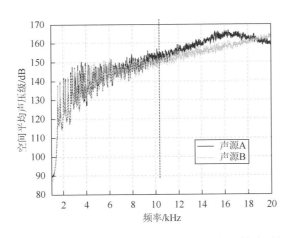

图 7-10　玻璃水池内标准声源 A、B 的空间平均声压级

3. 标准声源 A 与标准声源 B 在混响水池中声功率的获取

　　根据式（7-8）可由标准声源 B 在消声水池中的声源级和在混响水池中的空间平均声压级得到混响水池到自由场的声场传递特性，如图 7-11 所示，利用这个声场传递特性对标准声源 A 在混响水池中的空间平均声压级进行校正，得到标准声源 A 在自由场的声源级，并与标准声源 A 在消声水池测试到的声源级比对验证，如图 7-12 所示。使用相同的测试原理，利用标准声源 A 获取混响水池到自由场的声场传递特性，如图 7-11 所示，进一步在混响水池测试标准声源 B 的声源级，标准声源 B 在消声水池测试到的声源级比对验证，如图 7-13 所示。

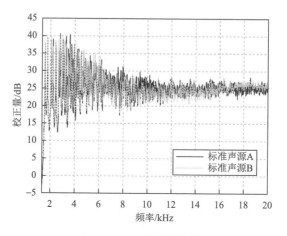

图 7-11　ΔC 实验测量结果

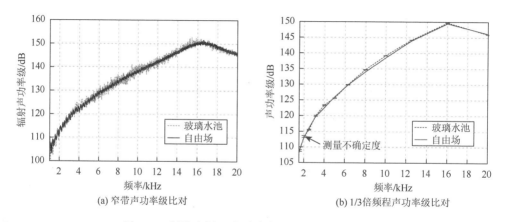

(a) 窄带声功率级比对　　　　　　　　　　(b) 1/3 倍频程声功率级比对

图 7-12　标准声源 A 在玻璃水池测量的自由场校正

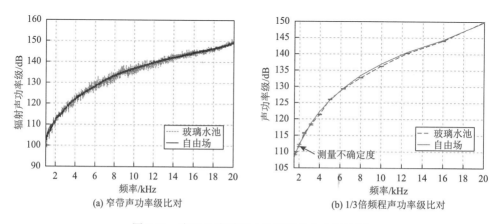

(a) 窄带声功率级比对　　　　　　　　　　(b) 1/3 倍频程声功率级比对

图 7-13　声源 B 在玻璃水池测量的自由场校正

从图 7-12、图 7-13 中可以看出，在玻璃水池中测量，经过校正可以消除水池中声场由简正波共振带来的剧烈起伏影响，准确得到声源在自由场中的声源级和声功率，窄带谱偏差小于 3dB，声功率级的 1/3 倍频程谱偏差小于 1dB。测量精度还可以随声源发射位置增多及声场的大范围多次测量提高。实验结果验证了理论分析的正确性。

4. 测试不确定度分析

对在消声水池测试的标准声源 A、标准声源 B 的声源级和在混响水池中测试标准声源的空间平均声压级、辐射声功率级的测试样本数据进行测试不确定度分析，给出综合测试不确定度。

测量不确定度反映了测量结果接近"真值"的程度。按照不确定度评定方法，对本小节中混响法低频扩展技术测量结果进行不确定度分析。由于标准声源 A 和标准声源 B 辐射声功率级在本节中的测量过程是互易的，并且使用同一套测量系统，因此对测量出的标准声源 A 和标准声源 B 的辐射声功率级不确定度相同。从图 7-14 中可以看出，声场在低频域分布极不均匀，测量结果随着频率的增高重复性将更好。对于图 7-14 中的标准声源 A 和标准声源 B 辐射声功率级在玻璃水池中的测量结果，其中分析了每个声源的 16 个测量样本（声源在玻璃水池中 16 个位置发射），窄带测量不确定度小于 2.5dB，1/3 倍频程测量不确定度小于 1dB。

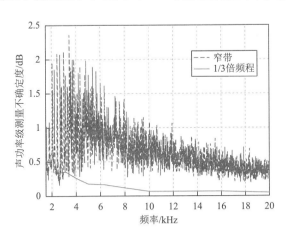

图 7-14　标准声源 A、B 辐射声功率级在玻璃水池中的测量不确定度

7.2.3　比较法修正量影响因素实验分析

1. 低频声源辐射声功率在消声水池中的测试

球形声源、圆柱形声源、圆柱壳模型声源自由场辐射声功率的测量实验在哈

尔滨工程大学消声水池（25m×15m×10m）中进行。其中球形声源半径 0.05m，如图 7-15（a）所示；圆柱形声源长 0.06m，半径 0.04m，如图 7-15（b）所示；圆柱壳模型长 1m，壳厚 0.003m，半径 0.08m，在长度方向 0.375m 处沿径向施加机械激励，激励源为纵振动棒。

(a) 球形声源　　　　　　　　(b) 圆柱形声源

图 7-15　球形声源及圆柱形声源

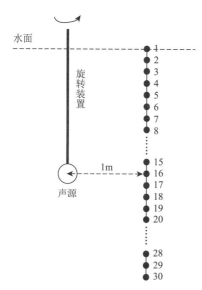

图 7-16　自由场实验声源及水听器阵布置示意图

如图 7-16 所示，声源与回转装置法兰相连，与水听器阵的垂直距离为 1m。水听器共有 30 个阵元，阵元间距 0.25m，1 号阵元位于水面，16 号阵元与声源位于同一深度 4m。

当回转装置带动模型旋转一周，水听器阵近似围绕待测模型形成一个封闭的测量包络面，同时将水听器阵测量包络面划分为许多小面单元，记为 N 个。并记第 j 个小面单元面积为 S_j，通过第 j 个小面单元的声强为 I_j，且 $I_j = \overline{P_j^2} / (\rho_0 c_0)$，则声源辐射声功率级为

$$L_W = 10\lg\left(\sum_{j=1}^{N} \frac{\overline{P_j^2}}{P_{\text{ref}}^2} \cdot S_j\right) \qquad (7\text{-}14)$$

式中，L_W 为发射声功率级；$\overline{P_j^2}$ 为水听器阵测量包络面上第 j 个小面单元对应的均方声压；P_{ref} 为参考声压，$P_{\text{ref}} = 1\mu\text{Pa}$。

实际测量时回转装置的转动间隔为 20°，发射时固定信号输入幅值和功率放大器的放大量。考虑到水面水底的干涉影响，距离水面水底较近的阵元数据应弃用，而且距离声源较远的阵元接收信噪比过低也应弃用。综合上述问题，最终选

择每条垂直阵的 9～23 号阵元组成包络面进行计算分析。图 7-17 给出了球形声源和圆柱形声源在 2000～4500Hz 带宽内的辐射声功率级。

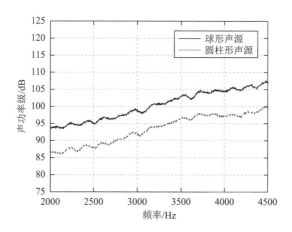

图 7-17　球形声源、圆柱形声源在自由场中辐射声功率级

2. 不同校准声源对比较法测试结果的影响

对球形声源和圆柱形声源在体积为（1.50×0.90×0.40）m³ 的玻璃水池中开展声源辐射声功率比较法测量研究。测量系统如图 7-18 所示，加载在球形声源、圆柱形声源上的驱动电压与消声水池测试时相同，信号源输入幅度、带宽及功率放大器的放大增益也一样。在玻璃水池中测量均方声压，使声源和水听器阵在各

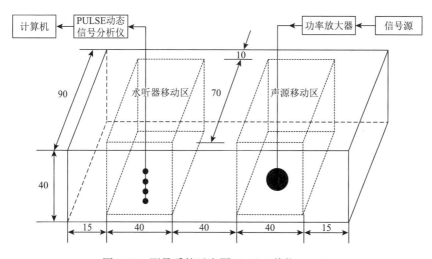

图 7-18　测量系统示意图（一）（单位：cm）

自区域内缓慢移动，利用水听器连续采集的空间平均方法，消除简正波的干涉影响（图 7-19）。动态信号分析仪采集数据时取 350 次平均，由于水听器的运动，每个样本对应于空间上某测点处的声压，测量结果相当于空间中 350 个测点上的声压平均结果。

图 7-19 实验现场（一）

根据式（7-6），利用消声水池实验中获得的声源自由场声源级 SL 及玻璃水池中的空间平均均方声压级 $\langle L_p \rangle$，可以得到球形声源和圆柱形声源在玻璃水池中的修正量 ΔC，如图 7-20 所示两声源测出的 ΔC 曲线基本一致。

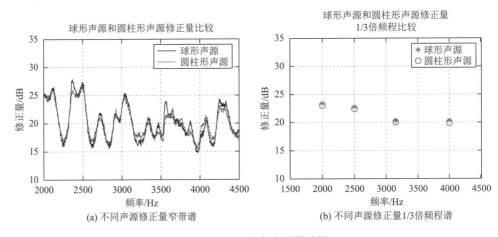

(a) 不同声源修正量窄带谱

(b) 不同声源修正量1/3倍频程谱

图 7-20 ΔC 的实验测量结果

分别采用圆柱形声源和球形声源作为声场校正声源，并和消声水池中的测量结果比较。如图 7-21 和图 7-22 所示，声源在玻璃水池中比较法测量结果和自由场测量结果比较，最大起伏不超过 3dB，验证了该方法的有效性。

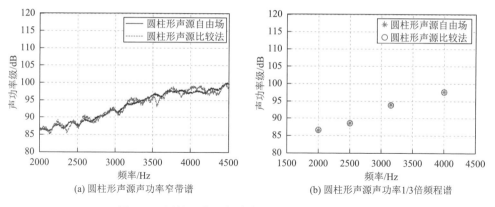

(a) 圆柱形声源声功率窄带谱　　　　　(b) 圆柱形声源声功率1/3倍频程谱

图 7-21　圆柱形声源在玻璃水池中比较法测量结果

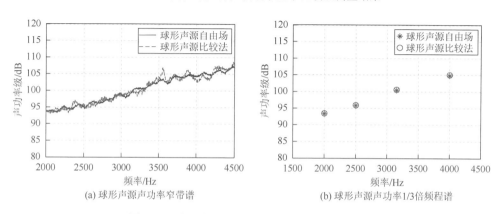

(a) 球形声源声功率窄带谱　　　　　　(b) 球形声源声功率1/3倍频程谱

图 7-22　球形声源在玻璃水池中比较法测量结果

3. 复杂边界条件对比较法测试结果的影响

当水池中存在体积不可忽略的结构时，水池中的结构也将作为一个边界存在于水池中，为了探究复杂边界对比较法测试结果的影响，如图 7-23 所示，将圆柱

图 7-23　实验现场（二）

壳模型声源吊放于玻璃水池中，模拟复杂边界条件，对球形声源和圆柱形声源开展比较法测量研究。

测量系统如图 7-24 所示，声源发射时保持信号输入幅值和功率放大器的放大量与消声水池测试时一致。在玻璃水池中测量均方声压，使声源和水听器阵在各自区域内缓慢移动，利用水听器连续采集的空间平均方法，消除简正波的干涉影响。动态信号分析仪采集数据时取 350 次平均，由于水听器的运动，每个样本对应于空间上某测点处的声压，测量结果相当于空间上 350 个测点上的声压平均结果。

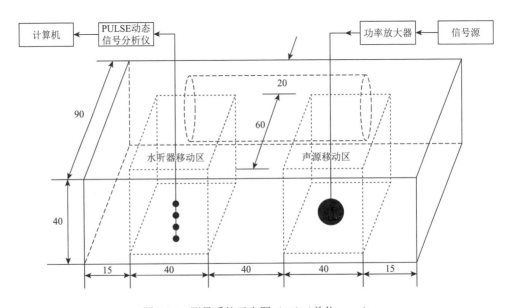

图 7-24　测量系统示意图（二）（单位：cm）

根据式（7-8），利用消声水池实验中获得的声源自由场声源级 SL 及玻璃水池中的空间平均均方声压级 $\langle L_p \rangle$，可以得到球形声源和圆柱形声源在玻璃水池中的修正量 ΔC，如图 7-25 所示。两声源测出的 ΔC 曲线总体上趋于一致，但在小范围内存在较大起伏，说明复杂边界对比较法测量结果有一定影响。

分别采用球形声源和圆柱形声源作为声场校准声源对另一声源进行辐射声功率的测量，并和消声水池中的测量结果比较。如图 7-26 和图 7-27 所示，声源在玻璃水池中比较法测量结果和自由场测量结果的起伏较没有圆柱壳边界时略大，可能是声源激起圆柱壳模型振动影响测量结果。但是，当存在圆柱壳模型作为边界时，比较法测量结果与自由场测量结果的误差基本可以控制在 3dB 以内。

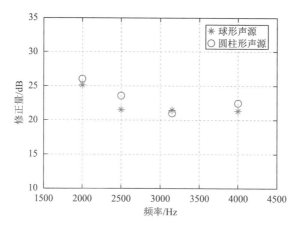

图 7-25　复杂边界水池 ΔC 的 1/3 倍频程谱实验测量

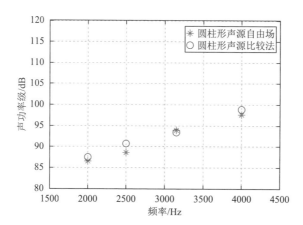

图 7-26　圆柱形声源在复杂边界玻璃水池中比较法 1/3 倍频程测量结果

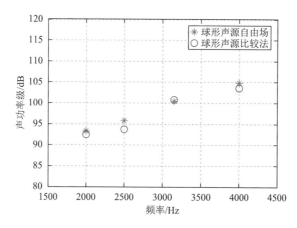

图 7-27　球形声源在复杂边界玻璃水池中比较法 1/3 倍频程测量结果

7.2.4　圆柱壳声源辐射声功率的比较法测量

1. 圆柱壳模型辐射声功率在消声水池中的测试

圆柱壳模型自由场辐射声功率的测量在哈尔滨工程大学消声水池（25m×15m×10m）中进行。其中圆柱壳模型长 1m，壳厚 0.003m，半径 0.08m，在长度方向 0.375m 处沿径向施加机械激励，激励源为纵振动棒。模型端面与回转装置法兰通过细丝杠连接，模拟自由边界。水听器阵如图 7-28 所示布置，满足远场测试条件。

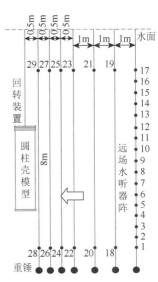

图 7-28　自由场实验模型及水听器阵布置示意图

实际实验测量时回转装置的转动间隔为 10°，模型激励发射时固定信号输入幅值和功放的放大量。实验中选用的纵振动棒的工作频率范围（谐振频率为 13kHz），模型以 1/3 倍频程中心频率单频发射（2～16kHz），并在激励位置处粘贴一个加速度计拾取振动信号，自由场中圆柱壳模型激励点位置的振动测量结果如图 7-29 所示，声功率的测量结果如图 7-30 所示。

2. 圆柱壳模型辐射声功率在混响水池中的测试

圆柱壳模型非消声场辐射声功率的测量在哈尔滨工程大学混响水池（15m×6m×6m）中进行。为了验证本章提出的混响法低频扩展测试技术的有效性，分别采用 7.2.2 节中的两个球形声源 A 和 B 作为声场校正声源，并与消声水池中的测量结果比较。模型的吊放状态、激励信号输入量以及功率放大器的增益均与在消声水池中测量时相同。

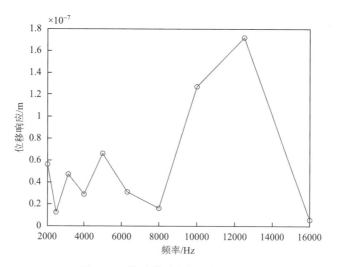

图 7-29　模型激励点位置位移响应

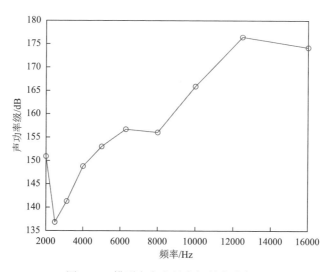

图 7-30　模型在自由场中辐射声功率级

　　为了能更好地获得混响水池内声场的平均统计特性，并且减少水听器阵在空间内的扫描范围，改变声源的发射位置，水听器阵仅在一个竖直面内缓慢移动扫描，测量示意图如图 7-31 所示。将在混响水池测得的圆柱壳模型激励位置处的振动响应同在消声水池中测得的结果比较，如图 7-32 所示，表明圆柱壳模型的激励器工作比较稳定，也表明声场边界对结构振动的影响不大。通过已知声源作非消声声场到自由场的校准时，使声源 A、B 重复圆柱壳模型的发射位置，获得精确的声场修正量，列于表 7-2。可以看出，应用不同声源测量出的混响水池到自由场的声场修正量一致性非常好，表明声场修正量是非消声水池声场的固有特性，与待测声源特性无关。

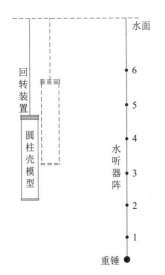

图 7-31　非消声场实验模型及
　　　　　水听器阵布置示意图

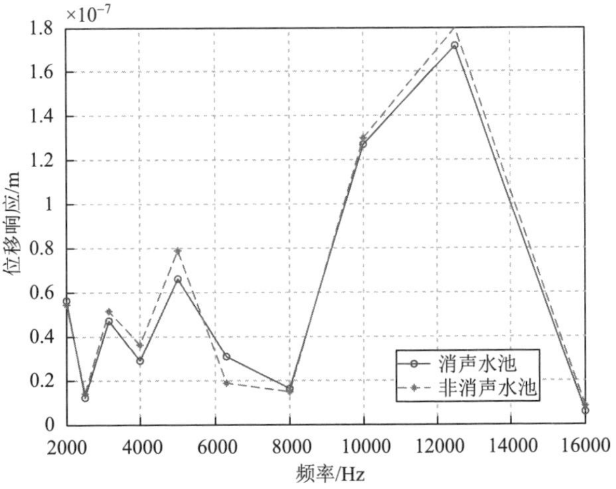

图 7-32　非消声场中模型激励位置处的位移响应

表 7-2　混响水池到自由场的声场校正量

频率/kHz	声源 A 测量的修正量 ΔC/dB	声源 B 测量的修正量 ΔC/dB	圆柱壳模型测量的修正量 ΔC/dB
2	−4.6	−3.6	−3.6
2.5	−7.4	−6.9	−6.9
3.15	−7.2	−6.8	−6.8
4	−5.9	−5.5	−5.5
5	−6.1	−5.6	−5.6
6.3	−6.0	−6.2	—
8	−6.5	−6.5	—
10	−6.6	−6.8	—
12.5	−7.4	−7.2	—
16	−8.0	−7.4	—

进一步同图 7-10 比较可以发现，随着混响水池体积的增大，在混响水池中测

量到的空间平均声压级逐渐减小。声场修正量可以是正值，也可以是负值，体现了混响水池的尺度效应特性。

利用表 7-2 列出的修正量，结合圆柱壳模型在混响水池中测量得到的均方声压，可以准确得到该模型在自由场的辐射声功率级。分别利用声源 A 和 B 对圆柱壳模型在混响水池测得的均方声压进行自由场校正，声功率的测量不确定度均小于 1dB，表明在混响水池中的测量结果具有较好的重复性；利用两已知声源校正出的圆柱壳辐射声功率具有良好的一致性，与自由场测量结果比较，偏差小于 1.5dB，如图 7-33 所示。

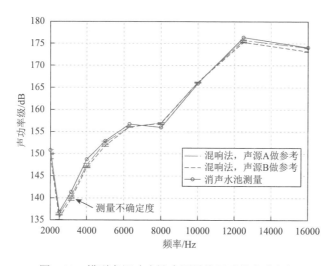

图 7-33　模型在混响水池中测量校正后的声功率级

7.2.5　比较法测量技术使用范围的讨论

此处混响水池中的修正量是通过已知声源在自由场和该混响声场测量均方声压得到的，该修正量反映了混响声场与自由场声场的自身差异，是声场特性，与声源特性无关，因此对于不同边界的混响水池同样是适用的，并且这个修正量可以由任意已知声源测量获得。值得指出的是，在修正量的测量过程中要保证已知声源分别在自由场和混响声场中发射的信噪比，建议利用低频声源和高频声源分别获得对应频带内声场的修正量。对于复杂声源，根据声场的叠加原理，可以分解为若干个简单声源的叠加。指向性声源在混响声场的混响控制区内的均方声压为常量，只是混响半径随着指向性因素而变化；混响声场中有多个声源同样满足独立声源的线性叠加，因此在混响控制区内空间平均测量到的均方声压，既包含了声源信息，又包含了声场的平均信息，比较法测量技术对于复杂声源的声功率测量仍然是适用的。只是若考虑到复杂声源的体积不能忽略，声源的体积相当于混响声场的附加边界，修正量要连带复杂声源一同测量。

7.3 混响水槽甚低频声源振动特性研究

仿真及原理实验表明，在低于混响水池截止频率的范围，辐射阻抗相对机械阻抗是小量，对振动影响可忽略。这对于混响测量是有利的结论，对于低于封闭空间声场首阶共振频率的声截止频段，由于没有声模态，声能从声源表面发出后迅速衰减，甚低频混响水池声场分布规律较为清晰，尤其在声源近场处声压幅度衰减规律与自由场声源近场分布有相似之处，并可以通过声学手段对其校正。在甚低频段利用声源辐射阻抗相对机械阻抗是小量的物理特性，理论上讲可以通过振动测量，使用直接边界元法预报声功率，此处暂不详细评述。本节将通过仿真及实验研究，验证在低于混响水池截止频率的范围，辐射阻抗相对机械阻抗是小量，对振动影响可忽略这一重要结论。

7.3.1 圆盘辐射器低频振动仿真分析

为了直观地表现不同频率下水槽中的声场分布情况，对玻璃水槽和小尺寸铁箱水槽中圆形辐射面声源的声场进行了仿真计算。计算结果如图 7-34 所示。

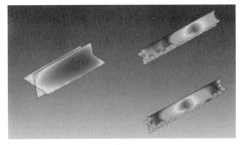
(a) 1300Hz

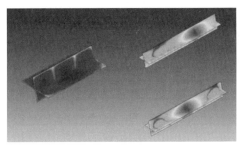
(b) 2000Hz

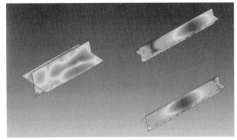
(c) 2500Hz

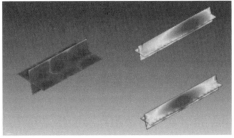
(d) 3000Hz

(e) 3500Hz　　　　　　　　　　　　　(f) 4000Hz

(g) 5000Hz

图 7-34　圆面辐射声源在玻璃水槽和小铁箱水槽中的声场仿真结果

从图 7-34 中可以看出，声源在玻璃水池和在小铁箱水槽中声场分布存在明显差异，但与 1300Hz 的低频近场分布规律相似；声源在小铁箱水槽中不同位置发射，低频近场分布规律相似，与声源位置关系不大。

7.3.2　混响水槽中圆柱壳模型低频振动仿真分析

圆柱壳模型在铁箱水槽和自由场辐射的辐射声场云图如图 7-35 所示。从图中可以看出，由于受到铁箱水槽边界的影响，圆柱壳模型在铁箱水槽和自由场中的辐射声场差别较大。但是在圆柱壳模型的附近，声压在铁箱水槽和消声水槽中的分布比较接近，这说明在圆柱壳模型附近，直达声起主要作用，声场边界的反射声对声源的影响很小。

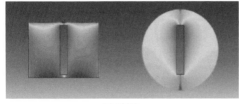

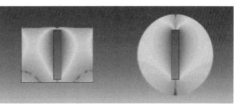

(a) 100Hz　　　　　　　　　　　　　　(b) 200Hz

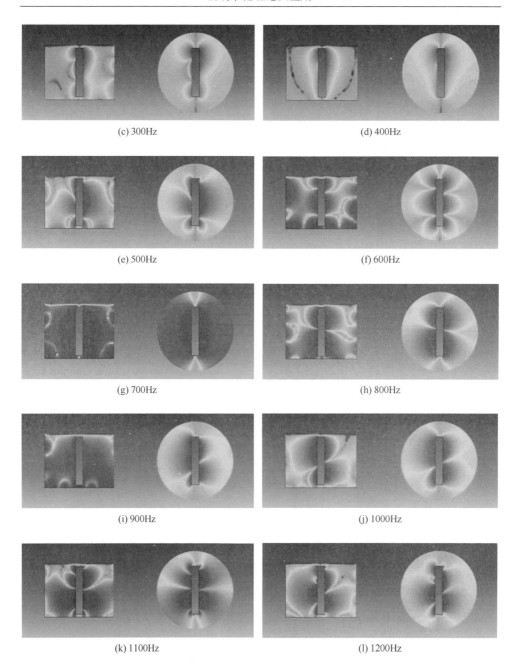

(c) 300Hz

(d) 400Hz

(e) 500Hz

(f) 600Hz

(g) 700Hz

(h) 800Hz

(i) 900Hz

(j) 1000Hz

(k) 1100Hz

(l) 1200Hz

图 7-35　圆柱壳模型在铁箱水槽和自由场中声场分布云图

为了进一步比较圆柱壳模型在不同环境下的振动情况，单独显示圆柱壳表面的振速进行对比，如图 7-36 所示，其中左侧为圆柱壳模型在铁箱水槽中辐射的表面振速云图，右侧为圆柱壳在自由场中辐射的表面振速云图。从图中可以看出，圆柱壳模型在铁箱水槽和自由场辐射时，声源表面的振动情况基本一致。

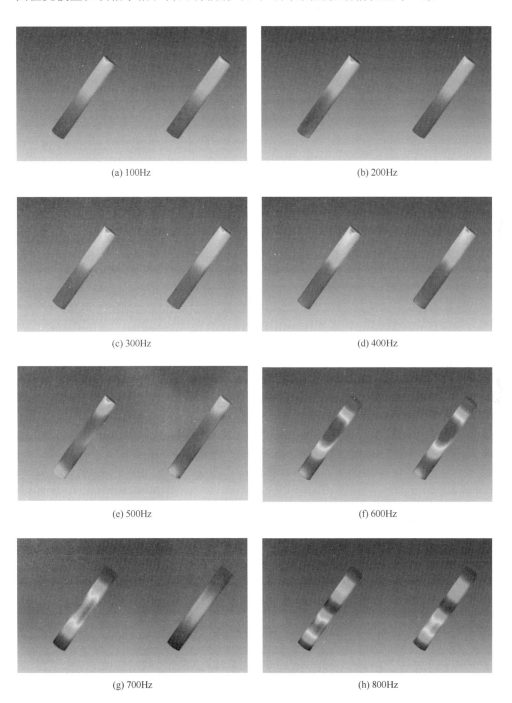

(a) 100Hz

(b) 200Hz

(c) 300Hz

(d) 400Hz

(e) 500Hz

(f) 600Hz

(g) 700Hz

(h) 800Hz

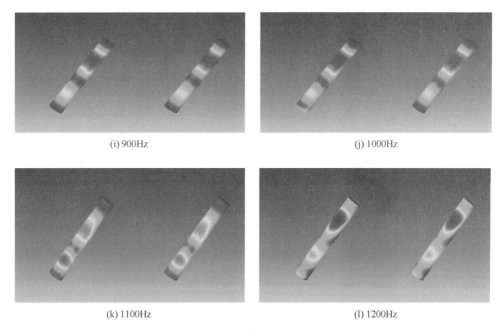

(i) 900Hz　　　　　　　　　　　　　　　　(j) 1000Hz

(k) 1100Hz　　　　　　　　　　　　　　　　(l) 1200Hz

图 7-36　圆柱壳模型在铁箱水槽和自由场中表面振速分布云图

　　为了定量比较圆柱壳模型在铁箱水槽和自由场中的振动状态，在数值建模时建立了如图 7-37 所示的两个场点以采集壳体的振动信息。场点 1 和场点 2 的法向位移频响曲线如图 7-38 和图 7-39 所示。仿真计算时的分析频率范围为 100～2000Hz，步长为 50Hz。可以看出，除 700Hz 外，圆柱壳模型在铁箱水槽和自由场的振动情况基本不变。结合图 7-35 中的声场分布云图可以看出 700Hz 频率接近圆柱壳模型的振动模态频率形成共振声场。由于在仿真建模时没有考虑系统的阻尼，在圆柱壳模态频率附近，有限元软件不能得到准确的结果，经过分析，这也是图 7-37 和图 7-38 中 700Hz 处振动结果不吻合的原因。

7.3.3　标准声源甚低频振动响应测试

　　实验在哈尔滨工程大学水声技术全国重点实验室进行。实验所用声源和振动取

图 7-37　圆柱壳模型场点位置示意图

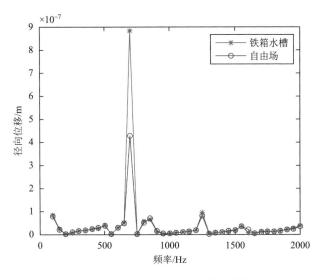

图 7-38　场点 1 法向位移频响曲线

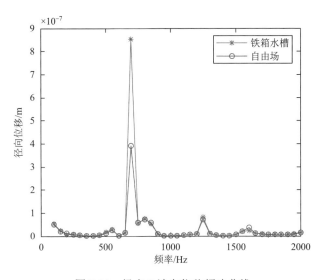

图 7-39　场点 2 法向位移频响曲线

点如图 7-40 所示，声源为活塞声源，其端面为金属材料便于粘贴加速度计。实验系统如图 7-41 所示，信号源发射信号经过功率放大器（B&K 2713）放大后激励活塞声源，水密加速度计（YD-W150 系列）粘贴在声源表面采集声源表面的振动信息，加速度计拾取的振动信号经电荷适调放大器（B&K 2692-C）放大后输入给动态信号分析仪（PULSE）并存储在计算机中。

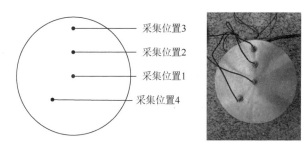

图 7-40　声源表面采集位置示意图及照片

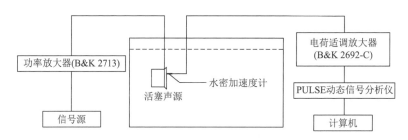

图 7-41　单频发射实验系统示意图

在不同混响水池低于截止频率范围开展了甚低频声源振动响应测试实验，其中实验用的混响水池尺寸由表 7-3 列出，计算出了不同混响水池的第一阶简正频率由表 7-4 列出。

表 7-3　实验所用水槽（水池）尺寸

类型	长	宽	水深	壁厚
大玻璃水槽	150cm	92.5cm	58cm	1.2cm
小玻璃水槽	39.6cm	31.8cm	29.4cm	1cm
大铁箱水槽	199.3cm	29.4cm	34.8cm	0.4cm
小铁箱水槽	149.4cm	29.7cm	29cm	0.2cm
混响水池	15m	9.3m	6m	—

表 7-4　不同水槽第一阶简正频率

类型	截止频率/Hz
大玻璃水槽	1510.7
大铁箱水槽	2895.3
小铁箱水槽	3340.6
小玻璃水槽	3605.4

为了比较声源在不同尺寸水槽、不同空间位置的振动变化情况，选取了不同的空间位置对声源表面的振动情况进行了采集。其中大、小玻璃水槽中分别选取了六个和一个位置，大、小铁箱水槽中分别选取了四个和三个位置，混响水池和消声水池中分别选取了两个和一个位置，声源的具体位置列在表 7-5 中。

表 7-5　声源位置

类型	空间位置	长度方向	宽度方向	深度（距离水面）	水温	声源空间位置编号
混响水池	空间位置 1	中间	中间	3m	16℃	1
	空间位置 2	中间	中间	1.5m	16℃	2
大玻璃水槽	空间位置 1	120cm	45cm	26cm	18℃	3
	空间位置 2	75cm	45cm	26cm	18℃	4
	空间位置 3	50cm	45cm	26cm	18℃	5
	空间位置 4	45cm	67cm	26cm	18℃	6
	空间位置 5	35cm	45cm	26cm	18℃	7
	空间位置 6	30cm	67cm	26cm	18℃	8
大铁箱水槽	空间位置 1	70cm	15cm	16.5cm	16℃	9
	空间位置 2	100cm	15cm	16.5cm	16℃	10
	空间位置 3	130cm	15cm	16.5cm	16℃	11
	空间位置 4	175cm	15cm	16.5cm	16℃	12
小铁箱水槽	空间位置 1	45cm	15cm	16cm	16℃	13
	空间位置 2	75cm	15cm	16cm	16℃	14
	空间位置 3	105cm	15cm	16cm	16℃	15
小玻璃水槽	空间位置 1	20cm	15cm	16cm	18℃	16
消声水池	空间位置 1	中间	中间	3m	18℃	17

为了更加直观地表示声源在不同水槽中的空间分布，给出了如图 7-42 所示的声源位置示意图。

为了方便比较声源辐射面在不同空间位置振速的相对变化，将采集到的振速进行了归一化处理，如图 7-43 所示。图中横坐标分别对应声源不同空间位置，对应关系列在表 7-5 中。需要特别说明的是，采集位置 3 的测试数据异常，在绘图时舍去了采集位置 3 的数据。

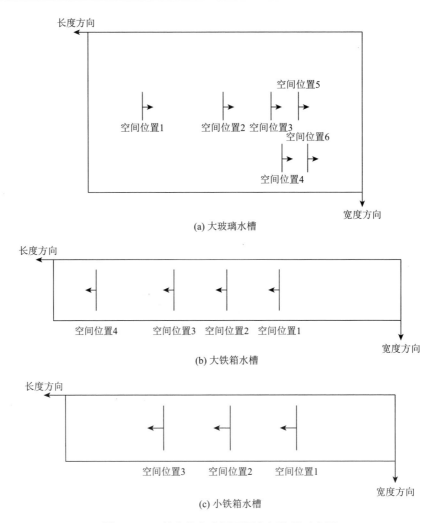

(a) 大玻璃水槽

(b) 大铁箱水槽

(c) 小铁箱水槽

图 7-42 三种水槽中声源不同空间位置示意图

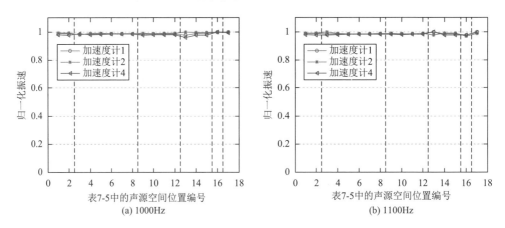

(a) 1000Hz

(b) 1100Hz

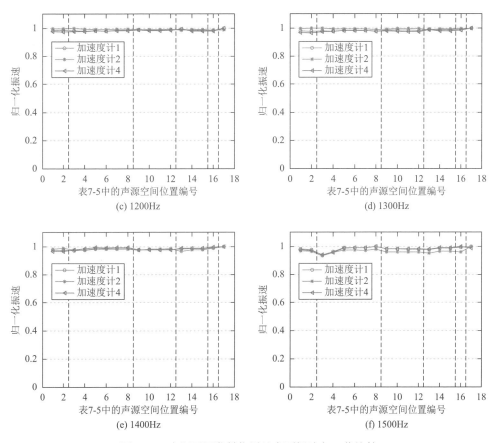

图 7-43　声源不同发射位置处表面振速归一化比较

从图 7-43 可以看出，当声源的发射频率在 1000～1500Hz 时，声源表面的振动情况几乎不发生变化，表明声源辐射阻抗相对机械阻抗是小量。

7.3.4　圆柱壳声源甚低频振动响应测试

1. 实验系统

实验在哈尔滨工程大学水声技术全国重点实验室进行。实验所用声源如图 7-44 所示，声源为圆柱壳模型，圆柱壳模型长 1m，直径 0.16m，厚 0.003m。在圆柱壳模型内部，一纵振动棒粘贴在圆柱壳长度方向 1/3 位置处用于激励圆柱壳模型振动。实验系统如图 7-45 所示，信号源发射信号经过功率放大器（B&K 2713）放大后激励复合棒声源，水密加速度计（YD-W150 系列）粘贴在声源表面采集声源表面的振动信息，水密加速度计拾取的振动信号经电荷适调放大器（B&K 2692-C）放大后输入给动态信号分析仪（PULSE）并存储在计算机中。

图 7-44　圆柱壳模型

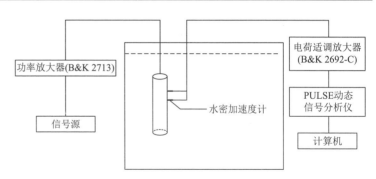

图 7-45　圆柱壳模型表面振动测量系统示意图

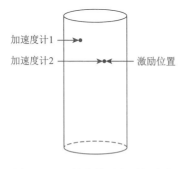

图 7-46　圆柱壳模型表面加速度
计粘贴位置及编号示意图

实验过程中在圆柱壳模型表面粘贴了两个加速度计，分别记为加速度计 1 和加速度计 2，示意图如图 7-46 所示。

2. 实验测量

首先，测量圆柱壳模型在混响水池中的表面振动情况，测量时详细记录信号源幅度、电荷放大器放大倍数及功放的放大倍数。测量完成后将测量系统移至消声水池测量圆柱壳模型在自由场中的表面振动情况并保持系统各项参数与在混响水池中测量时一致。

3. 测量结果

为了比较圆柱壳模型在不同水槽中辐射时表面振动的变化，开展了圆柱壳振动测量实验。圆柱壳振动测量实验搭载圆柱壳辐射声功率测量实验一同进行。分别测量了圆柱壳模型在小铁箱水槽、大铁箱水槽、混响水池和消声水池中的振动情况。为了体现圆柱壳在不同频率、不同环境中的振动起伏，将振速数据进行了归一化处理，如图 7-47 所示。从图中可以看出，圆柱壳模型在不同水池中辐射时，表面振动变化在 10% 以内。

综上所述得到以下关键结论。

（1）在低于截止频率频域和高于下限频率频域，标准声源在混响水池和消声水池中的振动响应极为相近。例如，玻璃水槽中 1.4kHz 以下频域，振动响应与消声水池中的振动偏差小于 5%；在小铁箱水槽中 3kHz 以下，与消声水池中的振动偏差小于 5%；在大铁箱水槽中 2kHz 以下，与消声水池中的振动偏差小于 5%。由于混响水池中测量频率基本满足弥散场下限频率条件，所测量的频率范围在混

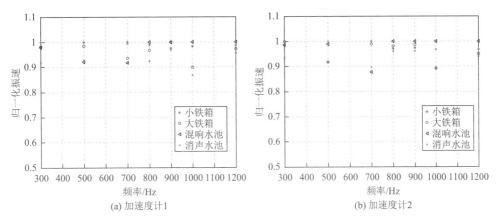

图 7-47　监测加速度计在不同频率、不同水槽中的振动数据

响水池中是高频，此时振动响应与消声水池中的振动基本一致。以上分析说明，在甚低频或者高频段，混响水池中测量声源的振动响应与消声水池中的振动基本一致，混响声场不同边界对振动响应测量结果影响不大。

（2）在低阶简正频率附近（前 3 阶），由于声场存在明显分布，需要选择合适位置才能不显著影响振动响应。

（3）混响水池声场边界及适用频带对声源振动响应的影响，与对声源近场影响规律基本一致。

（4）圆柱壳模型在不同水池中低频辐射时，辐射阻抗受混响水槽边界影响相对自身机械阻抗是小量，表面振动变化在 10% 以内，标准声源在混响水槽中的低频振动特性结论（（1）～（3））同样适合结构模型。

7.4　近场声强分离法甚低频声学测试技术理论及实验研究

工程上关心水下声源低频特性的测量问题，这个问题无论在外场、消声水池还是混响水池都是难题，并且频率越低问题则越突出，越是测不准甚至测不到。本节针对混响水池中水下结构受激振动声辐射的低信噪比的甚低频段，采用近场声强分离法测试声源辐射声功率，开展相应的理论分析、数值模拟以及实验研究等工作。

7.4.1　近场声强分离法声源甚低频声功率测试原理

如图 7-48 所示，在声源辐射声场的近场选取合适的包络面，I_o 表示包络面上一点处声源的自由场辐射声强的法向分量，规定其沿外法线方向为正。I_r 表示该

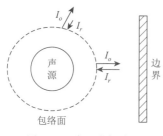

图 7-48　有限空间声源
辐射声场模型

点处反射波声强的法向分量，它是由边界的反射带来的，规定其沿内法线方向为正。I_o 和 I_r 沿法线方向反向，I_r 体现了有限空间边界对 I_o 的影响。

当声源存在明显的指向性时，也就意味着包络面上不同点处 I_o 的大小是不同的。另外，由于边界的存在，有限空间中形成了非常复杂的声场分布，因此包络面上不同点处 I_r 的大小也各异，但在同一点处 I_o 和 I_r 之间满足下列两式：

$$I_a(f) = I_o(f) - I_r(f) \tag{7-15}$$

$$I_t(f) = I_o(f) + I_r(f) \tag{7-16}$$

式中，$I_a(f)$ 表示包络面上一点处法向上的有功声强；$I_t(f)$ 表示该点处法向上的总声强。由上述两式可以得到包络面上该点处 I_o 的表达式：

$$I_o(f) = \frac{1}{2}(I_a(f) + I_r(f)) \tag{7-17}$$

式（7-15）～式（7-17）反映了近场声强分离法的核心思想。然后利用各点处的 I_o 在整个包络面上进行积分计算，即可得到声源的辐射声功率：

$$W = \iint I_o(f)\mathrm{d}S \tag{7-18}$$

式中，W 表示声源的辐射声功率；S 表示包络面。

在边界的影响下，有限空间中的声场分布与自由场大不相同，因此无法直接获取包络面上各点处的 $I_o(f)$，但是可以测量得到包络面上各点处 I_a 和 I_t 的值，从而间接获得声源的辐射声功率。

采用近场声强分离法甚低频声学测试技术在有限空间中测量声源的辐射声功率，其关键问题在于如何准确测得包络面上各点处 $I_a(f)$ 和 $I_t(f)$ 的值。有功声强 $I_a(f)$ 就是一般意义下的声强，即瞬时声强在一段时间内的平均值：

$$I_a(f) = \frac{1}{T}\int_0^T I_t(r,t)\mathrm{d}t = \frac{1}{2}\mathrm{Re}(P \cdot U^*) \tag{7-19}$$

式中，$I_t(r,t)$ 表示瞬时声强；P 表示声压频域值；U^* 表示包络面上该点处法向上质点振速频域值的复数共轭；$\mathrm{Re}(\cdot)$ 表示取复数的实部。

有功声强代表着声源向外辐射的能量，通过测量包络面上各点处的声压和法向质点振速信息，即可得到对应的 $I_a(f)$。而总声强则反映了声场中的总能量，可以利用一点处的声能量密度来描述。

有限空间中声源激发的声场可以看作 $I_o(f)$ 和 $I_r(f)$ 的叠加，二者叠加得到的声能量密度 $E_0(r,t)$ 再与能流速度 c 进行乘积后在时域上进行积分计算，即可得到包络面上该点处总声强的表达式：

$$E_0(r,t) = \frac{1}{2}\left(\rho_0 \cdot u^2(r,t) + \frac{p^2(r,t)}{c_0^2 \cdot \rho_0}\right) \qquad (7\text{-}20)$$

$$I_t(f) = \frac{1}{T}\int_0^T E_0(r,t) \cdot c_0 \mathrm{d}t = \frac{1}{4}\left(\rho_0 \cdot c_0 \cdot |U|^2 + \frac{|P|^2}{\rho_0 \cdot c_0}\right) \qquad (7\text{-}21)$$

式中，ρ_0 表示介质的密度；声场中各点的 $p(r,t)$、$u(r,t)$ 值不同，因而声能量密度既是空间的函数，又是时间的函数；$|\cdot|$ 表示取复数的模值。

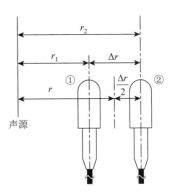

图 7-49　双水听器位置布放

要得到声强必须同时测量到声压和质点振速，采用双水听器技术可以较好地解决这个问题，双水听器位置布放示意图如图 7-49 所示。利用欧拉方程可以求出小振幅声场中声压和质点振速的关系式：

$$u(t) = -\frac{1}{\rho}\int \frac{\partial p(t)}{\partial x}\mathrm{d}t \qquad (7\text{-}22)$$

当两水听器间的距离 Δr 远远小于波长 λ 时，$\dfrac{\partial p(t)}{\partial x}$ 可以近似改写为 $\dfrac{p_2(t) - p_1(t)}{\Delta r}$，于是欧拉方程可以改写为

$$u(t) = -\frac{1}{\rho\Delta r}\int (p_2(t) - p_1(t))\mathrm{d}t \qquad (7\text{-}23)$$

两水听器之间中点处的声压可以认为是 $p_1(t)$ 及 $p_2(t)$ 的平均值：

$$p(t) = \frac{p_1(t) + p_2(t)}{2} \qquad (7\text{-}24)$$

令 $p(t)$、$u(t)$ 的傅里叶变换分别为 $P(f)$、$U(f)$，得如下关系式：

$$P(f) = \frac{P_1(f) + P_2(f)}{2} \qquad (7\text{-}25)$$

$$U(f) = -\frac{1}{\mathrm{j}\omega\rho_0\Delta r}(P_2(f) - P_1(f)) \qquad (7\text{-}26)$$

式中，$P_1(f)$、$P_2(f)$ 分别为 $p_1(t)$、$p_2(t)$ 的傅里叶变换。由此可以获得声场中各点处的声压频域值及法向质点振速频域值。

通过测量包络面上各点处的声场信息，计算相应的有功声强 $I_a(f)$ 和总声强 $I_t(f)$ 的值，可以得到各点处的自由场辐射声强 $I_o(f)$，从而在有限空间中获得声源的辐射声功率。

7.4.2　混响水槽近场声强分离法标准声源甚低频声功率测量

1. 实验系统

实验在矩形玻璃水槽和 L 形铁箱水槽中进行。声源采用球形无指向性声源，其半径为 5cm，用铝架和丝杠将声源吊放在水槽中，如图 7-50 所示。保持声源球心和两个水听器三者共线，水听器距球心的距离分别为 5.8cm 和 7.8cm。

图 7-50　实验现场（三）

测量系统如图 7-51 所示，由信号源（Agilent 33210A）产生的正弦信号经功

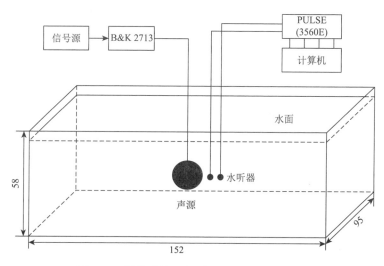

图 7-51　测量系统示意图（三）（单位：cm）

率放大器（B&K 2713）放大后加到球形声源。水听器
（B&K 8103）收到的信号直接送入采集器（PULSE 动态
信号分析仪），便可得到其频域信息。然后根据采集的数
据计算出声源的辐射声功率。

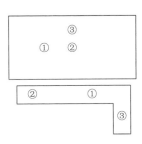

　　根据实验需要，在矩形水槽和 L 形水槽中分别选取
了声源在三个不同位置处进行测量，如图 7-52 所示。测
量的频率范围低于水槽的首阶简正频率，矩形玻璃水槽
首阶简正频率约为 1500Hz，L 形铁箱水槽约为 3000Hz。

图 7-52　声源位置示意图

2. 矩形玻璃水槽中声源甚低频声功率测量结果及分析

　　表 7-6 给出了玻璃水槽中三个位置处的具体测量值。图 7-53 从上至下分别给
出了位置 1 至位置 3 处的测量结果图，理论值是利用声压级归算的方法在自由场
中所测数据。如表 7-6 所示，三个位置处的测量结果与理论值的差别基本上不大
于 2dB，可以初步确认本章方法的可行性。其中位置 1 和位置 3 处的测量结果非
常接近，但与位置 2 处的测量结果稍有不同，因为它们更接近于边界。由此可见，
声源位置对测量结果有一定的影响。

表 7-6　玻璃水槽中不同位置处测量值

频率	位置 1	位置 2	位置 3	理论值
1200Hz	126.65dB	126.98dB	126.72dB	125.44dB
1300Hz	128.03dB	128.67dB	128.12dB	126.93dB
1400Hz	128.68dB	130.39dB	128.77dB	128.13dB

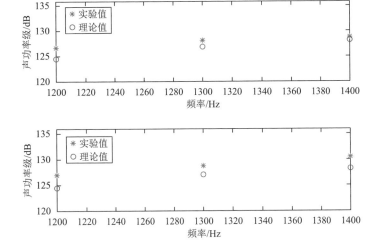

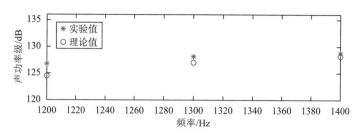

图 7-53　玻璃水槽中声源辐射声功率测量结果

3. L 形铁箱水槽中声源甚低频声功率测量结果及分析

表 7-7 给出了铁箱水槽中三个位置处的具体测量值，图 7-54 从上至下分别给出了位置 1～位置 3 处的测量结果图。

表 7-7　铁箱水槽中不同位置处测量值

频率	位置 1	位置 2	位置 3	理论值
1200Hz	126.22dB	125.63dB	125.35dB	124.44dB
1300Hz	127.70dB	127.09dB	126.79dB	126.93dB
1400Hz	127.62dB	126.75dB	126.79dB	128.13dB
1700Hz	130.80dB	130.32dB	130.26dB	131.22dB
2000Hz	133.09dB	133.11dB	132.69dB	133.44dB

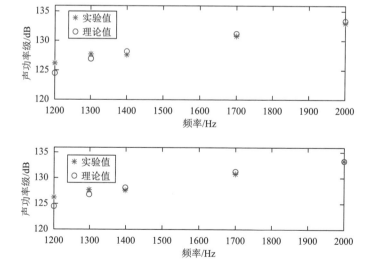

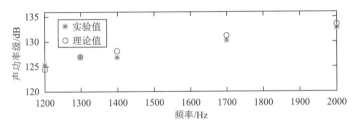

图 7-54　铁箱水槽中声源辐射声功率测量结果

如表 7-7 所示，三个位置处的测量结果与理论值的差别不大于 2dB，进一步验证了本章方法的可行性。

7.4.3　圆柱壳模型辐射声功率的近场声强分离测量方法研究

进一步将近场声强分离测量声源辐射声功率的方法用于圆柱壳模型的辐射声功率测量。利用水听器阵测量圆柱壳模型近场声场，通过双水听器技术对圆柱壳模型近场声强进行分离得出圆柱壳模型的辐射声功率。

1. 圆柱壳模型辐射声功率的仿真计算

首先，对近场声强分离的测量方法进行了仿真研究，利用声学有限元软件 ACTRAN 对圆柱壳模型在封闭空间和自由场中的声场进行了仿真，仿真计算中在圆柱壳模型的近场加入了测点采集声场的声压。

仿真计算模型如图 7-55 所示，由于圆柱壳模型为轴对称模型，所以在进行 ACTRAN 计算时采用轴对称模型进行计算。其中圆柱壳半径为 0.1m，长 1m，厚度为 0.003m。流体域为一半径为 1.5m、长 2m 的圆柱形绝对软边界流体域。在圆

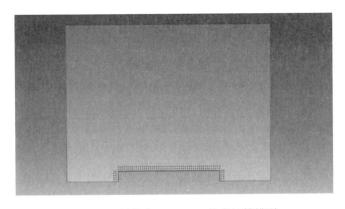

图 7-55　圆柱壳 ACTRAN 仿真计算模型

柱壳模型的中间位置施加单位力激励圆柱壳模型振动。在距离圆柱壳 2cm 处和 4cm 处设置场点形成测量包面，测点间距离为 2cm，并使所取包面能完整的包围圆柱壳模型。在进行圆柱壳模型在自由场中的仿真计算时，在流体域的边界处添加声学无限元边界模拟自由场条件。在仿真计算时，在流体域的边界处添加绝对软边界条件，仿真计算的频率步长为 5Hz。

通过仿真计算得到测点声压，通过双水听器测声压梯度方法计算两测点中间位置的声压和振速并计算包面的自由场辐射声强并进一步计算出辐射声功率。仿真计算得到圆柱壳模型的辐射声功率窄带结果如图 7-56（a）所示，1/3 倍频程结果如图 7-56（b）所示，仿真计算中混响水池的首阶共振频率为 540Hz，针对首阶简正频率以下频段对圆柱壳模型 100～500Hz 的辐射声功率进行了仿真计算。在进行辐射声功率计算时还采用了封闭包络面法进行了计算。从图 7-56（a）中可以看出，采用近场声强分离法测量得到的辐射声功率和圆柱壳模型的自由场辐射声功率基本一致，而采用封闭包络面法测量时没有对反射波进行处理得到的辐射声功率较自由场结果偏大。从图 7-56（b）中可以看出，采用近场声强分离法得到的测量值与自由场声功率的 1/3 倍频程结果相差 1dB 以内，验证了近场声强分离法测量模型辐射声功率的可行性，为后续开展圆柱壳模型近场声强分离法的实验测量打下了基础。

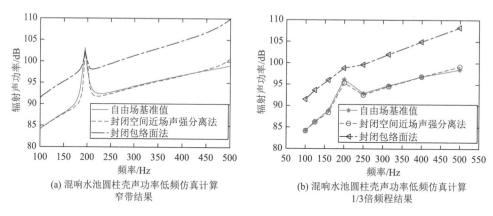

(a) 混响水池圆柱壳声功率低频仿真计算　　　　(b) 混响水池圆柱壳声功率低频仿真计算
　　　　　　窄带结果　　　　　　　　　　　　　　　　1/3 倍频程结果

图 7-56　混响水池圆柱壳模型低频辐射声功率的仿真计算结果

2. 封闭空间中圆柱壳模型辐射声功率预报的实验验证

下面开展仿真计算的实验验证工作，其中图 7-57 是实验所用的圆柱壳模型照片。仿真计算模型如图 7-58 所示，其中，圆柱壳模型长 1m，上下盖板厚 0.02m，壳厚 0.003m，半径 0.08m，材质为钢，在轴向 0.375m 沿径向施加单位力激励。流体域参照实验所用尺寸为 1.5m×1.2m×1.1m 的不锈钢水槽建立，在流体域的外表面添加绝对软边界来模拟水槽边界，圆柱壳模型位置在水槽的中心。沿圆柱壳模型的轴向每隔 0.1m 在圆周方向均布 10 对场点，分别距壳表面 1.5cm 和 4.5cm。仿真计算的频率范围为 300～1300Hz，频率间隔为 5Hz。

(a) 圆柱壳模型照片　　　　　　　　　(b) 铁箱水槽照片

图 7-57　原理实验验证模型与测试环境

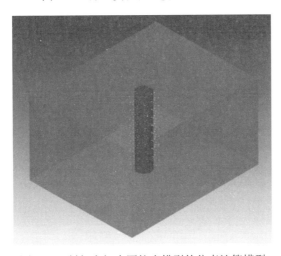

图 7-58　封闭空间中圆柱壳模型的仿真计算模型

实验时无法测量准确激励的幅度，因此须通过实验结果对仿真计算结果进行幅度上的修正。实验时水听器阵沿圆柱壳模型圆周方向旋转十个位置，相当于测量了圆柱壳模型近场 180 个位置的声压 $p_i(i=1,2,\cdots,180)$，仿真计算时在圆柱壳模型的近场也布置了 180 个场点采集声场声压 $p_j(j=1,2,\cdots,180)$。计算实验时 180 个测点声压 p_i 的平均值 $\bar{p}_i$ 和仿真计算中 180 个测点的平均声压 $\bar{p}_j$，利用实验和仿真计算的测点平均声压得到修正系数 $\alpha=\bar{p}_i/\bar{p}_j$，利用这一修正系数对仿真计算中的测点声压进行修正得到修正后的测点声压 αp_j，利用修正后的测点声压计算圆柱壳模型的辐射声功率。

　　结合仿真结果分别采用封闭包络面法和近场声强分离法计算了圆柱壳模型的辐射声功率，其窄带结果如图 7-59 所示。从图 7-59 中可以看出，采用近场声强分离法得到的辐射声功率和实验结果一致。由于封闭包络面法没有考虑声场边界的反射，计算得到的声功率较圆柱壳模型辐射声功率的真值偏大。

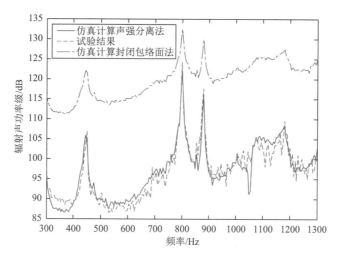

图 7-59　圆柱壳模型辐射声功率的仿真和实验窄带结果对比

　　结合仿真结果采用近场声强分离法计算得到圆柱壳模型辐射声功率的 1/3 倍频程结果如图 7-60 所示。从图 7-60 可以看出，圆柱壳模型的仿真计算和实验的 1/3 倍频程结果相差 2dB 以内。

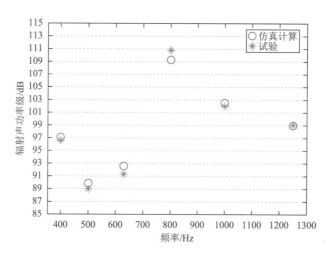

图 7-60　圆柱壳模型辐射声功率仿真和实验 1/3 倍频程结果对比

3. 不同混响水槽中圆柱壳模型的辐射声功率测量

1）实验系统

实验所用圆柱壳模型长 1m（不计上下盖板厚），壳厚 0.003m，半径 0.08m，在轴向 0.375m 沿径向施加机械激励，激励源为纵振动棒。水听器阵由两列九行共 18 个阵元构成，沿圆柱壳的轴向每隔 0.1m 布放一对 B&K 8103 水听器，令每一行中对应的两个水听器声中心的连线与圆柱壳径向一致，分别距壳表面 1.5cm 和 4.5cm。水听器阵与圆柱壳模型通过可旋转的钢架连接，参照图 7-61。通过旋转水听器阵对圆柱壳模型的近场声场进行扫描形成测量包络面。

图 7-61　圆柱壳模型及水听器阵

由于圆柱壳模型上下盖板厚重，可以忽略盖板处的辐射声能，所以选取比圆柱壳模型稍大的柱面作为测量包络面。以两列水听器的中垂线为母线旋转一周，即可得到柱形包络面。测量时，通过旋转带有水听器阵的钢架到几个特定角度，使整个柱形包络面离散成数个小面元，旋转位置参照图 7-62。

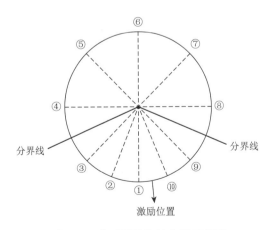

图 7-62　水听器阵旋转位置示意图

位置①、③～⑨之间，每相邻两个位置相隔 45°。为精确采集激励位置附近的声能，在位置①和⑨正中间加入位置⑩，在位置①和③正中间加入位置②。记整个柱形包络面的面积为

$$S = 2\pi rH \tag{7-27}$$

式中，$r = 0.11\text{m}$，表示双水听器中心与圆柱壳轴线的径向距离；$H = 1\text{m}$，表示圆柱壳模型的高度。

缩进根据旋转位置的疏密，将包络面从分界线处分成两部分，按角度的占比可以得到各自的面积：

$$S_1 = \frac{135}{360} \cdot S = 0.375S \tag{7-28}$$

$$S_2 = \frac{225}{360} \cdot S = 0.625S \tag{7-29}$$

所以位置①、②、③、⑨、⑩处，各面积单元大小：

$$\Delta S_1 = \frac{0.375 \cdot S}{5 \times 9} \tag{7-30}$$

位置④、⑤、⑥、⑦、⑧处，各面积单元大小：

$$\Delta S_2 = \frac{0.625 \cdot S}{5 \times 9} \tag{7-31}$$

面积单元划分如图 7-63 所示，机械激励源位置已用实心圆点标出。

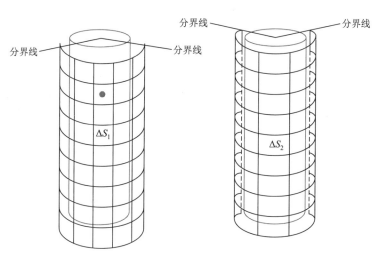

图 7-63　柱形包络面面积单元划分

利用双水听器测得的声压和质点振速信息计算得到各个面元对应的自由场辐射声强，即可得到声源的辐射声功率：

$$W = \iint I_o(f)\,\mathrm{d}S = \sum_{i=1}^{n}((I_o)_i \cdot \Delta S_i) \qquad (7\text{-}32)$$

式中，ΔS_i 表示包络面上的第 i 个面积单元的面积；$(I_o)_i$ 表示第 i 个面积单元所对应的自由场辐射声强。

先后在不锈钢水槽（1.5m×1.2m×1.1m）、铁箱水槽（9m×3.1m×1.7m）、玻璃水槽（1.5m×0.92m×0.6m）和消声水池（25m×15m×10m）中开展了实验研究。在不锈钢水槽、铁箱水槽和消声水池中，将圆柱壳模型沿长度方向吊放于水中进行测量。由于玻璃水槽的深度过浅，只能将圆柱壳模型横向吊放于水中进行测量。具体情况参照图 7-64～图 7-66。

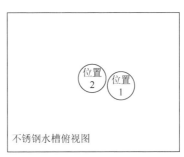

(a) 不锈钢水槽照片　　　　　　　　　　(b) 布放位置

图 7-64　不锈钢水槽及圆柱壳模型位置示意图

(a) 铁箱水槽照片侧视图　　　　　　　　(b) 铁箱水槽照片俯视图

(c) 布放位置

图 7-65　铁箱水槽及圆柱壳模型位置示意图

(a) 水槽照片侧视图　　　　　　　　　　　(b) 水槽照片俯视图

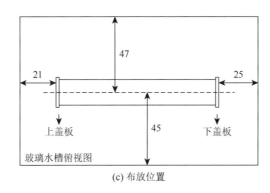

(c) 布放位置

图 7-66　玻璃水槽及圆柱壳模型位置示意图（单位：mm）

如图 7-64 所示，在不锈钢水槽中，将圆柱壳模型沿长度方向吊放于水中，圆柱壳下端坐底，上端接近于水面，选择两个不同位置进行实验测量。

如图 7-65 所示，在铁箱水槽中，将圆柱壳模型沿长度方向吊放于水中，圆柱壳下端距水底 0.4m，上端距水面 0.3m。

如图 7-66 所示，在玻璃水槽中，将圆柱壳模型上下两端经绳牵引横向吊放于水中，圆柱壳模型轴线与水面的垂直距离为 0.23m。

缩进圆柱壳模型在消声水池中测量时，将圆柱壳模型及水听器阵放在消声水池中间位置深度 5m 处。

测量系统如图 7-67 所示，由信号源产生的窄带白噪声（300～1200Hz）信号经功率放大器（B&K2713）放大后激励圆柱壳声源，水听器（B&K8103）采集到的信号直接送入 PULSE 动态信号分析仪进行后期处理。在圆柱壳表面粘贴了两支水密加速度计采集圆柱壳振动状态并进行分析。实验开始前，旋转钢架，使水听器阵到达位置①，然后开始逐个频点进行测量。按照顺时针方向，从位置①逐个旋转至位置⑩，每个位置处都要按照相同频点进行实验测量。利用采集到的数据计算出圆柱壳声源的辐射声功率。

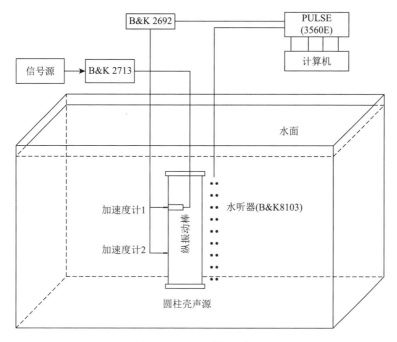

图 7-67   测量系统示意图

2）圆柱壳模型低频辐射声功率测量分析

如表 7-8 所示，除 800Hz 以外，不同水槽中的测量结果均有良好的一致性，在同一测试频率下，不同水槽的测量结果与消声水池相比差值不足 2dB，这也验证了本章方法的可行性。在 800Hz，由于测试频率接近于圆柱壳模型本身的模态，壳体振动较为剧烈，圆柱壳模型的辐射声功率显著增大。在这种状态下，圆柱壳模型在水中的吊放姿态很有可能会影响到圆柱壳模型本身的振动情况，所以玻璃水槽中的测量结果与其他水槽相比差距较大。

表 7-8   圆柱壳模型辐射声功率测量结果汇总

频率/Hz	不锈钢水槽位置1 处测量值/dB	不锈钢水槽位置2 处测量值/dB	铁箱水槽测量值/dB	玻璃水槽测量值/dB	消声水池测量值/dB
300	132.42	131.38	131.91	131.68	131.28
500	123.76	121.50	122.97	124.00	122.51
700	132.11	129.88	130.47	132.94	131.47
800	161.02	158.92	159.30	153.22	158.67
900	136.55	136.31	136.14	137.36	135.79
1000	138.28	137.40	137.72	139.16	137.78
1200	140.21	139.28	139.31	141.16	141.03

实验的测量结果有一定的起伏，有以下两点原因。

（1）实验采用双水听器技术获取声场信息，其原理是利用有限差分近似的思想，由于双水听器技术测量得到的声压和质点振速信息本身具有一定的不确定度，所以对本次实验的测量结果造成了一定的起伏。

（2）实验过程中，需要旋转钢架至不同位置进行测量，每次旋转前需关闭测量系统并将模型提出水面进行操作，无法保证每次旋转后的测量状态相同，这给本次实验的测量结果造成了一定的起伏。

结合实验结果及分析，对实验进行总结，有以下几条结论。

（1）实验方法基于流出和流入测量包络面的能量分离，与声源自身特性无关，因此适用于复杂声源的声功率混响水槽测量。

（2）声源近场声受混响水槽边界界面的干涉影响不能忽略，与声源特性和边界特性有关，但所提方法理论上不受边界条件限制。

（3）利用近场声强分离方法可以在不同尺寸的混响水槽中较准确地测量声源的辐射声功率，且测量误差在 2dB 以内。

第 8 章　水声换能器混响声场校准方法

　　水声计量是声学计量中的一个重要分支，也是水声技术领域一个重要的基础。近年来，水声设备类型不断增多、频率范围持续扩展、性能逐步提高，这都对水声计量和测试工作提出了许多新要求。水声换能器的校准能力体现了一个实验室计量水平，也影响着一个国家的国际话语权。校准精度对水声设备应用准确性、水声研究的发展和水声量值的传递都有着重要意义[1]。水声换能器的校准方法，按照校准等级可以分为一级校准法和二级校准法。互易法是一种常用的一级校准法，比较法是一种常见的二级校准法。按照校准声场环境的不同又可分为多种校准方法。我国已经颁布了水声换能器校准方法的国家标准，如下详细列举：《声学　水听器》（GB/T 4130—2017）、《声学　水声换能器自由场校准方法》（GB/T 3223—1994）、《声学　水听器加速度灵敏度校准方法》（GB/T 17251—1998）、《声学　水声换能器测量》（GB/T 7965—2002）、《声学　水声发射器的大功率特性和测量》（GB/T 7967—2002）、《水听器相位一致性测量方法》（GB/T 16165—1996）。

　　水声换能器的混响声场校准方法是一种能够降低水池校准下限频率，并且能够有效提高校准效率的方法。本章主要侧重于利用混响声场进行水听器灵敏度和发射换能器发送响应的测量。8.1 节主要论述混响声场互易法的理论、实验测量方法和测量的评定方法，并以实施例的形式供读者实际操作；8.2 节主要论述混响声场比较法测量方法；8.3 节着重于解决水听器批量校准问题；8.4 节针对低频段的校准问题提出拓展校准方法。

8.1　水声换能器混响声场互易校准方法

　　1961 年，Diestel[2]最先提出扩散场理论假设下的扩散场互易常数，在混响室中对传声器进行互易校正，在空气声学中得到了一定发展[3-6]。在 1963 年，南京大学吴文虬等[7]利用扩散声场传声器校正方法测量水听器灵敏度，其采用定点 1/3 倍频程内平均的方式，测量 10～16kHz 结果与出厂时测得的灵敏度差 2dB，他们将产生误差的原因归结于水槽中获得的声场扩散不够理想。正如前面提到的水声扩散场很难生成，基于扩散场理论的水声换能器校准很难实现，此后的混响法校准鲜有提及，直到非扩散场的空间平均方法的提出，混响声场水声换能器校准得以实现。

水听器的混响声场灵敏度定义为：水听器放入混响声场中输出开路电压的均方根值$(e_o)_{rms}$与水听器放入前该处混响声场声压的均方根值$(p_r)_{rms}$之比[8]。即

$$M_r = \frac{(e_o)_{rms}}{(p_r)_{rms}} \qquad (8\text{-}1)$$

对于无指向性水听器混响声场电压灵敏度大小等于自由场电压灵敏度。如果是有指向性水听器，则它的灵敏度与指向性因素$D(\theta, \varphi)$有关。

8.1.1　校准原理

1. 互易校准法理论基础

混响声场互易校准法是在混响声场条件下应用互易原理开展水听器灵敏度绝对测量的方法。互易原理是声学测量的重要基础，是根据声学的声场互易定理和线性换能器的机电互易定理推导出来的[9]，适用于任何的线性、互易系统。

1）声场互易定理

在线性声学范围内，自由场中任意两点的发射与接收状态是互易的。设在A点放置一个1号换能器，作为发射器辐射声能，在其振动表面作一个封闭曲面s_1，各点表面振速为$u_1(s)$，在B点放置一个2号换能器，作为接收器，在其振动表面作一个封闭曲面s_2，此面上接收到1号换能器产生的声压$p_2(s)$。当2号换能器振动表面以振速$u_2(s)$振动辐射时，在1号换能器表面接收到的声压$p_1(s)$。声场的互易关系可以表示为

$$\oiint_{S_1} p_1(s) u_1(s) \mathrm{d}s = \oiint_{S_2} p_2(s) u_2(s) \mathrm{d}s \qquad （8\text{-}2）$$

当1号、2号换能器可视为点源和点接收器时，接收面上的声压即为该点处自由场声压，而振速的面积积分为点声源的声源强度U，因此导出

$$\frac{p_1}{U_2} = \frac{p_2}{U_1} \qquad （8\text{-}3）$$

这表示声场中A、B两点转移声阻抗相等。更一般地认为：当采用同一发射-接收装置时，在声场中任意两点间互换发射-接收位置，其转移声阻抗是相等的。

2）机电互易定理

对一个线性可逆的机电换能器，通常可用一个具有两个电路端和两个机械端的机电四端网络来表示它的外部特性。作为接收器时，在接收状态下电路端为开路，即输出端无电流输入。作为发射器时，在发射状态下机械端不受外力作用，即发射器无反射声作用。根据机电互易定理，对于任意线性、互易的机电换能器，其互易性表示为

$$\left.\frac{e}{F}\right|_{i=0} = \left.\frac{u}{i}\right|_{F=0} \tag{8-4}$$

式中，e 表示接收器的开路电压；i 为发射器的激励电流；F 为作用在接收器的外作用力；u 为发射器的振动速度；等式左边为机电换能器在开路接收状态下的接收特性，等式右边为换能器在自由发射状态下的发射特性。

3）电声互易定理

把声场互易定理和机电互易定理结合起来，便可得出由声场和换能器组成的电声互易定理。假设一个线性、可逆、无源的声场，将换能器置于声场中，其发射声中心与 A 点重合，当给换能器通入电流 i，则在其振动面上产生一个振动速度 u，并在其声压轴上距离声中心 d（m）的 B 点上产生一个自由场电压 $p(B)$；然后，把一个辅助点源（其声源强度为 U_2）置于 B 点，1 号换能器改作接收器，在其接收面上产生的作用力近似为 $F_1(A) = p(A)S_1$，其中，S_1 为 1 号换能器有效接收面的面积，并测出 1 号换能器电路段的输出开路电压 e_{oc}，则由前序换能器的机电互易定理和声场互易定理可得

$$\left.\frac{e_{oc}}{F_1(A)}\right|_{开路接收} = \left.\frac{u}{i}\right|_{自由发射} \tag{8-5}$$

$$\frac{F_1(A)}{U_2} = \frac{p(B)}{u} \tag{8-6}$$

以上两式等号两侧相等得

$$\frac{e_{oc}}{U_2} = \frac{p(B)}{i} \tag{8-7}$$

式中，等式左边表示的是 1 号换能器的接收性能，即它在声源强度为 U_2 的点源作用下所产生的开路电压 u_{oc}；而等式右侧表示的是 1 号换能器的发射性能，表示它在自由发射条件下，在其声轴上 d（m）处所产生的自由场声压 $p(B)$ 与其输入电流 i 之比，即 1 号换能器的发送电流响应 S_i。因为描述换能器接收性能优劣的电声阐述是其自由场电压灵敏度 M，所以 1 号换能器是个线性可逆的电声换能器，则它的发送电流响应 S_i 与接收灵敏度 M 之间的转换存在着一定的关系。将式（8-7）转化为

$$\frac{e_{oc}}{U_2} = M \cdot \frac{p(A)}{U_2} \tag{8-8}$$

式中，$p(A)$ 为 1 号换能器等效声中心所放置处的自由场声压；$p(A)/U_2$ 为此声场中 A、B 两点间的转移声阻抗。将式（8-7）代入式（8-8），则得

$$\frac{M}{S_i} = J_S \tag{8-9}$$

式中

$$J_S = \frac{U_2}{p(A)} \tag{8-10}$$

称为该换能器的互易常数，在线性声场中表示声源和观测点之间的转移声导纳，或者认为是一个线性可逆电声换能器的自由场灵敏度与其发送电流响应之比是个常数，是与信号类型变化的常数。

2. 混响声场互易定理

在混响声场中，由声源强度与混响声平均声压建立的传递函数是不受位置影响的，满足交换位置的互易性，并且声源强度与混响声平均声压成正比，这种互易性和线性关系是满足互易定理的必要条件。

一个线性、无源、可逆的换能器在用作水听器时的自由场灵敏度 M 与用作发射器时的发送电流响应 S_i 之比为互易常数，它与换能器本身的结构无关，只与声场有关。互易常数又可表示为

$$J_S = M / S_i = (e_{oc} / p_f) / (p_r / i) \tag{8-11}$$

对于自由场球面波互易常数 $J_S = 2r / (\rho_0 f)$。假设在自由场中存在点源和接收水听器，声源在 $\mathrm{d}\Omega$ 的立体角内声能 $\mathrm{d}W$，$\mathrm{d}W = (r^2 P_r^2 / (\rho_0 c_0))\mathrm{d}\Omega$，$r$ 为点源与水听器间距。将 J_S 和 $\mathrm{d}W$ 代入式（8-11）中，有

$$\frac{e_{oc}^2}{p_f^2} = \left(\frac{2}{\rho_0 f} \right)^2 \frac{\rho_0 c_0}{i^2} \frac{\mathrm{d}W}{\mathrm{d}\Omega} \tag{8-12}$$

得到的关系与距离无关。混响声场中空间各点的声场可以认为是由无数反射射线叠加而成，且任意一点处来自各个方向的射线相位概率是均等的。因此，混响声场中水听器电压灵敏度 M_r 可以写为

$$M_r^2 = \frac{1}{4\pi} \int \frac{e_{oc}^2}{p_f^2} \mathrm{d}\Omega \tag{8-13}$$

$$M_r^2 = \frac{1}{4\pi} \left(\frac{2}{\rho_0 f} \right)^2 \frac{\rho_0 c_0}{i^2} W \tag{8-14}$$

式中，下标 r 表示混响声场；W 是点声源辐射声功率。得到混响声场互易常数 J_r：

$$J_r = \frac{1}{2\rho_0 f} \sqrt{\frac{R_0}{\pi}} = \frac{2r_c}{\rho_0 f} \tag{8-15}$$

式中，R 为封闭空间常数。在形式上，混响声场互易常数与自由场互易常数相似，

都是与介质密度和声源辐射频率有关，只是用混响声场混响半径代换自由场换能器等效声中心距。因此，只需求得混响半径或房间常数，即可得到互易常数。无论房间常数还是混响半径都需要测量混响水池的混响时间，因此混响声场互易常数的混响时间表示方法为

$$J_r = \frac{2.1}{\rho_0 f} \sqrt{\frac{V}{cT_{60}}} \tag{8-16}$$

式中，房间常数采用 Sabine 公式，若为提高计算精度可采用 Eyring 公式等。

可以将混响半径理解为：混响声场中混响声平均声压值等于自由场中距离声源 r_c 位置处的声压值。混响声场中可以通过空间平均的方法得到混响声平均声压 $\langle P_r \rangle$，在自由场中测量距离声源声中心 r 处的声压 P_f。由于水听器的输出开路电压与水听器所在位置处声压成正比，因此混响半径可以表示为

$$r_c = r \cdot P_f / \langle P_r \rangle = r \cdot e_f / \langle e_r \rangle \tag{8-17}$$

式中，e_f 和 $\langle e_r \rangle$ 分别为自由场和混响声场中水听器开路电压，$\langle \cdot \rangle$ 表示空间平均方法得到的均方根值。所以互易常数可以表示为

$$J_r = \frac{2r}{\rho_0 f} \frac{e_f}{\langle e_r \rangle} \tag{8-18}$$

由此可以发现：混响声场和自由场之间存在着转换关系，从声压角度来看，混响半径已经不仅仅是一个长度量，而是可以建立不同场之间的修正关系，用于水下结构辐射测量等。在测量操作中，采用同一组发射-接收装置，保持固定的发射参数，在自由场和混响声场分别测量水听器的开路电压，即可得到混响声场互易常数。同样，在不同介质中也可以采用此方法得到互易常数。

8.1.2　校准条件

1. 频率范围

混响声场互易法校准在理论上对校准的频率不存在限制，但由于实施中的校准设施和技术上的原因而有一定的限制。

（1）低频限制。

水声换能器的混响声场校准下限频率与混响水池的尺度、边界声学特性有关。对于给定混响水池，适用的校准下限频率为 Schroeder 截止频率。

（2）高频限制。

校准的上限频率受限于水介质和池壁的吸收影响。在不考虑水吸收的校准上限频率为几十千赫兹。

2. 校准系统

选择用作混响声场校准的混响水池时，一般都是利用具有较高反射系数的非消声水池，通常反射系数不低于 0.7。

在混响水池中搭建校准系统，除测量仪器外，需要对水池的混响区域进行划分。在混响声场中，临界距离与混响水池的尺寸和池壁特性有关，可通过混响水池的混响时间得到，混响声场中声源的临界距离 r_c 的表达式为

$$r_c = 0.25\sqrt{R/\pi} = 1.05\sqrt{V/(c_0 T_{60})} \tag{8-19}$$

在混响半径以外，混响声大于直达声，而当距离远远大于混响半径时，直达声可以忽略。混响半径随混响时间的变化而变化，在测量频带内，混响时间变化较小，实际测量中可以取混响半径的最大值。测量中取测量距离大于 $4r_c$，直达声比混响声低 15.6dB，其引起的测量相对误差将小于 1.9dB。根据实际测量，在空间平均过程中，声源和水听器到边界的距离大于 1/4 波长，将减少池壁和水面反射带来的影响。因此，在正式校准之前应首先划定实验区域。

将混响水池分为两个混响移动区，即发射移动区域和混响控制区，如图 8-1 所示。

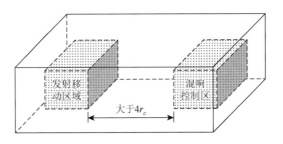

图 8-1　测量区域示意图

将所使用的发射换能器、互易换能器和接收水听器置于混响水池中，发射器以稳定的速率向池中发射声波。当声场达到稳定时，混响声场由直达声和混响声组成，对于无指向性球形声源，直达声的幅值是位置的函数，而根据统计能量法可知声场中混响声能密度是相等的，即混响声压与位置无关。根据图 8-1，可以看出只要接收器（H 或 J）处在发射器的混响控制区，即混响声压远远大于直达声压，即可进行互易校准。

总结起来，校准测量的混响控制区满足如下条件：发射移动区域和混响控制区的区域边界最短距离大于 4 倍混响半径；发射移动区域和混响控制区的距离边界（包括水池池壁和水面）的最短距离大于校准测量频率对应波长的 1/4。校准测量过程中，水声换能器的表面不得超出区域范围。

除此之外，混响水池的背景噪声也是重要的参数，要求背景噪声尽量低等。

8.1.3 校准方法

1. 校准前的准备

在校准前应使用清洁剂将换能器所有表面擦洗干净，应浸泡在水中至少半小时，使换能器表面充分湿润、不附有气泡，最好在换能器的辐射面或接收面上涂一层湿润剂，以保证与水有好的声耦合。这些要求是否满足，可在校准中看其转移电阻抗是否稳定不变来检验。

换能器应预先在测试环境中所需深度处放置一定时间，一般不低于半小时，使换能器与环境温度、压力达到平衡，以保证换能器的性能在测试中保持稳定不变。

换能器应采用细线或弹性支架等方式悬挂，以避免由支架引起的振动对换能器灵敏度的影响。

应经常使水池的水保持干净，注意避免由水质污染引起对测试的影响。

2. 混响声场均匀性验证

在声源产生的混响声场的一定范围内，混响声平均声压为恒定值。混响声场验证就是验证此范围是否满足此规律。此关系可表示为

$$p_m = \left(\lim \sum_{i=1}^{N} \sqrt{p_i^2} \right) \Big/ N \tag{8-20}$$

式中，p_i 为某一时刻某一位置声压幅值。随着点数的增加，p_m 将趋向于恒定值。而在实际的操作中，无法做到无限次取样。对式（8-20）取对数表示为

$$\lg p_m = \lg \sum_{i=1}^{N} p_i - \lg N \tag{8-21}$$

在实际操作测量中，任何不满足因素都将对这一规律造成影响。检验方法是在混响控制区中，空间平均采用 S 形路径扫描移动区域，缓慢移动。根据之前大量实验验证，当测量时长 2min 以上，或平均次数大于 240 次时，误差小于 0.16dB，设定平均次数为 300 次，计算均方根值，并对每个频率测量 6 次取平均值。用偏差表示混响声场的符合程度，以此量值来衡量混响声场的误差。在互易法校准中，要求在校准区域范围内声场的偏差小于 ± 0.5dB。

在混响声场测量区域（图 8-2）内，使用数据采集器进行电压采集，采用边移动边采集的方式，即在一次测量时间内，发射器和接收器开始移动后，数据采集器开始记录采集到的电压有效值。计算电压均方根值 $\langle e \rangle$ 为

$$\langle e \rangle = \left(\frac{1}{N} \sum_{i=1}^{N} e_i^2 \right)^{1/2} \tag{8-22}$$

式中，e_i 为采集到的电压有效值；N 为采集点数。

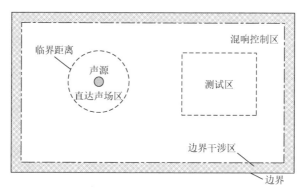

图 8-2　测试区域示意图

需要指出的是，在进行空间平均过程中，随着采集点数（或采集时间）的增加，测量水听器输出开路电压均方值趋于定值。通过选取适当采集点数使输出开路电压均方值波动幅度小于 0.2%后，电压稳定。

3. 换能器线性范围验证

换能器的线性范围是其输入量与输出量之比保持不变时输入量变化的范围。在混响声场中，换能器的线性范围验证方法与自由场不同，通常对于发射换能器而言，用输入电流与混响声压之比表示。对于接收水听器而言，是混响声场中的空间平均声压与其输出开路电压之比表示的。混响声压均为采用空间平均方法测量得到的混响声均方根声压。测定发射换能器-水听器对的转移电阻抗不随输入电流变化的范围。

在校准频段内，采用调节功放增益的方式，在动态范围内验证 F-J 换能器对的转移电阻抗。最大线性误差 0.16dB，满足标准中不大于 0.2dB 的要求。

4. 互易换能器互易性验证

互易换能器的互易性验证是为了检验其线性范围内是否满足电声互易原理。测量方法为：将发射换能器-互易换能器组成换能器对，计算转移电阻抗 $|z_{FH}|$ 和 $|z_{HF}|$ 相等的范围。二者之差 0.39dB，小于标准中规定的频率低于 100kHz 时，二者之差小于 ±0.5dB。

5. 电学参数测量方法

互易校准原理是根据互易换能器遵守的电声互易原理进行的一种绝对校准方法，校准步骤如图 8-3 所示。在混响声场中进行水声换能器校准，其校准步骤与自由场互易法校准步骤一致，都是采用一个发射换能器、一个互易换能器和一个接收换能器，发射换能器和水听器满足线性条件。经过三次测量，分别测量每个作为发射换能器的输入电压和对应接收换能器的开路电压，从而获得发射换能器的发送电压响应和水听器的接收灵敏度，只是在计算中有所差异。

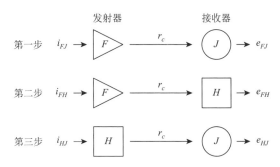

图 8-3　混响声场水声换能器校准步骤

水声换能器的混响水池互易校准，需要三个换能器：发射换能器 F 、互易换能器 H 和接收换能器 J 。其发射响应和接收灵敏度都是未知的。仪器装置与自由场校准相同。将发射器和接收器分别置于发射移动区域和混响控制区。

混响水池中互易校准测量的排布和步骤如图 8-3 所示。校准分三步进行，每一步将发射器置于发射移动区域，接收器置于混响控制区。采用空间平均方法进行操作。

第一步和第二步中，发射换能器 F 作为发射器辐射声信号，互易换能器 H 依次接收换能器 J 作为接收器接收声信号。采用前面所提空间平均方法，测量 H 和 J 的输出开路电压均方根 e_{FH} 和 e_{FJ} 。混响声场中均方根声压 P 与接收换能器输出开路电压满足关系：$e=M_J P$ 。则可得

$$\frac{M_H}{M_J}=\frac{e_H}{e_J} \tag{8-23}$$

与自由场互易法需要严格测量发射器和接收器之间距离相比，混响声场互易法在测量中不需要严格要求距离量，可以在一次测量中同时测量接收换能器和互易换能器的输出开路电压。

第三步，互易换能器 H 作为发射器辐射声信号，接收换能器 J 作为接收器接

收声信号。测量 J 的输出开路电压均方根 e_{HJ} 和 H 的输入电流有效值 i_H （i_H 由串联在电路中的标准电阻两端电压测得），二者之比可表示为

$$\frac{e_{HJ}}{i_H} = \frac{e_{HJ}}{p_r} \cdot \frac{p_r}{i_H} = M_J S_H \tag{8-24}$$

互易换能器的接收灵敏度与发送电流响应之比为其互易常数，将式（8-23）和式（8-24）结合起来，可以得到发射换能器和互易换能器发送电流响应，以及互易换能器和接收换能器开路电压响应：

$$S_{iF} = \left(\frac{\langle e_{FJ} \rangle \langle e_{HJ} \rangle}{\langle e_{FH} \rangle \langle e_H \rangle} R \frac{1}{J_r} \right)^{1/2} \tag{8-25a}$$

$$S_{iH} = \left(\frac{\langle e_{FH} \rangle \langle e_{HJ} \rangle}{\langle e_{FJ} \rangle \langle e_H \rangle} R \frac{1}{J_r} \right)^{1/2} \tag{8-25b}$$

$$M_H = \left(\frac{\langle e_{FH} \rangle \langle e_{HJ} \rangle}{\langle e_{FJ} \rangle \langle e_H \rangle} R J_r \right)^{1/2} \tag{8-25c}$$

$$M_J = \left(\frac{\langle e_{FJ} \rangle \langle e_{HJ} \rangle}{\langle e_{FH} \rangle \langle e_H \rangle} R J_r \right)^{1/2} \tag{8-25d}$$

采用空间平均方法测得声压为混响声平均声压，即为混响声压均方根值，因而输出开路电压为均方根值，用 $\langle \cdot \rangle$ 表示空间平均得到均方根值。

计算互易换能器 H 的自由场电压灵敏度级 M_{HL} 和接收换能器 J 的自由场电压灵敏度级 M_{JL}：

$$S_{FL} = 20 \lg \left(\frac{S_{iF}}{M_e} \right) = 20 \lg(S_{iF}) - 120 \tag{8-26a}$$

$$S_{HL} = 20 \lg \left(\frac{S_{iH}}{M_e} \right) = 20 \lg(S_{iH}) - 120 \tag{8-26b}$$

$$M_{HL} = 20 \lg \left(\frac{M_J}{M_e} \right) = 20 \lg(M_J) - 120 \tag{8-26c}$$

$$M_{JL} = 20 \lg \left(\frac{M_J}{M_e} \right) = 20 \lg(M_J) - 120 \tag{8-26d}$$

式中，M_e 为自由场灵敏度基准值，$M_e = 1 \text{V}/\mu\text{Pa}$。

可以看出，混响声场测定换能器接收灵敏度表达式与自由场表达式相似。只是自由场中测量直达声而混响声场中测量混响声，而且由于声场的不同使得互易常数发生变化。在操作步骤上，只要满足测量区域要求，可以同时对多个换能器进行测量，显著提高了校准效率。

8.1.4　校准不确定度评定

1. A 类不确定度评定

测量不确定度表示测量结果的不可信度，或者说测量质量。测量准确度表示测量结果与被测量值之间的一致程度。

测量不确定度表示的是被测量值之间的分散程度，可用标准差表示，分为 A 类不确定度和 B 类不确定度。其主要来源于：①测量方法、测量系统和测量程序的不确定度；②测量仪器不精确；③测量环境不理想；④测量人员不熟练等。

A 类不确定度评定。A 类不确定度是由于进行多次重复校准实验而获得的随机不确定度，服从统计概率。每次实验相互独立。本次校准过程中每个频率进行 6 次重复独立测量。则单次测量标准差为

$$\sigma = \left(\frac{1}{N-1} \sum_{n=1}^{N} (X_n - \bar{X})^2 \right)^{1/2} \tag{8-27}$$

式中，N 为测量次数；X_n 为第 n 次独立重复测得的换能器灵敏度级；$\bar{X}$ 为 n 次测量值的均值。A 类标准不确定度：

$$u_A = \frac{\sigma}{\sqrt{N}} \tag{8-28}$$

2. B 类不确定度评定

系统误差主要是测试设备的精度和测试环境的影响造成的。校准时所要求的条件如：混响声场的均匀程度，换能器的线性、互易性情况等的不满足所造成的。可以通过提高测试设备的精度和改善测试环境和条件来减少[10]。

在《声学　水声换能器自由场校准方法》（GB/T 3223—1994）中，将每次测量的转移电阻抗用接收器的输出开路电压与发射器的输入电流之比来表示。

$$M_J = \left(\frac{|Z_{FJ}||Z_{HJ}|}{|Z_{FH}|} J_r \right)^{1/2} \tag{8-29}$$

式中，Z_{FJ}、Z_{HJ}、Z_{FH} 分别表示衰减器的读数，dB。混响水池中接收水听器和互易换能器的自由场电压灵敏度级，将各项用分贝表示。

$$\alpha_{FJ} = 20\lg R - 20\lg|Z_{FJ}| \tag{8-30}$$

由于二者在测量时测量参数相同，在此以接收水听器为例，计算其灵敏度级的测量不确定度。

$$M_{JL} = 10(\lg e_{FH} - \lg e_{FJ}) + 10\lg e_{HJ} - 10\lg e_H + 10\lg J_r - 120 \tag{8-31}$$

为了简单起见，将式（8-31）化简为

$$M_{JL} = \frac{1}{2}\left((\alpha_{FH} - \alpha_{FJ}) - \alpha_{HJ} + J_r + C\right) \tag{8-32}$$

式中，J 以分贝计量。由于互易常数是混响半径的函数：

$$J = 20\lg(2r_c / (\rho f)) = 20\lg r_c - 20\lg\rho - 20\lg f - 10.99 \tag{8-33}$$

采用基于混响时间的混响半径计算方法，混响半径的分贝表示：

$$20\lg r_c = 10\lg V - 10\lg c_0 - 10\lg T_{60} - 0.2 \tag{8-34}$$

采用自由场比较法，混响半径的分贝表示：

$$20\lg r_c = 20\lg(r \cdot e_r / \langle e_r \rangle) = 20\lg(r) + 20\lg e_r - 20\lg\langle e_r \rangle \tag{8-35}$$

$$C = 20\lg R_0 \tag{8-36}$$

由于采用相同的测量装置，在自由场和混响声场中测量结果相同。

由于在实际测量中，发射换能器作为发射器工作时，互易换能器和接收水听器所使用的接收电路是相同的，单向误差可以消除。可将 $\alpha_{FJ} - \alpha_{FH}$ 合并，因此 B 类不确定度可以写为

$$u_B = \frac{1}{2}\left(u_B^2(\alpha_{FH} - \alpha_{FJ}) + u_B^2(\alpha_{HJ}) - u_B^2(\alpha_H) + u_B^2(J)\right)^{1/2} \tag{8-37}$$

混响声场水声换能器互易校准的 B 类不确定度主要来自以下几个方面。

（1）前置放大器输入阻抗引入的不确定度分量。

（2）电压测量误差，采用采集器的电压测量。

（3）互易换能器互易性偏差引入的不确定度分量。

（4）换能器非线性引入的不确定度分量。

（5）混响时间测量的不确定度。

（6）无线电干扰。

（7）水密度引起的不确定度分量。

（8）背景噪声引入的不确定度分量。

合成标准不确定度为

$$u_C^2 = u_A^2 + u_B^2 \tag{8-38}$$

引用前面所提相关标准中的要求，当频率小于 100kHz 时，系统误差不大于 0.5dB，偶然误差在 0.5dB 以内。这样互易法校准的不确定度将优于 0.7dB，由于测量过程中使用仪器精度的实际情况，本章将重点关注测量的偶然误差。

3. 合成不确定度分析

扩展不确定度的计算方法是，取包含因子 $k = 2$，则测量结果的扩展不确定度为

$$U = ku_c \tag{8-39}$$

互易法校准中的误差来源于随机误差和系统误差。随机误差是在重复条件下，对

同一被测量声学参数进行多次测量时，出现的观测值不同的现象。此类误差服从统计规律，因而可用多次测量来减少测量不确定度。

对于有限次测量，测量次数的标准误差可以表示为

$$\Delta M''_J = \left(\frac{1}{n(n-1)} \sum_{j=1}^{n} (\overline{M_j} - M_{J,j})^2 \right)^{1/2} \tag{8-40}$$

式中，平均值 $\overline{M_J}$ 表示为

$$\overline{M_J} = \sum_{j=1}^{n} M_{J,j} \Big/ n \tag{8-41}$$

系统误差是在重复条件下对同一被测量声学参数实行有限次测量结果的平均值，再减去被测量真值。系统误差 $\Delta M'_J$ 可以通过标准误差的方式进行综合：

$$\Delta M'_J = \frac{1}{2} ((\Delta(\alpha_{FH} - \alpha_{FJ}))^2 + (\Delta \alpha_{HJ})^2 + (\Delta J)^2 + (\Delta C)^2)^{1/2} \tag{8-42}$$

校准准确度为系统误差和偶然误差的综合，按照计算偶然误差的方式进行综合：

$$\Delta M_J = \sqrt{(\Delta M'_J)^2 + (\Delta M''_J)^2} \tag{8-43}$$

根据《声学　水声换能器自由场校准方法》（GB/T 3223—1994），自由场校准准确度对于连续信号测试时误差不大于 ± 0.73dB。本章将借鉴此标准。

8.1.5　校准实例

本节根据前面描述，以水声换能器的混响声场互易校准实施例的形式对校准步骤作详细说明，以方便读者更好地理解。实验在哈尔滨工程大学水声技术全国重点实验室中进行。混响水池尺寸为 15m×9m×6m。

实验开展采用的仪器设备有：发射系统包括信号源（Agilent 33120A）、功率放大器（B&K 2713）和发射换能器（待发射校换能器），主要用于在规定的信号形式下产生满足要求的混响声场。发射系统具有稳定输出不失真的性能，满足信噪比要求。接收系统主要包括数据采集系统（B&K PULSE 3560E 动态信号分析仪），主要用于数据的采集记录和处理。它应具有宽范围的滤波和放大能力，使通过的波形不失真、不变形；同时，它应能精确地获取离散化的数据，确保幅值无偏差。根据理论分析水听器进行空间平均时，数据采集系统采集并记录接收器输出开路电压，计算电压均方根值。

1. 混响控制区的选定

对校准使用的混响箱进行区域划分，确定混响区域。采用发射器和接收器同时进行空间平均方法，空间平均移动区域距离水池边界（水池壁及水面）不小于 $\lambda/4$，取 0.4m；两个移动区域之间的测试距离大于 $4r_c$，取 5m 远远大于混

响半径，有利于减少直达声的影响、减少测量误差。故将混响箱测试区域划分为图 8-4 所示的两个对称区域。

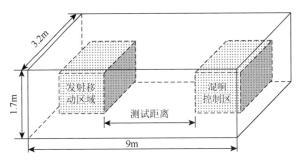

图 8-4　混响箱校准测量空间区域图

其中，水箱内高度为 1.8m，但为了避免长度和深度方向的简并现象，于是选择注水高度为 1.7m。校准测量区域俯视图如图 8-5 所示。

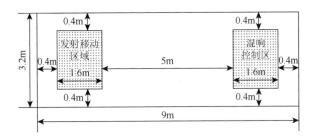

图 8-5　校准测量区域俯视图

2. 混响声场的验证

校准实验是基于混响条件的测量方法，在校准前验证声场是否符合混响声场条件。检验方法是在混响控制区中，空间平均采用 S 形路径扫描移动区域，扫描速度保持在 0.5m/s 左右，根据之前实验结论，当平均次数大于 240 次时，误差小于 0.16dB，设定平均次数为 300 次，计算均方根值。并对每个频率测量 6 次取平均值。用偏差来表示混响声场的符合程度，并用来计算声场条件引起的校准误差。根据自由场互易法校准的要求，声场的偏差小于 ±0.5dB。这里暂且引用这一标准，待不确定度分析时加以约束。

3. 换能器线性范围的验证

换能器的线性范围是其输入量与输出量之比保持不变时输入量变化的范围。在混响声场中，换能器的线性范围验证方法与自由场不同。通常对于发射换能器而言，用输入电流与混响声压之比表示。对于接收水听器而言，是混响声场中的空间平均声压与其输出开路电压之比表示的。混响声压均为采用空间平均方法测量得到的混响声均方根声压。测定发射-接收换能器对的转移电阻抗不随输入电流变化的范围。

在校准频段内，采用调节功率放大器增益的方式，在动态范围内验证 F-J 换能器对的转移电阻抗。最大线性误差 0.16dB，满足标准中不大于 0.2dB 的要求。

4. 互易换能器互易性的验证

互易换能器的互易性验证是为了检验其线性范围内是否满足电声互易原理。测量方位为：将发射-互易换能器组成换能器对，转移电阻抗$|Z_{FH}|$和$|Z_{HF}|$之差为 0.39dB，小于标准中规定的频率低于 100kHz 时，二者之差小于± 0.5dB。

8.2　互易常数的测量计算

互易常数是混响声场校准中至关重要的一个参数，与混响水池的水池声学特性有关，根据式（8-16），混响声场互易常数的计算需要求解混响半径或者测量混响时间推导出，另一种求解方法可以根据式（8-18），通过测量水听器在自由场和混响声场中的开路电压之比来计算。因此，本节将采用中断声源法测量混响时间和比较法这两种测量方式计算混响声场互易常数。

8.2.1　基于混响时间的互易常数测量方法

本节中，混响时间的测量采用中断声源法，中断声源法是一种常见且方便的混响时间测量方法。测量仪器连接如图 8-6 所示。具体步骤是，由 B&K PULSE 分析模块的信号发射单元产生白噪声信号，经过 B&K 2713 功率放大器后激励声源，短时间内在混响水池中建立一个稳定的声场。水听器接收到的声信号由 B&K PULSE 分析模块接收单元分析，计算 1/3 倍频程内混响时间。当中断激励信号后，声场内声压衰减，信号触发分析仪记录声压级衰减曲线。考虑到测量信噪比，仅计算T_{20}，进而推导出混响时间T_{60}。

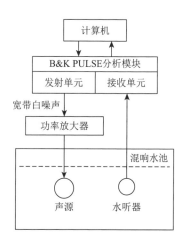

图 8-6　中断声源法测量混响
时间测量装置图

　　混响时间测量中会出现重复偏差和空间偏差。采用中断声源法测量混响时间时，测试信号为白噪声信号，其具有随机性，导致在声源终止发声时，其激发的简正波模式及程度也具有随机性，不同模式的混响时间是不同的，因此便产生了混响时间测量的重复偏差。为减少重复偏差，实验中在每个测量空间位置测量 6 次并进行平均；同时，为减少空间偏差，将声源及水听器分别进行取空间中的 6 对不同位置。测得混响水池混响时间如图 8-7（b）所示，将混响时间的带内平均值作为中心频率的混响时间值。

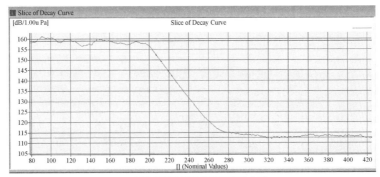

(a) 中断声源法测量声压级衰减曲线

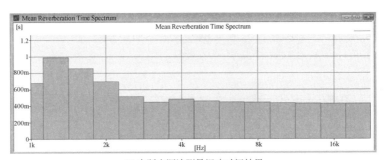

(b) 中断声源法测量混响时间结果

图 8-7　混响时间测量图

　　混响时间测量的偏差可以通过多次或多点测量的混响时间的标准差与混响时间平均值的比值来表征。由混响时间可得到混响半径。根据式（8-16）计算得到互易常数。

8.2.2　互易常数的比较法测量

　　采用一组发射-接收系统，其中声源的发送响应和水听器的接收灵敏度可以都是未知的。只需在两种不同声场中保持相同的参数设置。

首先，在消声水池中，将声源和水听器放置于消声水池 5m 深处，二者等效声中心间距 1m。信号源在 400Hz~20kHz 范围内按 1/3 倍频程输出信号，由于消声水池的吸声消声下限影响，在 2kHz 以下采用脉冲信号，2kHz 以上采用连续正弦信号。设置信号源输出电压及功率放大器增益挡位，利用 PULSE 动态信号分析仪采集水听器输出开路电压 e_{test}，折算到声源等效声中心 1m 远处输出开路电压 e_f（$e_f = e_{test} \cdot r$）。

然后，将声源和水听器放置于混响水池中，水听器置于声源的混响控制区。采用与消声水池测量相同的发射接收参数（频率范围内均使用连续正弦信号），对声源和水听器采用空间平均，用 PULSE 动态信号分析仪测量水听器输出开路电压的均方根值 $\langle e_r \rangle$。

最后，根据消声水池测量得到的输出开路电压 e_f 和混响水池中测得的输出开路电压的均方根 $\langle e_r \rangle$，计算得到混响半径。根据混响半径，由式（8-15）得到混响声场互易常数。

按照本节提出的混响声场校准方法和步骤，在混响箱中对发射换能器、互易换能器和接收换能器进行混响法互易校准，并在消声水池中采用相同的实验器材进行自由场互易校准测量。再分别在混响水池和玻璃水槽中进行实验，以验证此方法在不同水池中的适用性和准确性。

8.2.3　校准参数测量

（1）混响箱中混响时间测量结果。在混响区域内选择 6 个不同位置，每个位置处测量 6 次，测量混响时间如表 8-1 所示。为了测量准确，将声源置于水池角上。

表 8-1　混响时间测量结果

频率/kHz	混响箱混响时间测量/ms						
	位置 1	位置 2	位置 3	位置 4	位置 5	位置 6	平均值
2	459.147	451.333	449.572	450.929	455.445	463.575	455.000
2.5	439.252	432.48	441.731	441.179	442.601	437.931	439.196
3.15	446.602	433.568	435.401	431.731	442.267	436.632	437.700
4	445.266	446.457	441.346	440.586	441.503	444.052	443.202
5	444.551	453.443	450.28	450.204	455.609	445.344	449.905
6.3	448.331	445.446	440.807	446.159	443.825	448.2	445.461
8	460.519	448.456	447.179	458.626	443.576	449.418	451.296
10	439.142	439.594	433.667	437.155	433.273	435.856	436.448
12.5	441.732	435.523	432.536	434.948	432.833	436.649	435.704
16	440.293	434.479	431.548	438.408	432.221	437.422	435.729
20	435.608	435.361	432.816	437.878	434.895	435.35	435.318

（2）根据混响时间法和比较法计算混响半径（表 8-2）。可见两种方法计算结果基本一致。

表 8-2   采用两种方法测得的混响半径

频率/kHz	混响时间法测得混响半径/m	比较法测得混响半径/m
2	0.271	0.273
2.5	0.277	0.279
3.15	0.277	0.279
4	0.276	0.277
5	0.274	0.276
6.3	0.275	0.276
8	0.273	0.275
10	0.278	0.279
12.5	0.278	0.279
16	0.278	0.280
20	0.278	0.280

（3）根据比较法测量结果，得到混响声场互易常数，如图 8-8 所示，横坐标为对数坐标轴。其中，由于发射换能器谐振频率在 18kHz 左右，因此在 10～20kHz 频段内取 1/6 倍频程。互易常数主要与介质密度、频率和混响半径（或者房间常数）有关。采用混响时间法混响半径的计算误差主要来自混响时间的测量；比较法测量混响半径的误差主要来自混响声场平均输出电压和自由场的输出电压。从量级上看，混响半径的误差对互易常数影响很小，可以忽略不计。

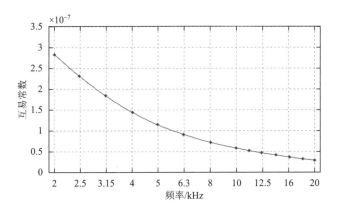

图 8-8   混响箱校准互易常数

（4）在混响箱中，采用空间平均方法测量接收水听器开路电压（*F-J* 换能器对）开路电压输出结果如表 8-3 所示。

表 8-3　接收水听器开路电压测量

频率/kHz	开路电压均方根值/mV						
	第 1 次	第 2 次	第 3 次	第 4 次	第 5 次	第 6 次	平均值
2	228.95	228.90	233.32	223.37	235.54	230.96	230.17
2.5	328.59	339.37	335.99	334.65	329.30	344.02	335.32
3.15	497.64	492.84	499.35	486.33	491.52	498.04	494.29
4	628.75	623.75	630.33	618.75	630.29	625.29	626.19
5	754.05	782.24	717.56	740.09	750.56	775.70	753.37
6.3	1032.13	1047.82	1039.97	1039.97	1026.05	1053.90	1039.97
8	1123.85	1145.42	1147.61	1124.63	1148.70	1149.49	1139.95
10	1368.50	1318.63	1323.88	1344.00	1325.63	1301.13	1330.30
12.5	1618.17	1593.44	1612.17	1606.18	1621.17	1608.43	1609.93
16	1993.99	1991.39	2024.16	1987.69	2010.01	2003.71	2001.83
20	1880.06	1885.87	1895.78	1848.22	1900.74	1916.91	1887.93

采用白噪声测量结果，取其中三次结果，在 1/3 倍频程频带内取平均，得到中心频率。如图 8-9 所示，采用 25.6kHz 宽带白噪声进行测量，同样取 6 次测量结果。

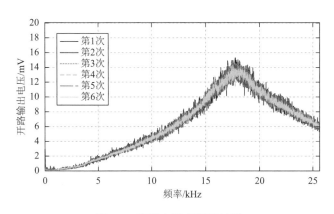

图 8-9　宽带白噪声测量结果

以 1/3 倍频带内电压平均值作为中心频率的值，将 6 次测量结果展示如图 8-10 所示。

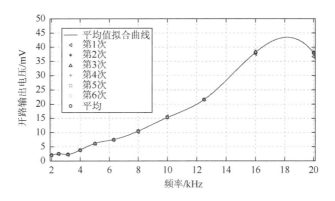

图 8-10　白噪声 1/3 倍频程平均结果

8.2.4　校准测量结果

将混响水池中混响声场互易校准结果分别于消声水池自由场互易校准结果对比。发射换能器发送电流响应级、互易换能器接收灵敏度级和接收水听器接收灵敏度级分别如图 8-11～图 8-13 所示。

从图 8-11 可以看出，采用混响声场互易校准结果与自由场互易校准结果基本一致。发射换能器发送电流响应偏差小于 0.9dB。互易换能器测量结果小于 0.8dB，接收水听器测量结果小于 0.78dB。由于混响箱的截止频率为 2.3kHz，校准频率范围为 2～20kHz。在低频段测量结果相差较大。这是因为校准频率低于测量截止频率，此时声场声压起伏较大，简正波的影响未完全消除，需要扩大空间平均范围

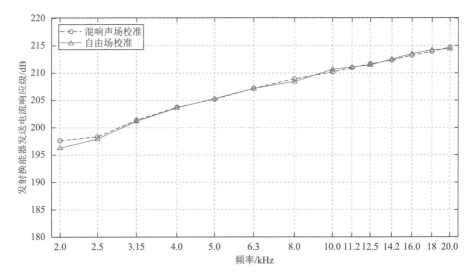

图 8-11　发射换能器的混响声场互易校准结果

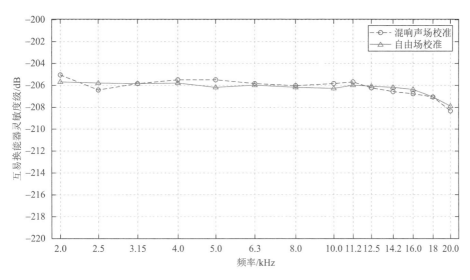

图 8-12　互易换能器的混响声场互易校准结果

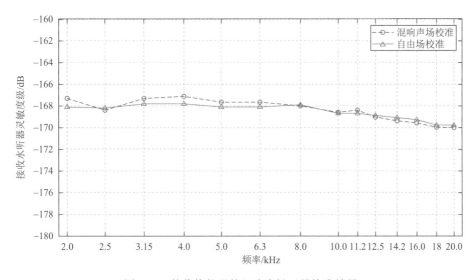

图 8-13　接收换能器的混响声场互易校准结果

并增加测量点数。当频率增加至 2.5kHz 时，满足校准频率范围，测量误差显著减小。随着频率增加，测量误差变小，这是因为随着频率升高，声场中简正波数目增加，共振峰密度增大，满足混响条件，声场起伏减小，可以视为理想混响声场，因此测量误差变小。另外，由于采用的是同一套测量仪器，所以测量中的系统误差是相等的，仅有偶然误差，而偶然误差主要是由混响声场的声压不均匀性引起的，采用空间平均方法可以消除简正波的影响，得到混响声场中空间平均声压。

在水声技术应用领域，水声换能器采用发射电压响应，互易校准主要是对接收水听器灵敏度的校准，因此以下从接收换能器的灵敏度进行说明。

采用宽带白噪声进行校准，白噪声频带范围 1～25.6kHz，噪声幅值 1V，在 1/3 倍频程频带内取输出开路电压均方根值，测量结果如图 8-14 所示。从图中可以看出，校准结果在低频段误差减小，这是由于噪声激励更多共振频率使得声场更加均匀。在测量频段内，采用宽带白噪声信号测量，可以提高声场的均匀性、减小声压起伏，使测量结果更加准确。通过倍频程带内平均的方法可以减少测量次数，在一次测量中即可得到中心频率处电压值，而不需要对每个频点进行逐一测量，从而提高了校准效率。

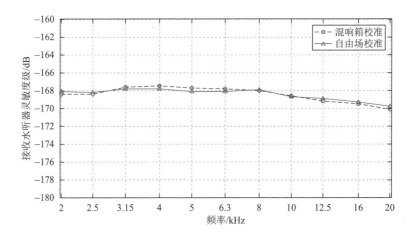

图 8-14　采用宽带白噪声测量结果

水声技术实验室的混响水池尺寸为 15m×9m×6m 和玻璃水箱尺寸为 1.5m×0.9m×0.6m。混响水池为混凝土结构，内壁贴有瓷砖。玻璃水箱壁面为玻璃，其特性阻抗与水接近，顶部为空气，水箱四周为空气，因此可以视为各边界均为绝对软边界条件。实验又分别在混响水池和玻璃水池中采用自由场比较法确定混响声场互易常数，得到三个水池校准结果与自由场校准结果展示如图 8-15 所示。

混响水池允许的校准截止频率为 400Hz，但是在测量过程中，为了满足信噪比的测量要求，仅在 1kHz 以上满进行校准测量，其测量偏差最大为 0.29dB。玻璃水槽校准截止频率为 6kHz，在校准截止频率处测量偏差为 0.65dB。为了验证低频段的误差范围，测量在 5kHz 处的偏差为 1.2dB，这是由于简正波的不均匀性的，并且偏差随着频率的增加逐渐减少。

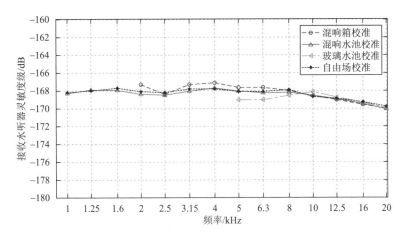

图 8-15　不同混响水池校准结果对比

8.2.5　校准不确定度分析

现以混响箱内接收换能器灵敏度校准结果为例进行不确定度分析和误差分析。

1. 系统误差

1）量 α_{HJ} 的系统误差

（1）由测量设备引起的误差。

①采集器读数的准确度引起的误差,此误差是双向的均匀分布,采用 PULSE 动态信号分析仪采集系统,引起的误差不大于 ±0.2dB。

②测试仪器输入阻抗引起的误差,此误差总是导致测量值变大,因此为单向的,误差不大于 0.1dB。

（2）由校准条件的满足程度引起的误差。

①对于连续信号,混响声场测量误差引起的测量误差,此误差为双向的,误差不大于 ±0.42dB;对于宽带噪声信号,测量误差为双向的,误差不大于 ±0.25dB。

②换能器的非线性误差,此误差一般为单向的,导致误差偏大,不大于 0.2dB。

③由信噪比造成的误差为单向的,总使值偏小,不大于 0.01dB。

④由于电干扰噪声产生的误差,该误差为双向的,不大于 ±0.1dB。

由于以上各种系统误差都是互不相关的,采用标准误差计算方法进行综合,则对于连续信号:

$$\Delta\alpha_{HJ} = 0.54\text{dB} \tag{8-44}$$

2）量 $\alpha_{FH} - \alpha_{FJ}$ 的系统误差

由于量 $\alpha_{FH} - \alpha_{FJ}$ 的互易-接收换能器的混响声场灵敏度之比,在校准测量中,采用相同设备和相同校准条件，而且误差造成因素与测量设备引起的误差相同，在计算过程中将单向性误差计算一次，将双向性误差计算 2 次，则对于连续信号：

$$\Delta(\alpha_{FH} - \alpha_{FJ}) = 0.73\text{dB} \tag{8-45}$$

3）量 J 的系统误差

量 J 中包含密度、频率以及混响半径三个物理量，引起的误差分别如下。

（1）介质密度引起的系统误差不大于 $\pm 0.02\text{dB}$。

（2）采用 PULSE 发射单元输出频率引起的误差不大于 $\pm 0.01\text{dB}$。

（3）混响半径的测量采用的方法不同引起的误差也不同。基于混响时间测量方法的误差来自对混响水池的尺寸测量、混响时间测量和声速的变化。混响水池尺寸的测量误差为 $\pm 0.02\text{dB}$；混响时间常数的测量误差为 $\pm 0.01\text{dB}$，声速引起的误差为 $\pm 0.03\text{dB}$。另外，互易换能器的互易性引起的误差不大于 $\pm 0.25\text{dB}$。因此，基于混响时间测量 J 的误差为 $\pm 0.25\text{dB}$。

采用自由场比较法计算混响半径引起的误差，除了与介质密度和频率有关外，与自由场、混响声场偏差和测量距离有关。自由场偏差不大于 $\pm 0.5\text{dB}$，距离的误差不大于 $\pm 0.09\text{dB}$。因此，基于自由场比较法测量 J 的误差：$\pm 0.70\text{dB}$。

4）标准电阻 $R_{1\Omega}$ 的误差，不大于 $\pm 0.1\text{dB}$

综合以上 4 项，根据标准误差计算方法：

$$M'_J = \frac{1}{2}(\Delta(\alpha_{FH} - \alpha_{FJ})^2 + (\Delta\alpha_{HJ})^2 + (\Delta J)^2 + (\Delta R)^2)^{1/2} = 0.47\text{dB} \tag{8-46}$$

借鉴自由场互易法校准系统误差标准要求，连续信号测试时，系统误差不大于 $\pm 0.53\text{dB}$。

2. 偶然误差

经过 6 次独立重复测量，对互易换能器和接收换能器计算标准差分析，如图 8-16 所示。

测量得到的互易换能器灵敏度级最大标准差不超过 0.39dB，A 类不确定度为 $\pm 0.16\text{dB}$。接收换能器最大标准差不超过 0.42dB，A 类不确定度为 $M''_J = \pm 0.17\text{dB}$。借鉴自由场互易法校准系统误差标准要求，连续信号测试时，偶然误差不大于 $\pm 0.53\text{dB}$，从此方面来看，空间平均测量输出开路电压值较为稳定，因此满足要求。通过改善空间平均技术，例如，扩大空间平均区域范围或者增加采集点数，有助于进一步减小测量偶然误差。

3. 校准准确度

将校准测量的系统误差和偶然误差结合，计算校准准确度为

$$\Delta M = \sqrt{(M'_J)^2 + (M''_J)^2} = \sqrt{0.17^2 + 0.47^2} = 0.5(\text{dB}) \tag{8-47}$$

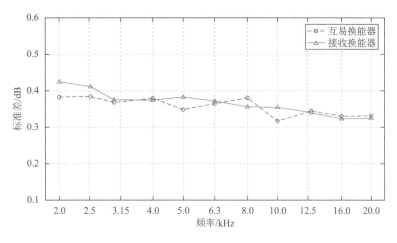

图 8-16　混响箱中校准标准误差

8.3　混响声场水声换能器的比较法校准

比较法校准是与标准水听器或标准声源比较的一种相对校准方法。混响声场中水听器的比较法校准是一种程序简单的二级校准方法。比较法的校准频率范围与互易法相同，校准操作上一般采用标准水听器或者标准声源进行校准，其校准步骤少，校准误差小，适合快速校准。

8.3.1　与标准水听器比较的校准

此方法是将一个未知灵敏度 M_X 的水听器即待测水听器（X）和一个已校准灵敏度 M_S 的参考水听器即标准水听器（S），同时放入混响水池中，发射换能器辐射声信号，测量这两个水听器的输出开路电压，计算其均方根。根据混响声场电压灵敏度的定义：

$$\langle P_r \rangle = \langle e_S \rangle / M_S = \langle e_X \rangle / M_X \qquad (8\text{-}48)$$

式中，$\langle P_r \rangle$ 表示混响声空间平均声压；$\langle e_S \rangle$ 和 $\langle e_X \rangle$ 分别表示标准水听器和待测水听器的输出开路电压均方根值；M_S 和 M_X 分别表示标准水听器和待测水听器的混响声场电压灵敏度。用分贝表示的自由场开路电压灵敏度级为

$$20\lg M_X = 20\lg M_S + 20\lg \langle e_X \rangle - 20\lg \langle e_S \rangle \qquad (8\text{-}49)$$

8.3.2　与标准声源比较的校准

水听器的校准可以不依赖标准水听器而用标准声源作为参考基准来校准。

该方法的原理是在标准发射器的发送电压响应为 S_V，在其两端加入电压 V，则待测水听器在混响控制区中进行空间扫描测量，其输出开路电压的均方根 $\langle e_X \rangle$ 可以被测出，其混响声场电压灵敏度可以表示为

$$M_X = \frac{\langle e_X \rangle}{V \cdot S_V} J_r \qquad (8\text{-}50)$$

8.3.3 发射器发送电压（电流）响应的校准

在声学计量中，多使用发送电流响应，这是因为它与接收灵敏度之间存在互易关系。但是，在声呐工程的应用中，一般使用发送电压响应。在校准发射器的发送电压响应或发送电流响应时，只是对发射器的输入量的测量不同。本章方法以发送电压响应为例进行说明。

混响声场中对发射换能器的校准有两种方法：一是利用标准水听器来校准发射换能器，二是利用标准发射换能器来校准发射换能器。使用标准水听器进行发射器的校准测量方法比较简单。先把待测发射器放入混响声场中，由功率放大器输出电压 V 或电流 I 驱动。在混响移动区中放置已知灵敏度 M 的标准水听器，采用空间扫描移动方法，测量标准水听器的输出开路电压 $\langle e \rangle$，公式为

$$S_V = \frac{\langle e \rangle J_r}{M \cdot V} \qquad (8\text{-}51)$$

$$S_I = \frac{\langle e \rangle J_r}{M \cdot I} \qquad (8\text{-}52)$$

便可求出待测发射器的发送电压（或电流）响应，进而得到相应发送电压（或电流）响应级。

8.4 混响声场水听器批量校准

随着水听器在声呐系统中的广泛应用与需求量的快速增加，常规的单个逐一校准技术已经不能满足水听器快速筛选，批量生产测试的需要。混响声场水听器的批量校准技术满足了高效率的需求。批量校准技术是在比较法校准的基础上，发挥了混响声场具有较大混响控制区的优势，可以同时测试多个待测水听器，实现多水听器同步批量校准，校准原理如图 8-17 所示。

水听器批量校准的实验操作方法如下。

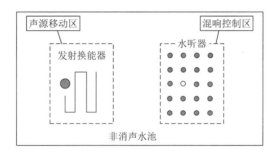

图 8-17 水听器批量校准原理图

（1）发射换能器的辐射信号为宽带白噪声或粉红噪声信号，声信号稳定输出构建稳态混响声场。

（2）发射换能器在声源移动区内扫描移动，标准水听器和待测水听器在混响控制区同步扫描移动。

（3）标准水听器和待测水听器输出电压信号的窄带功率谱分析，即可同时得到测试频带内各频点窄带平均的灵敏度。

批量校准的原理、方法和操作方法与比较法基本相同，特别的要求是尽可能大地划分混响控制区，以充分利用水池空间，同步校准尽可能多的水听器；每个水听器扫描区域的最小尺度不小于最低频率波长的一半，保证每个水听器校准的准确性；在移动过程中保证水听器之间或水听器与电缆之间不发生碰撞。

参 考 文 献

[1] 郑士杰，袁文俊，缪荣兴. 薛耀泉水声计量测试技术[M]. 哈尔滨：哈尔滨工程大学出版社，1995：1-72.

[2] Diestel H G. Reciprocity calibration of microphones in a diffuse sound field[J]. The Journal of the Acoustical Society of America，1961，33（4）：514-518.

[3] Beaty G. Reciprocity calibrationin a tube with active-impedance termination[J]. The Journal of the Acoustical Society of America，1966，39：40-47.

[4] Isaev A E, Matveev A N. Calibration of hydrophones in a field with continuous radiation in a reverberating pool[J]. The Journal of the Acoustical Physics，2009，65（6）：762-770.

[5] Isaev A E，Chernikov I V. Laboratory calibration of an underwater sound receiver in the reverberation field of a noise signal[J]. The Journal of the Acoustical Physics，2015，61（6）：699-706.

[6] Milhomem T A B，Soares Z M D，Musafir R E, et al. Diffuse-field reciprocity calibration of half-inch laboratory standard microphones using simultaneous reverberation time measurement[J]. The Journal of the Acoustical Society of America，2018，143（6）：3658-3664.

[7] 吴文虬，沈保罗，周纪浔，等. 在扩散声场中水听器的互易校正[J]. 南京大学学报（物理版），1963，（2）：151-152.

[8] 陈毅，赵涵，袁文俊. 水下电声参数测量[M]. 北京：兵器工业出版社，2012.

[9] 伏尔杜耶夫. 互易定理[M]. 李祥，译. 北京：科学出版社，1959：21-26.

[10] 孙俊东. 混响场中水声换能器互易校准研究[D]. 哈尔滨：哈尔滨工程大学. 2017.

第 9 章　混响水池中材料吸声系数的测量

船上的噪声主要来自三个方面：机械噪声、螺旋桨噪声和水动力噪声。要实现舰船隐身，主要从以下两个方面入手：一是降低噪声源的噪声强度；二是控制噪声的传播过程。具体方法有低噪声技术、隔振技术、吸振及阻振技术，以及消声瓦、吸声涂层和有源消声。

振动与噪声是一种能量的表现形式，要想实现减振降噪，通过能量守恒的观点来看就需要将机械能转化为其他形式能量。目前，人们经常使用隔声、吸声、隔振和阻尼等手段来对振动和噪声进行有效的控制。其中，吸声是人们使用最广泛的方法，而吸声材料是实现这项技术的基础。

在水声工程中，通常使用内耗大、阻尼特性好的高分子黏弹性材料作为水声吸声材料，一般采用橡胶类和聚氨酯类等高阻尼材料。在结构上，均匀材料通常难以同时满足"阻抗匹配、声衰减性能好"这两个条件，因此水声吸声材料常采用空腔过渡型、多层渐变型、多种材料复合型等结构。

吸声系数是用来评价吸声材料性能的重要参数。阻抗管法和混响法是两种较为经典的材料吸声系数实验室测量方法。然而，阻抗管法仅适用于垂直入射吸声系数的测量，这与实际工程环境并不一致；但混响法可以测量声波无规则入射到材料表面时材料的平均吸声系数，此方法更接近实际，且目前尚无替代方法，因此混响法是目前广泛使用的一种材料吸声系数测量方法。

水下混响环境与空气中混响环境相比，水下封闭空间中的混响时间远小于空气中混响室内的混响时间，水的特性阻抗远大于空气的特性阻抗，因此水下封闭空间中声场分布更加不均匀。在水下封闭空间中开展水声材料吸声系数的测量研究具有重大意义。

9.1　吸声材料及吸声系数测量方法

9.1.1　吸声材料评价参数

吸声是指声波入射到物体表面时，一部分声能被边界面反射，另一部分声能进入物体内部，转化为其他能量的现象。在许多场合为了消除由物体表面产生的反射声波，往往在物体表面敷设一些特殊的材料或结构，以吸收入射声波的声能，这些材料称为吸声材料，这类结构称为吸声结构。

建筑声学中，吸声问题已成为重要的内容，包括吸声材料和结构的吸声原理、性能及设计方法等。厅堂中，在室内的四壁及顶棚等处，安装具有适当吸声能力的吸声材料，用来控制混响时间。吸声材料也可用来降低机器和环境噪声，以保证人们正常的工作和休息。在水声方面，由于水声器材设备的性能提高，作用距离增大，反水声器材探测的研究工作也相应加强。水声中研究吸声技术的主要目的是研究设计特殊的吸声材料和结构，实现船体减振降噪、减弱水下武器设备目标回波等功能。

对吸声材料或吸声结构的基本要求是，在一定的频率范围内，具有一定的吸声能力。吸声系数是用来衡量材料吸声性能的重要参数，定义为声波入射到吸声层表面时，透入层中的声能与入射波声能的比值：

$$\alpha_0 = \frac{E_t}{E_i} = 1 - \frac{E_r}{E_i} = 1 - |R|^2 \tag{9-1}$$

式中，E_i 为入射波声能；E_t 为透入层中声能；E_r 为层表面反射声能；R 为声压反射系数。

吸声系数与声波入射方向有关。一般分为垂直入射、斜入射和无规则入射，与此对应有三种吸声系数。

当声波垂直入射到声阻抗率为 Z 的材料表面时，声压反射系数为

$$r_p = \frac{p_r}{p_i} = \frac{Z - Z_0}{Z + Z_0} \tag{9-2}$$

式中，p_r 为反射声压；p_i 为入射声压；Z_0 为入射波所在介质的特性阻抗。

吸声系数为

$$\alpha_0 = 1 - \left| \frac{Z - Z_0}{Z + Z_0} \right|^2 \tag{9-3}$$

声波以入射角 θ 斜入射到法向声阻抗率为 Z 的材料表面时，吸声系数为

$$\alpha_\theta = 1 - \left| \frac{Z \cos\theta - Z_0}{Z \cos\theta + Z_0} \right|^2 \tag{9-4}$$

在扩散声场中，各个入射角的入射概率相等，因此无规入射吸声系数为

$$\alpha_r = \frac{\int_0^{\frac{\pi}{2}} \alpha_\theta \cos\theta \sin\theta \, d\theta}{\int_0^{\frac{\pi}{2}} \cos\theta \sin\theta \, d\theta} = \int_0^{\frac{\pi}{2}} \alpha_\theta \sin 2\theta \, d\theta \tag{9-5}$$

9.1.2　吸声系数测量方法

1. 空气中吸声系数测量方法

混响法是一种经典的测量材料吸声系数的方法。通过测量敷设吸声材料前后混响室内的混响时间，同时利用 Sabine 公式即可求出吸声材料的吸声系数。在混响室中测量材料的吸声系数时，混响室中声场扩散不均匀是材料吸声系数测量误差产生的主要原因之一。理想的扩散场需满足以下两个条件：首先，声场的能量密度均匀分布于混响室中；其次，混响室内任意位置都有朝着不同方向传播的射线穿过，各射线互不相干，射线穿过混响室内各位置和沿各个方向传播的概率是相同的。钱中昌等[1]对混响法测量材料吸声系数的测量不确定度的研究表明，吸声系数的测量不确定度主要取决于混响时间的测量不确定度，而混响时间的测量不确定度则主要由混响室内声场的扩散程度所决定。在实验中可以通过悬挂扩散板的方法来获得必要的声扩散，对于某些材料是否使用扩散板会对其吸声系数测量结果造成较大影响，Toyoda 等[2]研究了房间形状及房间内扩散场的扩散程度对材料吸声系数的影响，认为房间形状对室内扩散场的扩散程度差异不大，同时得到结论当材料吸声系数较大时，室内扩散场的扩散程度会下降；悬挂散射板能有效提高扩散场的散射程度。但是扩散板的数量和面积需要多大至今还没有一个统一的标准。王季卿等[3]对该问题进行了研究，结果表明混响室内悬挂的扩散板面积（单面计算）在占地面积 60.70%时已可达足够扩散效果，而试件面积的选取应考虑与混响室体积相适应。在体积约为 $100m^3$ 的混响室中，选取面积为 $6m^2$ 左右的试件为宜。Bradley 等[4]系统地从材料最大测量吸声系数、混响时间标准差以及声压级及总吸声量的置信区间三个方面分析了在混响室内边界式扩散体相对于悬挂式扩散体的有效性，证明边界式扩散体可以获得与悬挂式扩散体大致相同的扩散效果。

除声场扩散程度外，混响室环境也对混响时间的测量有一定影响，Hidaka 等[5]给出了混响室温度和湿度对混响时间影响的修正公式，将不同温度和湿度条件测得的混响时间都换算为20℃、60%湿度时的混响时间，并用于测量材料吸声系数。通过比较、分析混响室内混响时间测量结果的空间偏差以及重复偏差，杨小军等[6]总结出了可以降低混响时间测量结果的空间偏差及重复偏差的测量条件。王季卿等[7]、孙广荣[8]对混响时间测点位置进行了探讨，认为在角点测量混响时间与空间平均测量混响时间相比不仅可以减少测量次数，还可以降低标准偏差。

阻抗管法在 100 多年前就被用来测量空气中吸声材料的声学性能，其中，传递函数法近年来应用得较为广泛。Chung 等[9, 10]通过发展双传声器理论，提出将阻抗管传递函数法应用于测量空气中吸声材料的声学性能，并通过理论及实验对其进行验证。Chu[11]在 Chung 等的基础上，研究了单传声器传递函数法，有效减小了双传声器间距离导致的高频信号相位失配以及低频信号采样不足而产生的误差，吸声系数测量结果与简正波比法测量结果吻合良好。Schultz 等[12]从理论上对使用双传声器法测量吸声材料声学性能的不确定度进行了分析。近年来，我国的一些学者也对传递函数法产生了浓厚的兴趣，并对其进行了深入研究，同时开发了基于传递函数法的材料吸声系数测量系统，取得了一定成果。

反射法是一种在现场测量材料吸声系数的经典方法，但该方法存在两个问题：首先，现有技术无法产生理想的平面波，需增大扬声器与被测材料间距离来得到近似平面波；其次，该方法对环境要求高，只能在消声室或空间较大的环境。姬培锋等[13]使用自主研制的指向性声源来对材料的吸声系数进行测量，并将该方法测量结果与传统测量方法测量结果进行了比较。由实验结果可以得出结论，指向性声源可以应用于材料吸声系数的测量。随后 Kuang 等[14]利用参量阵对声信号在阵长度范围内的平面波特性进行非线性自解调，发射窄带信号，在自由场中测量吸声材料反射表面的声场，并通过比较该方法的测量结果与驻波管法的测量结果，得出结论：可以在自由场条件下通过驻波比法测量材料的吸声系数。传声器对测量结果有一定影响，低频测量效果不佳。张燕凯等[15]在上述方法基础上，针对低频测量误差大的问题，利用基于能量比值约束的最小二乘法对被测吸声材料表面的平面波进行声场重建，同时使用双传声器传递函数法测量吸声材料表面的吸声系数。测量结果显示该方法能够实现在 160～1600Hz 频段范围内对待测材料的吸声系数进行较为准确的测量。

2. 水声材料吸声系数测量方法

自由场法和驻波比法是两种较为常用的测量水声材料吸声系数的方法。

自由场法是一种目前相对成熟的水声材料吸声系数测量方法，李水等[16]在理论上对其进行了研究，同时提出了自由场宽带压缩脉冲叠加法，并进行了大量的实验验证。Trivett 等[17]提出了 Prony 法用来减小在使用自由场法测量时边缘衍射效应对吸声系数测量结果的影响。张清泉等[18]对 Prony 法进行了改进，研究结果表明该方法可有效改善自由空间中小样的材料低频测试结果的准确性。

驻波比法是一种常用的水声材料吸声系数测量方法。朱蓓丽[19]应用阻抗管双水听器传递函数法测量水声材料的吸声系数，并进行了低频测试误差分析，该方法提高了测量精度，同时低频段吸声系数测量结果可靠。赵渊博等[20]将上述方法引入水声材料吸声系数测量中，使用宽带脉冲在收发合置水声管对材料吸声系数进行测量。随后，代阳等[21]在此基础上提出了基于"后置"逆滤波的宽带脉冲声测试方法来计算待测样品的反射系数和吸声系数。

在空气中测量材料吸声系数的各种方法中，混响法是应用最早、最经典的方法。目前，基于混响水池的测量研究日益成熟，Blake 等[22]应用混响法在封闭矩形混响水池中对声源的辐射声功率进行了测量，并将结果与空气中混响法测量结果进行了比较，两者差别主要在于混响水池中各 1/3 倍频程混响时间远小于混响室中的混响时间，并且混响水池与混响室相比低频声场分布更加不均匀。哈尔滨工程大学的李琪等[23]在国内率先把混响法应用于水下，利用混响法解决了水洞中模型的流噪声测量这一国际难题。Shang 等[24]基于空间平均技术解决了非消声水池不满足扩散场条件下水下复杂声源辐射声功率的准确测量问题；Zhang 等[25]解决了非消声水池截止频率以下声源辐射声功率的准确测量问题，Tang 等[26]在混响水池中实现了瞬态噪声的测量。Liu 等[27]利用水下混响法测量了浑浊海水的吸声系数。Song 等[28]建立了橡胶板的水下混响时间模型并由此计算橡胶板吸声系数，与实际水池测量结果相比吸声系数随频率变化趋势基本一致，具体数值略有不同。Takahashi 等[29]在小型水箱中使用混响法测量了几种小面积材料的吸声系数。该实验所使用的材料面积及吸声系数均较小，材料对水箱内声场的影响基本可以忽略，对水下混响法测量材料吸声系数的研究仅停留在对其可行性的验证上，对该方法的应用条件及影响因素未作过多的研究。

9.2 吸声材料及吸声结构

9.2.1 均匀黏弹性吸声材料

黏弹性材料在声波的作用下发生形变时，由于材料的黏性内摩擦作用以及材料的弹性弛豫过程作用，将声能转化为热能从而产生损耗。黏弹性材料虽然在常温条件下为固态，但其某些力学性质明显不同于金属固体，而和高黏性液体相近。其弹性模量值只是金属弹性模量的几十万分之一，而与气体数值的数量级相差不很大。

黏弹性材料因受力而产生形变时，其形变表现为弛豫过程，其吸声机理为：当有外力作用时，黏弹性吸声材料会变形，每个分子由球形变为椭圆形，但分子链本身并无变化，这种变形有明显的弹性滞后现象，也就是分子链由原来各个链段紊乱排列的球形构象向各个链段接近同向排列的构象过渡需要一个过程，而使一个分子链的各个链段完全进入与外力大小相应的新构象分布时，需要更长的时间。同理，除去外力作用恢复原状时也需要一个过程。在这一过程中，形变落后于应力的变化，使得声能转变为热能而损耗。

1. 黏弹性材料的波阻抗

考虑在高弹性材料的弹性弛豫作用时，声波传播时的复数波速为

$$\tilde{c}^2 = \frac{\tilde{E}}{\rho} \qquad (9\text{-}6)$$

所以有

$$\tilde{c} = \sqrt{\frac{E_e}{\rho}} \cdot \sqrt{1+\mathrm{j}\eta} = c\sqrt{1+\mathrm{j}\eta}$$

式中，$\tilde{E}$ 为动态弹性模量；E_e 为纵向形变等效的弹性模量；η 为材料的损耗因子。一般情况下 η 很小，故有 $E_e \approx E$，$c \approx c_0 = \sqrt{E/\rho}$。

$$\tilde{k} = \frac{\omega}{\tilde{c}} = \frac{\omega}{c}\frac{1}{\sqrt{1+\mathrm{j}\eta}} \approx \frac{\omega}{c}\left(1-\mathrm{j}\frac{\eta}{2}\right) = \frac{\omega}{c} - \mathrm{j}\frac{\omega\eta}{2c} \qquad (9\text{-}7)$$

材料中介质的吸声系数为波数的虚部，即 $\alpha = \omega\eta/(2c)$，则可看出材料的损耗系数越大，其吸声系数也越大。

材料中纵波的波阻抗为

$$Z = \rho\tilde{c} = \rho c\sqrt{1+\mathrm{j}\eta} \approx \rho c\left(1+\mathrm{j}\frac{\eta}{2}\right) \qquad (9\text{-}8)$$

2. 均匀弹性吸声材料的吸声系数

首先，考虑无限厚材料，通过材料的波阻抗可以得到其反射系数，若 Z 中的 η 为吸声材料的损耗系数，则材料表面的反射系数为

$$|r_p|^2 = \frac{\left(\dfrac{\rho c}{\rho_0 c_0}-1\right)^2 + \left(\dfrac{\rho c}{\rho_0 c_0}\cdot\dfrac{\eta}{2}\right)^2}{\left(\dfrac{\rho c}{\rho_0 c_0}+1\right)^2 + \left(\dfrac{\rho c}{\rho_0 c_0}\cdot\dfrac{\eta}{2}\right)^2} \qquad (9\text{-}9)$$

为了可以获得最小的反射系数，应使材料和水的阻抗相匹配。当材料的波阻抗满足 $\rho c \approx \rho_0 c_0$ 时，式（9-9）可近似为

$$|r_p| = \sqrt{\frac{\dfrac{\eta^2}{4}}{4+\dfrac{\eta^2}{4}}} \approx \frac{\eta}{4} \qquad (9\text{-}10)$$

在此条件下，$|r_p|$ 只与 η 成正比，η 数值越大则其反射系数也越大，同时吸声系数随之下降。

为了节省材料，吸声结构覆盖的厚度应尽可能薄，为此考虑吸声材料为具有一定厚度 l 的吸声层，此时层中会形成驻波，这时在声波入射的界面上单位面积

的输入阻抗 Z_b 是 l/λ 的函数。即使在满足 $\rho c \approx \rho_0 c_0$ 的条件下，Z_b 的实部仍不能与介质层匹配，因此反射系数的绝对值增大，吸声系数减小。在前界面上反射波与入射波声压幅值之比为

$$\left|\frac{p_r}{p_i}\right| = \exp(-2\alpha l) = \exp\left(-2\pi\eta\frac{1}{\lambda}\right) \tag{9-11}$$

由式（9-11）可见，当 l/λ 大于某一定值时，后界面反射回的声波可以忽略，此时，吸声层的反射系数与无限厚材料反射系数相同。因此可知对于一定厚度的吸声层，在入射波频率满足一定条件的情况下，吸声层可以看作无限厚。由此也可看出，均匀吸声层更加适用于对高频声波的吸收，但将其应用于低频场合时，需增加层的厚度。

假设吸声层粘贴在一厚层固定钢板上，平面波垂直入射到分界面上时，分界面上的单位面积输入阻抗为

$$Z_b = \rho\tilde{c} \cdot \coth(j\tilde{k}l) = \rho c\sqrt{1+j\eta} \cdot \coth\left(j\frac{2\pi l}{\lambda} + \pi\eta\frac{l}{\lambda}\right) \tag{9-12}$$

若考虑吸声层末端为自由界面，可得

$$Z'_\lambda = \rho\tilde{c} \cdot \tanh(j\tilde{k}l) = \rho c\sqrt{1+j\eta} \cdot \tanh\left(j\frac{2\pi l}{\lambda} + \pi\eta\frac{l}{\lambda}\right) \tag{9-13}$$

式中，ρ、c、η 为吸声材料本身的常数。对于给定的吸声材料，吸声层的输入阻抗随吸声层末端边界条件变化而变化；在给定边界条件的情况下，输入阻抗随吸声层厚度与波长之比而变化。因此，可知对于给定的材料，吸声层的吸声系数与吸声层末端边界条件、吸声层厚度以及入射声波频率有关。

9.2.2 分层吸声结构

采用高损耗材料吸声时，损耗的存在使得材料与水的阻抗不匹配，所以采用多层的阻抗过渡结构。分层吸声结构由波阻抗略为不同的吸声层胶合而成的，使吸声层中的阻抗逐渐变化，与此同时声衰减逐渐增加，这样可实现与介质的阻抗匹配，减弱反射，增加结构的吸声能力。

1. 单层介质的传递矩阵

当平面波垂直入射到多层结构的表面时，各层介质中只产生纵波，对于钢板或水层，每层前界面声压 p_1、法向振速 u_1 与后界面声压 p_2、法向振速 u_2 的关系为

$$\begin{bmatrix} p_1 \\ u_1 \end{bmatrix} = \begin{bmatrix} a_{11} & a_{12} \\ a_{21} & a_{22} \end{bmatrix} \begin{bmatrix} p_2 \\ u_2 \end{bmatrix} = A \begin{bmatrix} p_2 \\ u_2 \end{bmatrix} \tag{9-14}$$

式中，A 为单层均匀层传递矩阵；

$$\begin{cases} a_{11} = a_{22} = \cos(kl) \\ a_{12} = \mathrm{j}\rho c \sin(kl) \\ a_{21} = \mathrm{j}\sin(kl)/(\rho c) \end{cases} \tag{9-15}$$

其中，ρc 为层中介质特性阻抗；l 为层厚。

若介质为橡胶层，式（9-15）中 c 使用复声速 $\tilde{c}$ 代替，同理波数 k 使用复波数 $\tilde{k}$ 代替得

$$\begin{cases} a_{11} = a_{22} = \cos(\tilde{k}l) \\ a_{12} = \mathrm{j}\rho\tilde{c} \sin(\tilde{k}l) \\ a_{21} = \mathrm{j}\sin(\tilde{k}l)/(\rho\tilde{c}) \end{cases} \tag{9-16}$$

2. 多层介质的传递矩阵

当平面波垂直入射时，均匀层之间满足两个边界条件，分别为声压连续、法向振速连续，将各层的传递矩阵 $A^{(n)}(n=1,2,\cdots,N)$ 相连，得到多层结构的传递矩阵 B：

$$\begin{bmatrix} p_1 \\ u_1 \end{bmatrix} = A^{(1)}A^{(1)}\cdots A^{(1)}\begin{bmatrix} p_{N+1} \\ u_{N+1} \end{bmatrix} = B\begin{bmatrix} p_{N+1} \\ u_{N+1} \end{bmatrix} = \begin{bmatrix} b_{11} & b_{12} \\ b_{21} & b_{22} \end{bmatrix}\begin{bmatrix} p_{N+1} \\ u_{N+1} \end{bmatrix} \tag{9-17}$$

若后介质为空气，则终端可近似为自由边界：

$$p_{N+1} = 0 \tag{9-18}$$

将式（9-18）代入式（9-17），得到输入端面输入阻抗为

$$Z_{ia} = \frac{p_1}{u_1} = \frac{b_{12}}{b_{22}} \tag{9-19}$$

结构前介质为水，边界条件为

$$\begin{cases} p_1 = p_0 + Rp_0 \\ u_1 = u_0 - Ru_0 \\ p_0/u_0 = \rho_w c_w \end{cases} \tag{9-20}$$

则可得到分层吸声结构的反射系数和吸声系数为

$$r_p = \frac{Z_{ia} - \rho_w c_w}{Z_{ia} + \rho_w c_w} = \frac{b_{12} - \rho_w c_w b_{22}}{b_{12} - \rho_w c_w b_{22}} \tag{9-21}$$

$$\alpha_0 = 1 - r_p \cdot r_p^* = 1 - \frac{b_{12} - \rho_w c_w b_{22}}{b_{12} - \rho_w c_w b_{22}} \cdot \left(\frac{b_{12} - \rho_w c_w b_{22}}{b_{12} - \rho_w c_w b_{22}}\right)^* \tag{9-22}$$

9.2.3　多孔性吸声材料

多孔吸声材料是多孔状结构的材料。材料内部含有大量微孔和缝隙，孔隙细

小且在材料内部均匀分布；材料内部的微孔互相连通，单独的气泡和密闭的缝隙不起吸声作用；微孔向外敞开，使声波容易进入微孔内，不具有敞开微孔而仅有凹凸表面的材料不会有好的吸声效果。当声波作用于材料时，一方面，材料里的介质在声波的作用下产生振动，引起介质与孔道壁间的摩擦；另一方面，孔道中介质在声波的作用下引起压缩伸张形变。在形变过程中，介质的温度发生变化，因而与孔道壁之间产生热传导作用，这两种作用都是不可逆过程，使声波的能量转变为热能而损耗。

在毛细管中，管中截面上的质点速度不均匀，因此取截面上平均流速 $\bar{u}$ 来表示，其与管两端压力差 Δp 成正比，与管长 Δl 成反比，与半径 a 的平方成正比，并与黏滞系数 μ 成反比：

$$\bar{u} = \frac{a^2}{8} \cdot \frac{\Delta p}{\Delta l} \cdot \frac{1}{\mu} = \frac{1}{r} \cdot \frac{\Delta p}{\Delta l} \tag{9-23}$$

即管中流体的速度与压力梯度 $\dfrac{\Delta p}{\Delta l}$ 成正比，比例系数 $r = \dfrac{8\mu}{a^2}$ 称为流阻。对于沿 x 方向放置的细管，有

$$-\frac{\Delta p}{\Delta x} = r\bar{u} \tag{9-24}$$

式中，负号是因为当压力梯度 $\dfrac{\Delta p}{\Delta x} > 0$ 时，$\bar{u}$ 在 x 的负方向。

可知，$-r\bar{u}$ 实际为管壁对介质作用的黏滞阻力，它可以使管中流体介质发生能量损失，则可得管中质点的运动方程为

$$-\frac{\partial p}{\partial x} = \rho_0 \frac{\partial \bar{u}}{\partial t} + r\bar{u} \tag{9-25}$$

由于多孔吸声材料质点振速只对孔道中的介质才有意义，因此对整个吸声材料来说，假设在波长范围内孔道分布是均匀的，则可用单位面积的容积速度代替管中介质的平均振速。吸声材料截面上单位面积的有效面积等于单位截面上孔道截面之和，常用 σ_0 表示，σ_0 也被称为含孔率。则单位面积的容积速度为

$$Q = \sigma_0 \bar{u} \tag{9-26}$$

将式（9-26）代入式（9-25）中，可得多孔材料单位面积容积速度的运动方程为

$$-\frac{\partial p}{\partial x} = \frac{\rho_0}{\sigma_0} \frac{\partial Q}{\partial t} + \frac{r}{\sigma_0} Q \tag{9-27}$$

假设入射声波为单频谐波，则式（9-27）可改写为

$$-\frac{\partial p}{\partial x} = \frac{\rho_0}{\sigma_0}\left(1 - \mathrm{j}\frac{r}{\omega\rho_0}\right)\frac{\partial Q}{\partial t} = \rho^* \frac{\partial Q}{\partial t} \tag{9-28}$$

式中，$\rho^* = (\rho_0 / \sigma_0)\left(1 - \mathrm{j}\dfrac{r}{\omega\rho_0}\right)$。

考虑多孔材料非直管的异形结构，应在式（9-28）右侧乘上一个结构因子 S，则有

$$-\frac{\partial p}{\partial x} = \rho_1^* \frac{\partial Q}{\partial t} \tag{9-29}$$

式中，$\rho_1^* = (\rho_0 / \sigma_0)\left(1 - j\frac{r}{\omega \rho_0}\right)$。

同时，可得连续性方程以及绝热方程分别为

$$\sigma_0 \frac{\partial p}{\partial t} = -\rho_0 \frac{\partial Q}{\partial x} \tag{9-30}$$

$$\frac{\partial p}{\partial t} = c_0^2 \frac{\partial \rho}{\partial t} \tag{9-31}$$

联立式（9-29）～式（9-31）可得关于容积速度的波动方程为

$$-\frac{\partial p}{\partial t} = \rho_0 \frac{c_0^2}{\sigma_0} \cdot \frac{\partial Q}{\partial x} \tag{9-32}$$

同时，经过推导也可得到单位面积容积速度的平面波动方程为

$$\frac{\partial^2 Q}{\partial t^2} = \tilde{c}^2 \frac{\partial^2 Q}{\partial x^2} \tag{9-33}$$

式中

$$\tilde{c}^2 = c_0^2 \frac{1}{s\left(1 - j\dfrac{r}{\rho_0 \omega}\right)} \tag{9-34}$$

无限介质中行波解为

$$Q(x,t) = Q\mathrm{e}^{j\left(\omega t - \frac{\omega}{\tilde{c}}x\right)} \tag{9-35}$$

由式（9-29）及式（9-35）可得多孔吸声层的单位面积的声阻抗，其实际上等效于面的输入阻抗：

$$Z_a = \frac{p(x,t)}{Q(x,t)} = \rho_1^* \tilde{c} \tag{9-36}$$

设厚度为 l 的吸声材料敷设在刚性壁上，其表面的声阻抗为

$$Z_b = \rho_1^* \tilde{c}\, \mathrm{coth}\left(j\frac{\omega l}{\tilde{c}}\right) \tag{9-37}$$

9.2.4　微穿孔板吸声体

微穿孔板吸声体就是穿孔直径小于 1mm 的穿孔板，穿孔率小于 5%，固定在固体表面前，留有一定厚度的空腔，不需要填充多孔性材料，是一种低声质量、

高声阻的共振吸声结构，是在普通穿孔板结构基础上的新发展。微穿孔板可以看作大量微管的并联，当孔间距离比孔径大得多时，可假设各孔的特性互不影响，微穿孔板的声阻抗简单地等于单孔的声阻抗除以孔数。另外，当孔间距离比波长小得多时，孔间板面对声波的反射也可以忽略不计。

正入射时，微穿孔板的吸声系数为

$$\alpha_0 = \frac{4r}{(1+r)^2 + (\omega m - \cot(\omega D / c_0))^2} \tag{9-38}$$

式中

$$r = \frac{32\mu t}{p c_0 d^2} k_r, \quad k_r = \sqrt{1 + \frac{x^2}{32}} + \frac{\sqrt{2}}{8} x \frac{d}{t}$$

$$\omega m = \frac{\omega t}{p c_0} k_m, \quad k_m = 1 + \left(3^2 + \frac{x^2}{2}\right)^{-\frac{1}{2}} + 0.85 \frac{d}{t} \tag{9-39}$$

$$x = \frac{d}{2}\sqrt{\frac{\omega}{\mu}} = 2\sqrt{2\omega\rho\eta}$$

其中，ρ 为介质密度；c_0 为介质中的声速；D 为空腔尺寸即穿孔板与固定表面之间的距离；m 为相对声质量；r 为相对声阻；μ 为运动黏滞系数；t 为穿孔板厚度；d 为穿孔直径；p 为穿孔率。

当频率满足 $\omega m = \cot(\omega D / c_0)$ 时，可得微穿孔吸声体的最大吸声系数为

$$\alpha_0 = \frac{4r}{(1+r)^2} \tag{9-40}$$

若声波以入射角 θ 入射到吸声体表面，此时的声阻抗比为

$$Z_\theta = r\cos\theta + \mathrm{j}\omega m\cos\theta - \mathrm{j}\cot(\omega D\cos\theta / c_0) \tag{9-41}$$

吸声系数为

$$\alpha_\theta = \frac{4r\cos\theta}{(1+r\cos\theta)^2 + (\omega m\cos\theta - \cot(\omega D\cos\theta / c_0))^2} \tag{9-42}$$

9.2.5　谐振腔式吸声结构

1. 谐振腔吸声器的基本原理

谐振腔式吸声结构实际就是亥姆霍兹共振器，其由一根长 L、半径为 b 的圆柱形短管与一个体积为 V 的空腔相连而成，短管另一端为声波入口。其中，圆柱形短管截面较小，称为颈；空腔截面较大，并与颈相连，称为腔。其结构如图 9-1 所示。

谐振腔式吸声结构需满足三个假设：首先，腔口半径以及颈长要远小于声波

波长；其次，短管体积应远小于空腔体积；最后，空腔壁面应为刚性壁面，以使腔内介质的压缩和膨胀时不会使腔壁产生形变。

当声波入射到谐振腔入口时，颈中介质等效于集中参数的质量元件，其质量近似等于 $m = \rho_0 s l$，其中，ρ_0 为颈内介质的密度，s 为颈的截面积。颈中介质流入流出的同时会引起腔中介质压缩或者膨胀，整个系统的形变能量储藏在腔

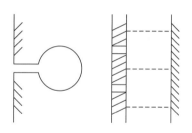

图 9-1 谐振腔式吸声结构

中，当波长远大于腔的线性尺度时，腔相当于集中参数系统的弹性元件。等效弹性系数为 $D = \rho c_0^2 s / V$。系统振动的阻尼作用决定于颈中质量振动时管壁对其作用的黏滞阻力，阻力系数为 $R = 8\pi\mu l$，其中 μ 为黏滞系数。

2. 谐振腔吸声器的吸声系数

假设面积为 s 的孔均匀分布于厚度为 l 的覆盖板上，单位面积覆盖板上孔的数目为 n，覆盖板与后壁间间隔为 a，每个空腔的体积为 V，则有每个谐振腔的机械阻抗为

$$Z_m = R + \mathrm{j}\left(m\omega - \frac{D}{\omega}\right) \tag{9-43}$$

式中，$R = 8\pi\mu l$；$m = \rho_0 s l$；$D = \rho c_0^2 s / V$。

谐振频率为

$$f = \frac{c_0}{2\pi}\sqrt{\frac{s}{Vl}} \tag{9-44}$$

假设覆盖板单位面积上的含孔率为 σ_0，则有

$$n = \frac{\sigma_0}{s} \tag{9-45}$$

若不考虑谐振腔间的相互作用，则可利用单个谐振腔的机械阻抗推导出谐振腔吸声结构单位面积的声阻抗为

$$Z_a = Z_m \cdot \frac{1}{\sigma s} = \frac{1}{n}\frac{Z_m}{s^2} \tag{9-46}$$

根据吸声系数的定义可以求得谐振腔式吸声结构的吸声系数为

$$\alpha_0 = 1 - |r_p|^2 = \frac{4\dfrac{R}{\rho c_0 n s^2}}{1 + \dfrac{R}{\rho c_0 n s^2} + \dfrac{m\omega - \dfrac{D}{\omega}}{\rho c_0 n^2 s^4}} \tag{9-47}$$

入射波的频率等于谐振腔的谐振频率时，可得吸声系数最大值为

$$\alpha_{\max} = \frac{4\dfrac{R}{\rho c_0 n s^2}}{1 + \dfrac{R}{\rho c_0 n s^2}} \tag{9-48}$$

9.3　吸声系数测量方法

9.3.1　驻波管法

使用驻波管法或阻抗管法测量材料吸声系数比较简单，是研究吸声材料的常用手段。管的一端放置声源，另一端敷设待测材料，材料后面有刚性活塞。测量声压，用一探管伸入驻波管。声源以及待测材料都固定不动，探管可移动，并有标尺标出其位置。管内测量条件不变。以驻波比测量求得材料吸声系数或声阻抗率，原理图如图 9-2 所示。

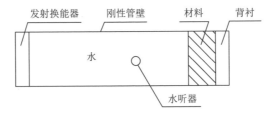

图 9-2　驻波管法原理图

当管中满足平面波场条件，而且管中介质的吸收可以忽略不计时，距离样品处的声压可以表示为

$$p(x) = p_i \exp(-\mathrm{j}kx) + \hat{r}_p p_i \exp(\mathrm{j}kx) \tag{9-49}$$

式（9-49）面管中声场是两个平面波的叠加，又有 $\hat{r}_p = r_p \mathrm{e}^{\mathrm{j}\varphi}$。于是，式（9-49）可以写为

$$p(x) = p_i \exp(-\mathrm{j}kx) + r_p p_i \exp(\mathrm{j}(kx + \varphi)) \tag{9-50}$$

声压的模为

$$|p(x)| = p_i \sqrt{1 + R^2 + 2R\cos(2kx - \varphi)} \tag{9-51}$$

由式（9-51）可知，当 $\cos(2kx - \varphi) = 1$ 时，$|p(x)|$ 有最大值；当 $\cos(2kx - \varphi) = -1$ 时，$|p(x)|$ 有最小值。令

$$\mathrm{SWR} = |p(x)|_{\max} / |p(x)|_{\min} \tag{9-52}$$

式中，SWR 为驻波比，有

$$SWR = (1 + p) / (1 - p) \tag{9-53}$$

于是得到反射系数的模值为

$$SWR = (1 + p) / (1 - p) \tag{9-54}$$

从第一个声压极小值位置可以确定反射系数的相角，因为 $\cos(2kx - \varphi) = -1$，所以有

$$\varphi = \frac{4\pi x_0}{\lambda} - \pi \tag{9-55}$$

式中，x_0 为管中样品前第一个声压极小值位置；λ 为管中水的波长。

吸声系数为

$$\alpha_0 = 1 - |r_p|^2 \tag{9-56}$$

9.3.2　脉冲管法

脉冲管法的工作原理图如图 9-3 所示，主体是一根充水钢管，通常脉冲管都是垂直放置，下端封闭，装有换能器，上端开口，用来安放被测样品，样品做成圆柱形，只有当需要对管中施加静压力时，管子的上端才封闭起来。

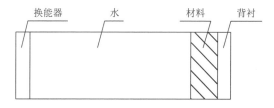

图 9-3　脉冲管法原理图

换能器应是平面活塞型收发两用换能器，并且要满足以下要求：与钢管间有声学隔离，以减弱换能器激发管壁振动；轴对称激发，以提高声管的上限使用频率；辐射面振幅分布尽量均匀，以便减小轴对称的高阶波的幅度。

根据传输线理论，被测样品从声波入射方向看进去的输入阻抗表达式为：当试件末端为空气背衬时，有

$$Z_{in} = \rho\tilde{c}\tanh(j\tilde{k}l) = \rho\tilde{c}\tanh(\alpha l + j\beta l) = j\frac{\omega\rho}{\alpha + j\dfrac{\omega}{c_0}}\tanh(\alpha l + j\beta l) \tag{9-57}$$

当试件末端为刚性背衬时，有

$$Z_{in} = \rho\tilde{c}\coth(j\tilde{k}l) = \rho\tilde{c}\coth(\alpha l + j\beta l) = j\frac{\omega\rho}{\alpha + j\dfrac{\omega}{c_0}}\tanh\left(\alpha l + j\frac{\omega l}{c_0}\right) \tag{9-58}$$

式中，Z_{in} 为样品的输入阻抗；$\tilde{k} = \omega / \tilde{c} = \beta - \mathrm{j}\alpha$ 为样品的复数波数；c_0 为材料的纵波声速；α 为材料的吸声系数；ω 为角频率；ρ 为材料密度；l 为样品厚度。

由样品前界面的反射系数可以求出样品的输入阻抗为

$$Z_{in} = \rho_w c_w \frac{1 + r_p \mathrm{e}^{\mathrm{j}\varphi}}{1 - r_p \mathrm{e}^{\mathrm{j}\varphi}} \qquad (9\text{-}59)$$

由式（9-57）～式（9-59）可以推导出两种边界条件下，材料的纵波声速和衰减系数与反射系数的模值和相角的关系。

对于空气背衬有

$$\mathrm{j} \frac{\tanh\left(\alpha l + \mathrm{j}\dfrac{\omega l}{c_0}\right)}{\alpha l + \mathrm{j}\dfrac{\omega l}{c_0}} = \frac{\rho_w c_w}{\omega \rho l} \frac{1 + r_p \mathrm{e}^{\mathrm{j}\varphi}}{1 - r_p \mathrm{e}^{\mathrm{j}\varphi}} \qquad (9\text{-}60)$$

对于刚性末端有

$$\mathrm{j} \frac{\coth\left(\alpha l + \mathrm{j}\dfrac{\omega l}{c_0}\right)}{\alpha l + \mathrm{j}\dfrac{\omega l}{c_0}} = \frac{\rho_w c_w}{\omega \rho l} \frac{1 + r_p \mathrm{e}^{\mathrm{j}\varphi}}{1 - r_p \mathrm{e}^{\mathrm{j}\varphi}} \qquad (9\text{-}61)$$

由式（9-59）和式（9-61）可以看出，只要测得等式右边的值，就可以求出被测样品的纵波波速和衰减常数。

在给定的测试频率上，测量从样品表面第一次反射的脉冲高度 p_1 和相位 ϕ_1 以及不放样品时换能器收到的第一次反射脉冲高度 p_2 和 ϕ_2（ϕ_1 和 ϕ_2 是反射信号与参考信号间的相位差），于是有

$$r_p = p_1 / p_2 \qquad (9\text{-}62)$$

$$\phi = \phi_1 - \phi_2 \pm \pi \text{(声软末端)} \qquad (9\text{-}63)$$

$$\phi = \phi_1 - \phi_2 \pm \frac{4\pi f l}{c_w} \text{(声硬末端)} \qquad (9\text{-}64)$$

9.3.3　混响法

该方法的基本原理为：分别测量布放吸声材料前后混响水箱内的混响时间，再根据混响公式计算材料吸声系数。混响水箱的形状可以为矩形或者由不平行及不规则界面所组成的其他形状。混响水箱的各个边界尺寸应避免有任意两个相等的或呈整数倍。混响水箱内应使用无指向性的用于发声的换能器或换能器阵列以及用于接收声信号的接收水听器。声源信号频带噪声的宽度应为 1/3 倍频程。

根据每个频段的混响时间可以按如下公式计算吸声系数：

$$\alpha_r = \frac{55.3V}{c_0 S}\left(\frac{1}{T_{60\_2}} - \frac{1}{T_{60\_1}}\right) \tag{9-65}$$

式中，α_r 为材料的混响法吸声系数测量结果，$\alpha_r = \dfrac{A_2 - A_1}{S}$，其中，$A_1$ 为未布放试件时混响水箱的吸声量，A_2 为放入试件后混响水箱的吸声量；S 为试件面积；T_{60_1} 为未布放试件时混响水箱的混响时间；T_{60_2} 为放入试件后混响水箱的混响时间；c_0 为介质中声速。

9.4 混响水箱中材料吸声系数测量

9.4.1 水箱中强吸声材料的混响法测量原理

水声中应用的大多数吸声材料都属于强吸声材料，如消声瓦等，需要确定其无规则入射的平均吸声系数，而在水箱中开展强吸声水声材料吸声系数的研究还很少，探索在水箱中准确测量材料的吸声系数意义重大。

参考室内声学中混响法测量材料吸声系数的基本原理，分别测量布放吸声材料前后混响水箱内的混响时间，再根据混响法理论计算材料的吸声系数。但混响水箱中声场的扩散性远不如混响室，尤其是布放强吸声材料后声场不满足扩散场条件。此时在水箱中设置多个测量点，并在每个测量点进行多次重复，通过多点的空间平均及每个点的时间平均，即时空平均以减少声场扩散性对吸声系数测量结果的影响。根据每个频段的混响时间可以按如下公式计算吸声系数：

$$\alpha_r = \frac{55.3V}{c_0 \cdot S}\left(\frac{1}{\langle T_{60\_2}\rangle} - \frac{1}{\langle T_{60\_1}\rangle}\right) \tag{9-66}$$

式中，α_r 为强吸声材料的混响法吸声系数测量结果；S 为试件面积；$\langle T_{60\_1}\rangle$ 和 $\langle T_{60\_2}\rangle$ 为布放试件前后混响水箱内时空平均混响时间；c_0 为介质中声速。

1. 混响时间测量方法

实验采用中断声源法测量混响水箱内的混响时间。如图 9-4 所示，首先使用 PULSE 动态信号分析仪中的信号源模块产生一个宽带白噪声信号，并将其输入功率放大器（B&K2713）中，再将放大后的宽带白噪声信号加到标准球形声源上，将由水听器（B&K8105）接收到的混响水箱内某位置处的声信号经测量放大器输入 PULSE 动态信号分析仪中的采集模块，便可通过 PULSE 软件自动计算得到混响水箱在该位置处各 1/3 倍频程带宽内的混响时间。

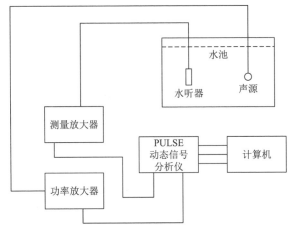

图 9-4　测量系统示意图

系统的触发方式为定时触发，设置声源停止工作前，采集模块开始记录数据，并根据采集的数据即时画出水听器位置处能量变化曲线。当水听器位置能量下降5dB 时，系统判定混响声场开始衰减，并记录能量衰减曲线从而计算出该位置的混响时间。混响水箱某位置处时域信号随时间变化以及中心频率为5kHz 的 1/3 倍频程带宽内能量衰减曲线如图 9-5 所示。

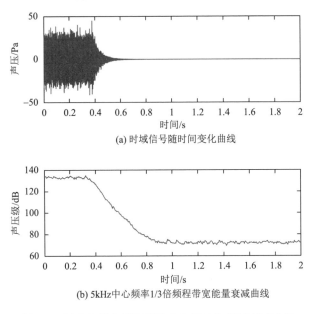

(a) 时域信号随时间变化曲线

(b) 5kHz中心频率1/3倍频程带宽能量衰减曲线

图 9-5　混响水箱内某位置处接收信号与能量衰减曲线

在测量混响时间时，其测量结果会出现重复偏差和空间偏差。中断声源法使用白噪声信号来进行混响水箱内混响时间的测量，并且由于白噪声信号是随机的，这使声源激发的简正波的模态和程度在声源停止发声后也是随机的，而且由前面的推导可知不同模态间混响时间各不相同，这便是重复偏差产生的原因。使用脉冲积分方法测量混响时间或在不同次使用中断声源法时发射固定白噪声信号皆可明显地减少混响时间测量的重复偏差。实际上，这两种减少重复偏差的方法都使用了确定性信号，此时在混响水箱内其他条件不变的情况下模态激发的程度不是随机的，因此能大幅度地减小混响时间测量的重复偏差。同时在每个测量点应进行 6 次以上的混响时间测量并进行算术平均以进一步减少重复偏差；为减少混响时间的空间偏差，需将声源及水听器分别在空间上多点放置，并对各位置测得的混响时间进行算术平均，所有测点距离混响水箱壁面不宜过近。混响水箱长 9m、宽 3.1m、水深 1.6m，混响水箱测点布放图如图 9-6 所示。每个位置在深度方向布放 4 个水听器，水听器间距 0.25m，第一个水听器距水面 0.5m，同时第四个水听器距水底 0.35m。

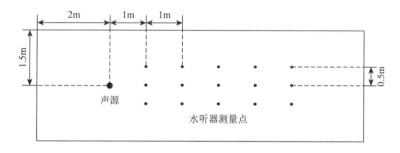

图 9-6　混响水箱实验测点布放图

混响时间的测量偏差通过多次或多点测量得到的混响时间标准差与其平均值的比值来表示。

设使用 T_{ijk} 来表示第 j 个测点位置处第 i 次测量得到的第 k 个 1/3 倍频程带宽内的混响时间，那么 $\bar{T}_{jk}$ 表示第 j 个测点位置处第 k 个 1/3 倍频程 N 次测量的平均混响时间，则

$$\bar{T}_{jk} = \frac{1}{N}\sum_{i=1}^{N} T_{ijk} \tag{9-67}$$

令 σ_{jk} 表示第 j 个测点位置处第 k 个 1/3 倍频程 N 次测量的混响时间的标准差，则

$$\sigma_{jk} = \left(\frac{1}{N-1}\sum_{i=1}^{N}(T_{ijk}-\bar{T}_{jk})^2\right)^{1/2} \tag{9-68}$$

那么，第 j 个测点位置处第 k 个 1/3 倍频程 N 次测量的混响时间测量重复偏差 η_{jk} 可以用相对标准差表示如下：

$$\eta_{jk} = \frac{\sigma_{jk}}{T_{jk}} \times 100\% \qquad (9\text{-}69)$$

同理，也可获得不同位置混响时间测量的空间偏差。$\overline{\overline{T}}_k$ 为 M 个测点位置处第 k 个 1/3 倍频程的混响时间平均值：

$$\overline{\overline{T}}_k = \frac{1}{M} \sum_{j=1}^{M} \overline{T}_{jk} \qquad (9\text{-}70)$$

σ_k 为 M 个测点位置在第 k 个 1/3 倍频程处的混响时间测量的标准差：

$$\sigma_k = \left(\frac{1}{M} \sum_{j=1}^{M} (\overline{T}_{jk} - \overline{\overline{T}}_k)^2 \right)^{1/2} \qquad (9\text{-}71)$$

μ_k 为 M 个测点位置在第 k 个 1/3 倍频程处混响时间测量的空间偏差：

$$\mu_k = \frac{\sigma_k}{\overline{\overline{T}}_k} \times 100\% \qquad (9\text{-}72)$$

2. 混响时间测量结果

表 9-1 为在混响水箱中同一测点的混响时间测量重复偏差，同时也给出了在该位置处混响时间测量的均值。由表 9-1 可以看出，混响水箱中同一测点测得的各 1/3 倍频程处混响时间重复偏差最大不超过 1.5%。测量图 9-5 所示的各个测点位置上混响时间，测量得到的混响时间平均值、标准差及空间偏差如表 9-2 所示。比较表 9-1 及表 9-2 中的混响时间偏差可以看出，混响时间测量的空间偏差明显大于重复偏差。因此得出结论：在测量混响水箱混响时间时，应尽量选取较多的混响时间测点，并将各测点的混响时间进行平均以提高混响时间测量的精度。

表 9-1　混响水箱同一位置混响时间测量重复偏差

1/3 倍频程中心频率/kHz	混响时间							
	T_{1jk}/s	T_{2jk}/s	T_{3jk}/s	T_{4jk}/s	T_{5jk}/s	T_{6jk}/s	$\overline{T}_{jk}$/s	η_{jk}/%
2	0.527	0.520	0.521	0.522	0.526	0.522	0.523	0.5
2.5	0.409	0.406	0.406	0.408	0.405	0.410	0.407	0.4
3.15	0.402	0.396	0.400	0.400	0.400	0.399	0.400	0.4
4	0.385	0.391	0.384	0.388	0.386	0.388	0.387	0.6
5	0.447	0.464	0.446	0.462	0.454	0.456	0.455	1.5
6.3	0.418	0.412	0.406	0.411	0.410	0.413	0.412	0.9
8	0.469	0.470	0.467	0.468	0.470	0.470	0.469	0.3
10	0.473	0.475	0.480	0.478	0.475	0.473	0.475	0.5

表 9-2　混响水箱同一位置混响时间测量重复偏差

1/3 倍频程中心频率/kHz	各位置混响时间平均值/s	各位置混响时间标准差/s	混响时间空间偏差/%
2	0.473	0.019	3.9
2.5	0.401	0.029	7.3
3.15	0.369	0.016	4.3
4	0.371	0.017	4.5
5	0.400	0.019	4.6
6.3	0.435	0.020	4.5
9	0.439	0.019	4.0
10	0.457	0.012	2.6

　　利用表 9-2 中测量得到的混响水箱内混响时间，可计算出实验用混响水箱的截止频率约为 1.8kHz，混响半径约为 30cm，因此测量选取中心频率为 2～10kHz 的 8 个 1/3 倍频程段；实验时应注意保持试件与声源间距大于 $2r_c$，约为 60cm，以确保试件以及测点位置布放在混响控制区内。

9.4.2　水箱中强吸声材料吸声系数的测量

　　当水箱中布放强吸声材料后，强吸声材料对水箱中声场的扩散性影响很大。图 9-7 为采用集中式布放方式布放 6m² 强吸声材料试件时，混响水箱内各位置声压级空间偏差。从图 9-7 中可以看出，空箱状态时声压级空间偏差明显小于布放

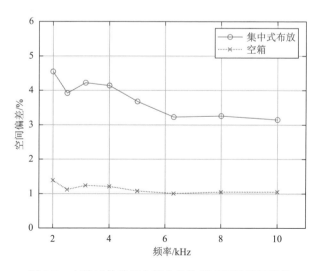

图 9-7　布放试件前后水箱内各位置声压级空间偏差

强吸声材料后的声压级空间偏差，这意味着强吸声材料的布放对声场扩散性产生了较大影响。

若将试件分为几部分分布式布放，与集中式布放方式相比，材料更加均匀地分布于水箱表面，材料能量吸收更加均匀，这将会改善布放试件后水箱内声场的扩散性，从而使得测量的强吸声材料吸声系数更加准确。但无论布放方式如何，试件布放位置以及试件间距均会对测量结果产生影响，因此进行了如表 9-3 所示的三个实验，来分别验证试件布放位置、间距、布放方式，以及分布式布放方式对材料吸声系数测量结果的影响。

表 9-3　实验工况表

序号	实验工况	备注
1	试件布放位置的影响实验	研究试件布放位置对吸声系数测量结果的影响
2	试件布放间距的影响实验	研究试件布放间距对吸声系数测量结果的影响
3	分布式布放方式的影响实验	研究分布式布放方式对吸声系数测量结果的影响

1. 试件布放位置对吸声系数测量结果的影响

在混响水箱中，由于声场不均匀，强吸声材料吸声系数的测量结果受试件布放的位置影响。为确定此影响，保持试件总面积为 $4.17m^2$ 的情况下，分别测量试件布放在不同位置时，混响法测量得到的强吸声材料吸声系数的结果。考虑混响水箱以及试件尺寸等因素，试件与水箱宽度方向壁面距离无法进行较大的改变，因此在实验过程中应保持试件与宽度方向壁面距离不变，以减少其对实验结果的影响。三种不同的布放位置如图 9-8 所示，位置 1 时试件离声源最近的边与声源距离为 1.5m，位置 3 时试件离声源最远的边距混响水箱边界 1.5m，来保证试件处于混响控制区，同时避免混响水箱边界的影响。试件不同位置吸声系数测量结果如图 9-9 所示。

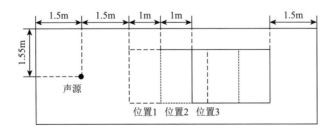

图 9-8　试件布放位置示意图

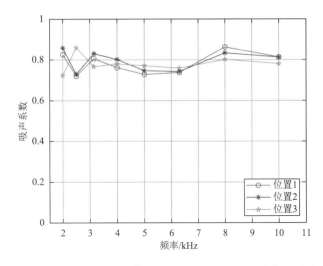

图 9-9 集中式布放 4.17m² 试件于不同位置时吸声系数测量结果

由图 9-9 可以看出，三个位置在 3.15kHz 以上的各 1/3 倍频程带宽内吸声系数偏差不大，最大偏差为 6.4%；在 2kHz 及 2.5kHz 两个 1/3 倍频程段各位置测量结果差别较大，最大偏差为 18.5%。其原因在于低频时水箱内声场扩散性较差，强吸声试件布放不同位置使吸声系数测量结果差异较大，而中高频时声场扩散性较好，试件布放位置对中高频段吸声系数测量结果影响不大。

2. 试件间距对吸声系数测量结果的影响

参考空气声学中的相关研究，Wolde[30]认为试件间距过小时，试件间相互作用导致吸声系数测量结果偏小，其建议在试件分布式布放时，边缘间距应至少为 $2\lambda \sim 4\lambda$，以消除试件间相互作用，其中 λ 为声波的波长。

在混响水箱中，保持试件总面积为 6m² 的情况下，将试件平均分为两块，每块的尺寸为 2m×1.5m，改变两块试件间距离分别为 25cm、50cm、75cm、100cm以及 150cm，分别测量不同试件间距时，测量吸声系数的变化。考虑混响水箱以及试件尺寸等因素，试件与混响水箱宽度方向壁面距离无法进行较大的改变，因此在实验过程中保持试件与宽度方向壁面距离不变，以减少其对实验结果的影响。图 9-10 给出的是混响法测量试件吸声系数与试件间距的关系，选取了 4kHz以及 8kHz 等两个 1/3 倍频程带宽内的吸声系数测量结果。

设试件间距为 d，声波波长为 λ，由图 9-10 可以看出，对于该强吸声材料，在 4kHz 以及 8kHz 两个倍频程段，当试件间距 $d > 2\lambda$ 时，试件间相互作用可以忽略不计，相同总面积的试件吸声系数测量结果相差不大，材料吸声系数测量结果比较稳定，说明水箱中测量强吸声材料也满足 Wolde 的布放要求。

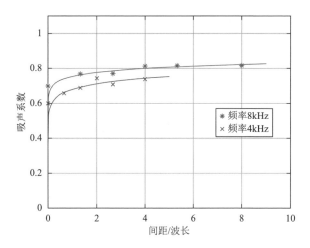

图 9-10　混响法测量吸声系数与试件间距的关系

3. 分布式布放方式吸声系数测量结果

在保持试件面积相同的情况下，通过分割试件为不同块数并按一定方式进行布放，来比较试件不同布放方式对吸声系数测量结果的影响。同时，由前面的实验结果可以看出，试件间距不足时，试件间的相互作用会使吸声系数测量结果偏小，因此在进行实验时，应考虑该影响。在保持试件面积为 6m² 的情况下，分别进行集中式布放；试件平均分为 2 块，每块尺寸为 2m×1.5m；试件平均分为 3 块，每块尺寸为 2m×1m。考虑试件面积以及混响水箱尺寸等因素，对于分布式布放方式选取试件间距为 75cm 进行研究，此时 4kHz 以上频率满足 $d > 2\lambda$ 条件，因此在接下来分布式布放吸声系数测量实验中仅对 4kHz、5kHz、6.3kHz、8kHz 以及 10kHz 等 5 个 1/3 倍频程吸声系数进行测量。同时，由前面的实验结果可知，上述频段试件位置对吸声系数测量结果的影响较小，可以忽略。试件在混响水箱长度方向上平行布放，在布放过程中应保持试件与声源距离不少于 1m，距宽度方向壁面距离不少于 0.5m，距长度方向壁面距离不少于 1.5m。实验试件现场布置见图 9-11。

图 9-12（a）为试件采用三种不同布放方式时各 1/3 倍频程试件吸声系数测量结果，图 9-12（b）为三种不同布放方式和混响水箱空箱状态时混响水箱内声压级的空间偏差。现行测量标准 ISO 354-2003[31] 中有利用吸声系数判断声场扩散性的准则，对于同一种材料在不同扩散条件下测得的吸声系数越大，声场扩散越好，则此时声场越接近扩散场条件，吸声系数测量结果越准确。通过图 9-12（a）可以看出，分布式布放吸声系数测量结果优于集中式布放；试件平均分为 3 块时材料吸声系数测量结果最大。采用集中式布放时声压级空间偏差最大，强吸声材料试件对声场扩散性影响最大，吸声系数测量结果偏小；试件平均分为 3 块布放时声

(a)　　　　　　　　　　　　　　　　(b)

图 9-11　实验试件布置图

压级空间偏差与空箱最接近，声场扩散性最好，吸声系数测量结果最大。因此，采用分布式布放方式时吸声材料试件吸声系数测量结果优于集中式布放方式；对于分布式布放方式，在满足试件间距 $d > 2\lambda$ 及声源与试件间距 $r > 2r_c$，以及试件总面积一定的情况下，试件块数越多，声场扩散性越好，吸声系数测量越准确。

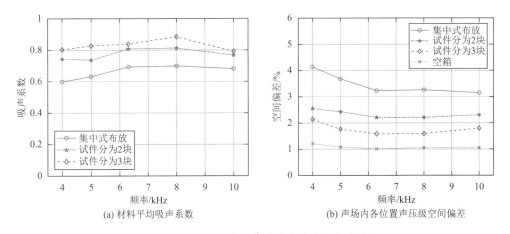

(a) 材料平均吸声系数　　　　　　　　　(b) 声场内各位置声压级空间偏差

图 9-12　试件面积为 6m^2 时分布式布放实验结果

参 考 文 献

[1]　钱中昌，傅云霞，余培英，等. 混响法测量吸声系数的不确定度评价[J]. 计量学报，2016，37（4）：411-414.

[2]　Toyoda E，Sakamoto S，Tachibana H. Effects of room shape and diffusing treatment on the measurement of sound

absorption coefficient in a reverberation room[J]. The Journal of the Acoustical Science and Technology，2004，25（4）：255-266.

[3]　王季卿，顾樯国. 混响室中悬挂扩散板和试件面积对吸声测量结果的影响[J]. 声学学报，1984，（6）：38-50.

[4]　Bradley D T，Muller-trapet M，Adelgren J，et al. Effect of boundary diffusers in a reverberation chamber：Standardized diffuse field quantifiers[J]. The Journal of the Acoustical Society of America，2014，135：1898-1906.

[5]　Hidaka Y，Yano H，Tachiban H. Correctioon for the effect atomspheric sound absorption on the sound absorption coefficients of materials measured in a reverberation room[J]. The Journal of the Acoustical Society of Japan，1988，9（5）：217-223.

[6]　杨小军，沈勇，乐意. 混响室中混响时间测量偏差的研究[J]. 声学技术，2011，30（1）：93-97.

[7]　王季卿，顾樯国. 混响室中用角点传声器测量材料的吸声系数[J]. 同济大学学报（自然科学版），1983，（2）：99-105.

[8]　孙广荣. 混响室中混响时间测量测点位置的探讨[J]. 电声技术，2015，39（8）：1-2.

[9]　Chung J Y，Blaser D A. Transfer function method of measuring in-duct acoustic properties. I. Theory[J]. The Journal of the Acoustical Society of America，1980，68（3）：907-913.

[10]　Chung J Y，Blaser D A. Transfer function method of measuring in-duct acoustic properties. II. Experiment[J]. The Journal of the Acoustical Society of America，1980，68（3）：914-921.

[11]　Chu W T. Transfer function technique for impedance and absorption measurements in an impedance tube using a single microphone[J]. The Journal of the Acoustical Society of America，1986，80（2）：555-560.

[12]　Schultz T，Sheplak M，Cattafesta L N. Uncertainty analysis of the two-microphone method[J]. The Journal of Sound and Vibration，2007，304（1/2）：91-109.

[13]　姬培锋，杨军，李晓东. 基于指向性声源的吸声系数测量[C]. 中国声学学会 2006 年全国声学学术会议论文集，2006.

[14]　Kuang Z，Ye C，Wu M，et al. Method for measuring the absorption coefficient of sound absorbing materials in situ[J]. Acta Acustica，2010，35（2）：162-168.

[15]　张燕凯，匡正，吴鸣，等. 基于声场重建的材料吸声系数测量方法[J]. 应用声学，2017，36（1）：1-8.

[16]　李水，缪荣兴. 水声材料性能的自由声宽带压缩脉冲叠加法测量[J]. 声学学报，2000，（3）：248-253.

[17]　Trivett D H，Robinson A Z. Modified Prony method approach to echo-reduction measurements[J]. The Journal of the Acoustical Society of America，1981，70（4）：1166-1175.

[18]　张清泉，朱蓓丽. 用改进的 Prony 方法在自由场中测量材料的反射系数[J]. 噪声与振动控制，1997，（6）：11-14.

[19]　朱蓓丽. 双传声器技术测量材料的吸声系数[J]. 声学技术，1990，（4）：16.

[20]　赵渊博，侯宏，孙亮. 收发合置水声管中使用宽带脉冲的吸声测量方案[J]. 声学技术，2014，（3）：213-217.

[21]　代阳，杨建华，侯宏，等. 声管中的宽带脉冲法的水声材料吸声系数测量[J]. 声学学报，2017，（4）：476-484.

[22]　Blake W K，Maga L J. Chamber for reverberant acoustic power measurements in air and in water[J]. The Journal of the Acoustical Society of America，1975，57（2）：380-384.

[23]　李琪，杨士莪. 水筒噪声测量方法的改进[J]. 中国造船，1992，（3）：70-79.

[24]　Shang D J，Tang R，Li Q，et al. Measurement of radiated sound power from a complex underwater sound source in a non-anechoic pool based on spatial averagin[J]. The Journal of Sound and Vibration，2020，468（3）：115071.

[25]　Zhang Y M，Tang R，Li Q，et al. The low-frequency sound power measuring technique for an underwater source in a non-anechoic tank[J]. Measurement Science and Technology，2018，29（3）：035101.

[26]　Tang R，Yu X Y，Shang D J，et al. The calculation method and the test for radiated sound power of impulsive noise

in a reverberant tank[J]. The Journal of Measurement Science anf Technology，2019，30（7）：075006.

[27] Liu Y W，Shang D J，Li Q，et al. Experimental investigation on measuring sound absorption in the water medium containing suspended sediment particles[J]. Acta Armamentarii，2010，31（3）：309-315.

[28] Song Y，Zhao Z Q，Zhang W，et al. Research on the reverberation absorption coefficient of material measured by underwater reverberation field method[C]. Symposium on Piezoelectricity，Acoustic Waves and Device Applications （SPAWDA），Shenzhen，2011.

[29] Takahashi S，Kikuchi T，Ogura A. Measurements of underwater sound absorption coefficient by the reverberation method[J]. Japanese Journal of Applied Physics，1986，25（1）：112-114.

[30] Wolde T T. Measurements on the edge-effect in reverberation rooms[J]. ACOUSTICA，1967，18：207-212.

[31] ISO 354-2003. Acoustics—Measurement of sound absorption in a reverberation room[S]. International Organization for Standardization，Geneva，2003.

第 10 章　通海管路管口声辐射及噪声源分离研究

水下航行体的噪声源主要包括机械噪声、螺旋桨噪声和水动力噪声[1]。通海管路系统既含有机械噪声，也含有水动力噪声。因此，开展海水管路通海口辐射噪声特性研究对于潜艇的减振降噪意义重大。

舰船通海管路系统具有动力系统冷却、重量补偿和二氧化碳吸收等功能。管道的振动本身会向外辐射噪声；管路振动也会传递到其他结构，并激励后者产生声辐射；同时，系统中的泵与阀门等噪声源所产生的流体脉动噪声将随海水的排出从通海口辐射出去。

通海管路系统的噪声不仅会对舰船的噪声水平和隐蔽性产生较大的负面影响，而且还会降低管路自身的工作可靠性。因此，对通海管路系统的噪声进行研究及有效控制是非常必要的。

水下通海管路噪声可借鉴空气中管路噪声的研究成果，但由于介质特性及运动速度的差异，水下通海管路噪声的特性研究不能完全仿照空气中管路噪声的研究方法。目前，对水下管路噪声的研究较少，究其原因在于没有完善的水下管路噪声实验设施及测量评价方法，对水下管路的声传输特性缺乏准确的认识，尤其是认识不到水下管路中存在低频截止效应。

管路系统已经被确认为潜艇的主要噪声源之一，同时研究人员也针对管路及消声器做了大量的研究和实验，但目前也没有给出一个很好的评价和分析手段。在此背景下，本章提出一种利用混响法在混响水池中分离通海管路管口声辐射噪声源的方法，并进行了实验验证。

10.1　充液管道声场分布的理论分析及仿真计算

现阶段对管路噪声的研究大多停留在充气管道阶段，没有意识到充液管道存在低频截止的现象，这对管道的消声降噪技术会产生影响。研究充液管道内部的声场分布与传播特性，明确充液管道中声的传播路径与方式对于控制管路噪声有重要意义[2-4]。

10.1.1　充液管道声场分布的理论分析

1. 液态管壁模型的简正频率计算

以往管道声学中计算得到的结论多是绝对软或绝对硬边界条件下的结果，然而液体的特性阻抗与空气相比较是一个很大的量，不能忽略，此时理想边界条件不再适用。当充液管道的管壁为较坚硬的材质，如钢、铜或铁等金属时，弹性管道可以近似视为液体管壁模型，简化计算[5]。

设无限长直管道的外径为 a、内径为 b，如图 10-1 所示。

图 10-1 无限长直管道模型

设管道外面是真空，管壁内液体密度为 ρ_1、声速为 c_1，管内液体密度为 ρ_0、声速为 c_0，管中声场速度势函数应满足亥姆霍兹方程：

$$\begin{cases} \nabla \varphi_0(r,\theta,z) + k_0^2 \varphi_0(r,\theta,z) = 0, & 0 \leqslant r < b \\ \nabla \varphi_1(r,\theta,z) + k_1^2 \varphi_1(r,\theta,z) = 0, & b \leqslant r \leqslant a \end{cases} \tag{10-1}$$

及边界条件：

$$\begin{cases} \rho_0 \varphi_0(b,\theta,z) = \rho_1 \varphi_1(b,\theta,z) \\ \dfrac{\partial \varphi_0(r,\theta,z)}{\partial r}\bigg|_{r=b} = \dfrac{\partial \varphi_1(r,\theta,z)}{\partial r}\bigg|_{r=b} \\ \varphi_1(a,\theta,z) = 0 \end{cases} \tag{10-2}$$

式中，$k_0 = \dfrac{\omega}{c_0}$；$k_1 = \dfrac{\omega_1}{c_1}$。

根据分离变量法，式（10-1）在柱坐标系下的通解有如下形式：

$$\begin{cases} \varphi_0(r,\theta,z) = A_m J_m(\xi_0 r) \mathrm{e}^{jk_z z} \\ \varphi_1(r,\theta,z) = B_m J_m(\xi_1 r) \mathrm{e}^{jk_z z} + C_m N_m(\xi_1 r) \mathrm{e}^{jk_z z} \end{cases} \tag{10-3}$$

将式（10-3）代入边界条件（10-2）中，得到

$$\begin{cases} A_m \mu J_m(\xi_0 b) - B_m \mu J_m(\xi_1 b) - C_m N_m(\xi_1 b) = 0 \\ A_m \xi_0 J_m'(\xi_0 b) - B_m \xi_1 J_m'(\xi_1 b) - C_m \xi_1 N_m'(\xi_1 b) = 0 \\ B_m J_m(\xi_1 a) + C_m N_m(\xi_1 a) = 0 \end{cases} \tag{10-4}$$

式中，$\mu = \dfrac{\rho_0}{\rho_1}$；$\xi_0^2 = k_0^2 - k_z^2$；$\xi_1^2 = k_1^2 - k_z^2$。式（10-4）有解的条件为其系数矩阵的行列式为 0，则可以得到管中声场的本征方程为

$$\xi_0 J_m'(\xi_0 b) - \mu \xi_1 J_m(\xi_0 b) \frac{Q_m}{P_m} = 0 \tag{10-5}$$

式中

$$P_m = J_m(\xi_1 a)N_m(\xi_1 b) - N_m(\xi_1 a)J_m(\xi_1 b)$$
$$Q_m = J_m(\xi_1 a)N'_m(\xi_1 b) - N_m(\xi_1 a)J'_m(\xi_1 b)$$

当 $k_z = 0$ 时，说明声场不沿轴向传播，此时解出的本征值对应的频率即为相应阶数的简正频率。本节以一种 PE（polyethylene，聚乙烯管）管为例，对其前四阶简正频率进行了计算，管道参数如表 10-1 所示。

表 10-1　充液 PE 管材料参数

a/m	b/m	ρ_0/(kg/m³)	ρ_1/(kg/m³)
0.125	0.116	1100	940
c_0/(m/s)	c_1/(m/s)	μ/GPa	
1470	1640	0.377	

前四阶简正频率分别为 4.65kHz、11.13kHz、17.44kHz、23.75kHz。

2. 弹性管壁模型的简正频率计算

弹性管壁与液态管壁相比，增加了管壁中横波的亥姆霍兹方程及相应的边界条件，更为复杂。设管中声场的位移标量势函数为 ϕ，矢量势函数为 Ψ，其余参数设定如本节前面所述，在轴对称激励下有 $\Psi = (0, \psi_\theta, 0)$，因此管壁中波动方程可由以下两个标量势函数表示：

$$\nabla^2 \phi = \frac{1}{c_l^2} \frac{\partial^2 \phi}{\partial t^2}$$
$$\left(\nabla^2 - \frac{1}{r^2} \right) \psi_\theta = \frac{1}{c_s^2} \frac{\partial^2 \psi_\theta}{\partial t^2}$$

（10-6）

式中，$\nabla^2 = \dfrac{\partial^2}{\partial r^2} + \dfrac{1}{r}\dfrac{\partial}{\partial r} + \dfrac{\partial^2}{\partial z^2}$。

径向和轴向位移分量为

$$\begin{cases} u_r = \dfrac{\partial \phi}{\partial r} - \dfrac{\partial \psi_\theta}{\partial z} \\ u_z = \dfrac{\partial \phi}{\partial z} + \dfrac{1}{r}\dfrac{\partial(r\psi_\theta)}{\partial r} \end{cases}$$

（10-7）

法向和切向应力分量为

$$\begin{cases} \delta_{rr} = \lambda \Delta + 2\mu \dfrac{\partial u_r}{\partial r} \\ \delta_{rz} = \mu \left(\dfrac{\partial u_r}{\partial z} + \dfrac{\partial u_z}{\partial r} \right) \end{cases}$$

（10-8）

设在 z 方向声波简谐振动，则管壁中位移势函数可以表示为

$$\phi = \varPhi e^{j(k_z z - \omega t)}, \quad \psi_\theta = \varPsi e^{j(k_z z - \omega t)}$$

不考虑时间因子，将上述方程代入波动方程中，可得到管壁中位移势函数与位移、应力的关系。

当 $b \leqslant r \leqslant a$ 时，管壁中势函数的形式解为

$$\begin{cases} \phi(r,z) = (AJ_0(k_l r) + BN_0(k_l r))e^{jk_z z}, & k_l^2 + k_z^2 = (\omega/c_l)^2 \\ \psi_\theta(r,z) = (CJ_0(k_t r) + DN_0(k_t r))e^{jk_z z}, & k_t^2 + k_z^2 = (\omega/c_s)^2 \end{cases} \quad (10\text{-}9)$$

式中，A、B、C、D 为系数。

水中势函数满足的波动方程为

$$\nabla^2 \phi_1 = \frac{1}{c_0^2} \frac{\partial^2 \phi_1}{\partial t^2} \quad (10\text{-}10)$$

水中的径向和轴向位移分量为

$$\begin{cases} u_{rf} = \dfrac{\partial \phi}{\partial r} \\ u_{zf} = \dfrac{\partial \phi}{\partial z} \end{cases} \quad (10\text{-}11)$$

水中的法向应力为

$$\delta_{rrf} = \rho_1 \omega^2 \phi_1 \quad (10\text{-}12)$$

同样地，设在 z 方向声波简谐振动，则管内水中位移势函数可以表示为

$$\phi_1 = \varPhi_1 e^{j(k_z z - \omega t)} \quad (10\text{-}13)$$

不考虑时间因子，将上述方程代入波动方程中，可得到水中位移势函数与位移、应力的关系。

当 $0 \leqslant r < b$ 时，水中的势函数形式解为

$$\phi_1(r,z) = EJ_0(k_r r)e^{jk_z z}, \quad k_r^2 + k_z^2 = (\omega/c_0)^2 \quad (10\text{-}14)$$

式中，E 为系数。边界条件为

$$\begin{cases} \delta_{rr}|_b = \delta_{rrf}|_b, \\ \delta_{rz}|_b = 0, \\ u_r|_b = u_{rf}|_b, \end{cases} \quad \begin{cases} \delta_{rr}|_a = 0 \\ \delta_{rz}|_a = 0 \end{cases} \quad (10\text{-}15)$$

将式（10-9）和式（10-14）的形式解代入位移与应力的表达式中，再引入式（10-15）中的边界条件，即可得到弹性管壁充液管道中的声场本征方程：

$$\begin{vmatrix} P(a) & Q(a) & R(a) & S(a) & 0 \\ P(b) & Q(b) & R(b) & S(b) & -\dfrac{\rho_1\omega^2}{2\mu}J_0(k_rb) \\ MJ_1(k_ta) & MY_1(k_ta) & GJ_1(k_ta) & GY_1(k_ta) & 0 \\ MJ_1(k_tb) & MY_1(k_tb) & GJ_1(k_tb) & GY_1(k_tb) & 0 \\ k_lJ_1(k_lb) & k_lY_1(k_lb) & jk_zk_tJ_1(k_tb) & jk_zk_tY_1(k_tb) & k_rJ_1(k_lb) \end{vmatrix} \begin{bmatrix} A \\ B \\ C \\ D \\ E \end{bmatrix} = 0 \quad （10\text{-}16）$$

式中

$$\begin{cases} P(r) = -TJ_0(k_lr) + \dfrac{k_l}{r}J_1(k_lr), \quad R(r) = N\left(J_0(k_tr) - \dfrac{1}{k_tr}J_1(k_tr)\right) \\[2mm] Q(r) = -TY_0(k_lr) + \dfrac{k_l}{r}Y_1(k_lr), \quad S(r) = N\left(Y_0(k_tr) - \dfrac{1}{k_tr}Y_1(k_tr)\right) \\[2mm] T = \dfrac{1}{2}(k_t^2 - k_z^2), \quad G = k_t(k_t^2 - k_z^2), \quad N = -jk_zk_t^2, \quad M = 2jk_zk_l \end{cases}$$

若令该方程有非零解，则需满足系数行列式值为零，即

$$\begin{vmatrix} P(a) & Q(a) & R(a) & S(a) & 0 \\ P(b) & Q(b) & R(b) & S(b) & -\dfrac{\rho_1\omega^2}{2\mu}J_0(k_rb) \\ MJ_1(k_la) & MY_1(k_la) & GJ_1(k_ta) & GY_1(k_ta) & 0 \\ MJ_1(k_lb) & MY_1(k_lb) & GJ_1(k_tb) & GY_1(k_tb) & 0 \\ k_lJ_1(k_lb) & k_lY_1(k_lb) & jk_zk_tJ_1(k_tb) & jk_zk_tY_1(k_tb) & k_rJ_1(k_lb) \end{vmatrix} = 0 \quad （10\text{-}17）$$

式（10-17）即为频散方程。

和前面分析的液态管壁类似，当 k_z 为 0 时，求解方程即可得到频率值即为弹性充液管道的简正频率。根据表 10-1 中的材料参数，并利用牛顿迭代法求得相同材料、管径、壁厚下的弹性充液管截止频率为 4.7kHz、11.8kHz、16.3kHz、22.2kHz。

3. 管内轴向与径向的声场分析

根据水中位移势函数的形式解（10-14）可以对管中声场进行分析。若忽略径向波数 k_r，则考虑声场的轴向分布。当 k_z 为实数时，e^{jk_zz} 为周期函数，声波沿轴向可以远距离传播；当 k_z 为虚数时，e^{jk_zz} 为指数函数，此时简正波蜕化为沿轴向振幅依指数律衰减的非均匀波，对于沿管轴远处的声场影响很小，声波无法在管中远距离传播。

若考虑径向波数 k_r，由 $J_0(k_rr)$ 一项可知管内声场的径向分布应符合 0 阶贝塞尔函数，与距轴心距离有关，距轴心越近处声压越大。已知两点距轴心的不同距离，可以计算这两点间功率谱密度的分贝差。

10.1.2　充液管道声场分布与各阶简正频率的数值仿真

1. 网格的绘制与求解

为与理论计算形成对照，利用仿真软件 ICEM 与 ACTRAN 进行了数值仿真，本节仿真为在无限长圆柱管中，一个点声源激励下管道内部的声场模态与声压分布云图。前处理采用的软件为 ICEM-CFD，建立外径为 0.25m、内径为 0.232m，长 1.0m 的圆柱管状模型，并将重合面删除重新组合，如图 10-2 所示。

图 10-2　圆柱管状模型

为绘制高质量、有益于计算的结构化网格，使用 ICEM 的 Blocking 功能为整体管路模型建立一个长方体的 block。对生成块进行 O 剖分，同时对两个管口端进行面剖分，这次剖分结果的外层块对应管壁模型，内层块对应液体模型。为提高内层网格质量，需重复之前的步骤对内层块再进行剖分，最终剖分结果如图 10-3 所示。

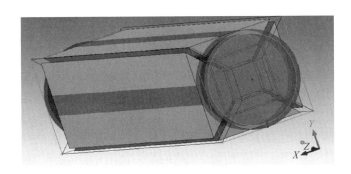

图 10-3　模型块剖分结果

完成块的结构剖分后，为使求解器可以区分出管壁与液体的不同参数，需将块进行分组。实现方式为：在 PART 中将最外侧四个块选为一组，代表管壁，命名为 WALL；将内侧五个块选一组，代表液体，命名为 WATER。划分结果如图 10-4 所示。

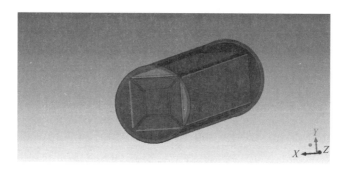

图 10-4　PART 划分结果

完成上述准备工作后，最终进行网格的生成：有限元仿真的网格尺寸要满足每个波长中至少包含有 6 个网格，根据仿真的最高频率要求，本次仿真的最大网格尺寸为 0.015m，在全局性网格功能区设置 Max element 为 0.015m，并计算总体网格数量。在 Blocking 目录下用 Pre-Mesh 预生成网格，并使用 Quality Histograms 检查网格质量，重点检查网格质量低于 0.7 的部分，增加 Edge Params 中相应 Block Edge 的节点数来加密网格，提高网格质量，最终保证所有网格质量在 0.7 以上。最终网格绘制结果如图 10-5 所示。

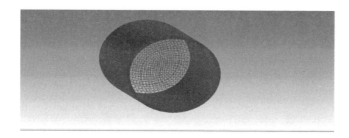

图 10-5　网格绘制结果

前处理最终一步为导出网格。ICEM 导出的网格需为非结构网格，因此首先将之前生成的结构化网格转换为非结构化网格，利用 Convert to Unstruct Mesh 完成。采用求解器为 ACTRAN，将 Select Solver 设置为 ACTRAN，保存好项目后把网格以 DAT 的格式导出到指定目录位置。

将完成的网格导入 ACTRAN 中并划分 DOMAIN，添加仿真材料，材料参数与理论计算相一致，如表 10-1 所示。添加声源及相应边界条件，如图 10-6 所示。

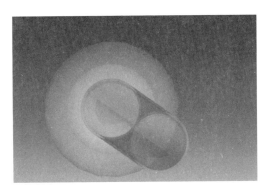

图 10-6　声源及边界条件的设定

完成上述参数与边界的设置后，最后进行求解的设置。在 PostProcessing 中添加 Output FRF，这是最终运算的数值结果，需使用 PltViewer 进行读取，因此格式设置为 plt。继续添加 Field Map，这是最终运算的云图结果，格式为网格格式，需使用 ACTRAN 读取，格式设置为 nff。完成全部设置后，将 Direct Frequency Response 以 edat 的格式保存与导出，使用 ACTRAN 运行 edat 文件，对仿真开始求解。

2. 求解结果与分析

将求解结果 plt 文件用 PltViewer 读取并打开，找到管中液体对应的 DOMAIN，绘制 MS_Pressure 的 db_power 即可得到管内声场的均方声压曲线，仿真结果如图 10-7 所示。

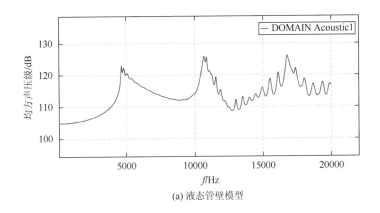

(a) 液态管壁模型

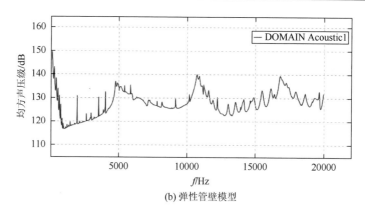

(b) 弹性管壁模型

图 10-7　管内声场均方声压频响曲线

　　液态管壁的仿真结果与弹性管壁仿真结果大致相似，弹性管壁的管壁中存在切向波的振动，因此具有管壁的一些模态峰值，仿真频响曲线低频段出现了一些峰值。仿真的液态管壁管内声场均方声压曲线显示 0～20kHz 全频段有三个明显峰值，分别位于 4.7kHz、11.6kHz、16.8kHz 附近，仿真的弹性管壁模态峰值在 4.68kHz、11.72kHz、16.82kHz 附近，理论与仿真对比如表 10-2 所示。从表 10-2 中可以看出，充液管内简正频率的理论计算与仿真计算较为吻合。

表 10-2　前三阶截止频率理论与仿真比较

计算方法	$n=1$	$n=2$	$n=3$
液态管壁理论/kHz	4.65	11.13	17.44
液态管壁仿真/kHz	4.7	11.6	16.8
弹性管壁理论/kHz	4.7	11.8	16.3
弹性管壁仿真/kHz	4.68	11.72	16.82

10.2　混响水池中通海管路管口声辐射及噪声源分离方法

　　通海管路系统主要包含泵、金属直管、阀门、弯头等设备。离心泵工作时会产生与工频成倍频的机械噪声；离心泵周期性地改变管内液体压力均匀性，这些压力通过通海口释放，形成脉动压力，影响通海口处的辐射噪声；机械振动与流体脉动压力会激励管壁，产生结构振动噪声。这些噪声相互耦合叠加，与流体在管口喷射产生的流噪声一起在管口处辐射，使整体通海管路通海口辐射噪声烦琐复杂，难以分析。本节建立了以混响法为理论基础的非消声水池测量方法，搭建了通海管路台架实验系统，设计了通海管路管口噪声源分离实验，以解决此问题。

10.2.1　通海管路的噪声源

通海管路系统既含有机械噪声，也含有水动力噪声，通海管路系统通过通海口与外界相连，实船内部结构振动噪声也会经通海管路传播到水中，但由于通海管路的低频截止效应，通海管路本身对低频噪声具有"消声作用"，只有高于管路截止频率的噪声才能通过。

泵阀等产生的流体脉动虽不会直接辐射噪声，但会传递至通海口并以脉动压力的形式向水中辐射并产生噪声，这是需要重点关注的问题。同时船内部的结构振动也会激励通海管路的管壁，并通过弹性振动的方式向水中辐射噪声，这对通海管路系统的减振降噪来说，也是一个迫切需要关注和解决的问题。

水下管路喷嘴的射流噪声是一定速度水流与周围相对静止的水介质急剧掺混形成较强烈的湍流脉动噪声。水下各种喷管喷出具有一定速度的水流或水流冲击固体均会产生射流噪声，甚至造成结构的破坏。随着螺旋桨噪声及机械噪声被有效降低，实船通海管路喷嘴的射流噪声在舰船总辐射噪声中的占比逐渐提高。

10.2.2　混响水池中通海管路噪声台架实验测量系统

通海管路台架实验系统如图 10-8 所示。

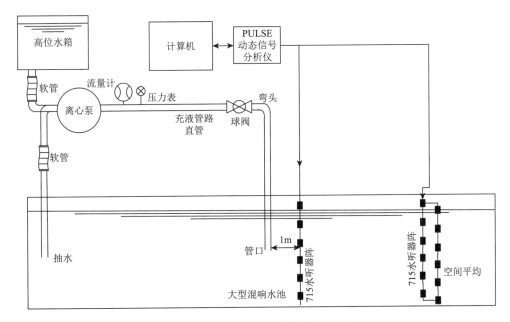

图 10-8　通海管路台架实验系统框图

测量系统中各装置如下。

1. 混响水池

在混响水池中采用混响法测量通海管路系统的辐射噪声,混响水池自身特性具有决定性影响。本实验中采用的混响水池尺寸为 15m×9.3m×6.15m,易计算其体积及壁面面积(不包括上表面)分别为 857.9m³ 和 438.4m²。根据第 3 章中的理论,混响水池的尺寸及结构决定其混响法有效的测量频率范围,估算的 Schroeder 截止频率为 $f_S = 300Hz$。因此,当频率大于 300Hz 时,可采用混响法进行测量并得出声源级;当频率小于 300Hz 时,可采用水听器阵在通海口附近直接测量得到低频辐射声功率。

2. 通海管路噪声台架实验系统

通海管路台架实验系统如图 10-8 所示,主要包括离心泵、球阀、流量计、压力表、高位水箱及管道。各设备的选型及技术指标如下。

(1)离心泵。

选用型号为 ISG65-125 的离心泵,管径为 65mm,可实现流量 15.6~25t/h,扬程为 17~20m。

离心泵的调速及流量控制:采用哈尔滨工程大学水声技术全国重点实验室研制的调速装置对离心泵进行调速,可实现 0~50Hz 频率范围的调速。通过调速,可实现对该离心泵的流量控制。

(2)高位水箱。

高位水箱采用哈尔滨工程大学水声技术全国重点实验室的 35m×3.5m×1.7m 的上水箱,上水箱通过管道连接水池,水箱标高 20m 左右。验证水泵对海水管路通海口辐射噪声特性的影响。

(3)球阀。

选用型号为 DN65/PN1.6MPa 的球阀,管径为 65mm,可承受的最大压力为 1.6MPa。

(4)流量计。

选用型号为 DN65/PN1.6MPa 的电磁流量计,管径为 65mm,可承受的最大压力为 1.6MPa。

3. 水听器阵

所选用的水听器为中国船舶第 715 研究所研制的 715 水听器阵,一组用于近场测量,测量需要两组水听器阵,一组用于混响区域测量,一组用于近场直接测量。具体测量方法下面会详细介绍。

4. PULSE 动态信号分析仪

该分析仪具有数据采集、数据处理及信号源功能。

10.2.3   混响水池中通海管路噪声台架实验测量方法

根据选用的混响水池物理参数可确定水池的 Schroeder 截止频率为 300Hz，因此在 300Hz 以上，可采用混响法测量海水管路通海口的辐射声功率。混响法测量声源的辐射声功率是通过在混响水池离模型较远处的混响控制区测量出空间平均声压级，再经过修正量的校准，从而得到声源的辐射声功率[6, 7]。

混响法测量声源级的表达式为

$$SL = \langle L_P \rangle - 10\lg R_c \qquad (10\text{-}18)$$

式中，SL（dB re 1μPa）表示声源级；$\langle L_P \rangle$（dB re 1μPa）表示混响水池混响控制区所测空间平均声压级；$10\lg R_c$ 为混响声场至自由场的修正量，也可以表示为

$$10\lg R_c = 10\lg \left(\frac{16\pi}{R_0} \right) \qquad (10\text{-}19)$$

其中，R_0 为混响水池常数，$R_0 = S\left(e^{\frac{55.2V}{T_{60}Sc_0}} - 1 \right)c_0$，$S$ 为水池壁面的面积（不包括上表面），V 为水池体积，c_0 为声波在水中的传播速度，T_{60} 表示混响时间。

式（10-18）中的修正量表示的是混响水池中混响控制区所测空间平均声压级与水下声源声源级间的差值。该量只与混响水池特性有关而与声源无关，可通过测量非消声水池的混响时间 T_{60} 获得，也可以利用标准声源，通过比较法校准得到。

采用混响法根据式（10-18）得到测得声源的声源级，就可得到声源的辐射声功率。而在截止频率以下，可通过在海水管路通海口附近采用垂直阵直接测量通海口的辐射噪声。其表达式为

$$SL = L_P + 20\lg r \qquad (10\text{-}20)$$

式中，SL（dB re 1μPa）表示通海口附近直接测量得到的声源级；r 表示水听器与管路出口的距离；L_P（dB re 1μPa）表示 r 处测量的声压级。

根据式（10-20）可测得海水管路通海口的声源级，就可得到水下通海管路的低频段（20～300Hz）辐射声功率。

10.3   混响水池中通海管路管口声辐射及噪声源分离实验

10.3.1   混响水池中通海管路噪声台架实验工况

实验框图及实验装置图如图 10-8 所示，本实验采用控制变量的思想，通过改

变供水方式、更换管道、更换管件等手段，对这一常规的通海管路系统实现噪声源分离，共完成的工况如表 10-3 所示。

表 10-3　台架实验工况表

序号	实验工况	管路管口处噪声源
1	离心泵＋直管＋弯头	流噪声、结构振动（泵及流体激励管件产生振动）、脉动压力、管路上游噪声（离心泵工作时产生的电机噪声）
2	离心泵＋软管＋弯头	流噪声、结构振动（流体激励管件产生振动）、脉动压力
3	离心泵＋软管	流噪声、脉动压力
4	离心泵出口直接入水	流噪声、脉动压力、管路上游噪声（泵电机噪声和振动噪声）
5	高位水箱＋直管＋弯头	流噪声、结构振动（流体激励管件产生振动）
6	高位水箱＋软管	流噪声

10.3.2　软管直管对比的实验结果与分析

1. 实验概况

为了将管路系统中泵带来的电机噪声和泵激励管道产生的结构振动噪声给分离开来，在通海管路系统中，本节采用一截长软管代替直管，根据 10.1 节的结论，通海管路系统中由泵及其他上游设备引入的噪声无法通过管中液体传播，主要是通过管壁以振动形式传播，而软管具备的隔振能力能够有效地分离泵带来的电机噪声和结构振动噪声。实验方案如图 10-9 所示，在泵的后面，将直管替换为长软管，其他参数保持不变，具体实验装置对比如图 10-10（a）、（b）所示。测量过程中，采用直流电源给 PULSE 动态信号分析仪、转接盒供电，笔记本电脑不接交流电，避免外界电干扰。

2. 实验测量结果

通过控制变量法，分别测量接软管与接直管两种情况下的通海管路管口噪声，如图 10-11 所示，流量为 37.6m³/h 时，本节所测量的常规通海管路系统（离心泵＋直管＋弯头）管口噪声声源级为 118.77dB。在 20～600Hz 的低频段，接直管时能测到周期为 50Hz 的线谱，这是由泵工作引入的噪声（泵的工作频率为 50Hz），噪声通过管壁振动传播。

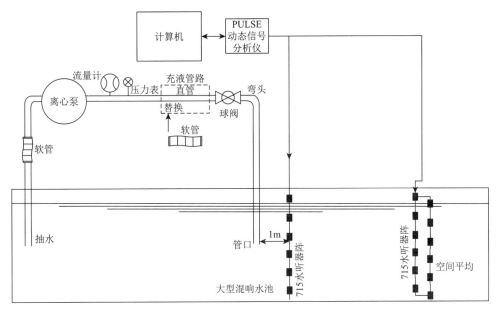

图 10-9　软管、直管对比实验装置框图

(a)　　　　　　　　　　　　　　　　　　　　(b)

图 10-10　软管、直管实验装置对比

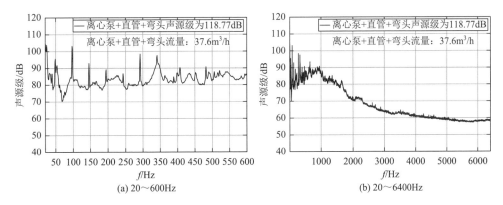

(a) 20~600Hz　　　　　　　　　　　　　　　(b) 20~6400Hz

图 10-11　离心泵 + 直管 + 弯头声源级

如图 10-12 所示，接软管后，明显看到线谱下降，说明软管具备很好的隔振能力，有效地隔离了由离心泵引入的电机噪声和离心泵对管道激励的结构振动。

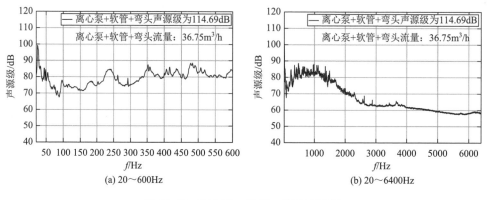

(a) 20～600Hz　　　　　　　　　　　　(b) 20～6400Hz

图 10-12　离心泵 + 软管 + 弯头声源级

两者对比如图 10-13 所示，可以看到在 1kHz 以下效果明显，但高于 1.5kHz 后，软管与直管的频谱几乎能重叠上，说明这部分噪声是低于 1.5kHz 的低频噪声。整体上接软管后的通海管路系统管口噪声声源级比接直管低了 4dB 左右，通过二者对比，将离心泵产生的电机噪声和结构振动噪声分离开来。

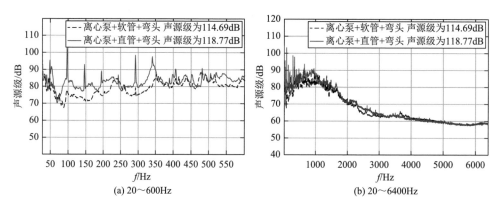

(a) 20～600Hz　　　　　　　　　　　　(b) 20～6400Hz

图 10-13　软管、直管对比

10.3.3　是否加弯头对比的实验结果与分析

1. 实验概况

由离心泵产生流体脉动压力激励通海管路系统中的球阀、弯头等管件，会引入强烈的结构振动噪声，通过去除弯头等管件，能够有效地将流体脉动压力激励管件产生的结构振动噪声给分离开来。此时，管口处噪声仅剩流噪声和泵产生的流体脉动压力在管口的直接辐射。以上一个实验为基准，泵后面仍然接软管，如图 10-14 所示，将虚线框中的球阀、弯头取消。在整个实验过程中，球阀处于全开状态，对实验结果影响不大，因此可以忽略掉球阀而仅去掉弯头。与上一个实验（含弯头）进行对比，具体实验装置对比如图 10-15（a）、（b）所示，测量管口噪声，探究流体激励弯头对管口噪声辐射特性的影响。由于软管刚性不够，直接

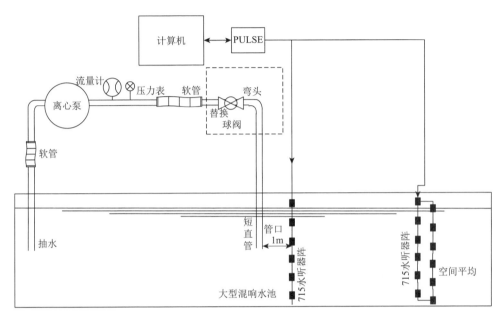

图 10-14　是否加弯头对比实验框图

(a)　　　　　　　　　(b)　　　　　　　　　(c)

图 10-15　是否加弯头实验装置图

入水会导致管口向外喷射时晃动剧烈，影响测量结果。因此，如图 10-15（a）、（c）所示，采用软管接一段短直管的方式入水，短直管的重力可以有效保证管口向外喷射时不出现晃动。其余参数均与上个实验保持一致。

2. 实验测量结果

在泵接软管不加弯头的测量结果中，如图 10-16 所示，可以看到该实验工况下通海管路系统管口噪声声源级为 110.47dB；在 20～600Hz 的低频段，受泵的影响引入周期为 50Hz 的线谱噪声又出现了一点，这是软管长度不够导致没有完全隔振，后续实验中会加长软管。

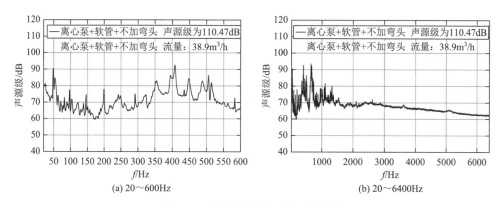

图 10-16　不接弯头管口噪声声源级

同时对比泵接软管加弯头的结果如图 10-17 所示，发现弯头具备一些抑制 50Hz 周期线谱噪声的能力。再与泵接直管加弯头进行对比，如图 10-18 所示，显然软管对低频线谱噪声的隔离效果更好。在去掉弯头后，600～2000Hz 段测量

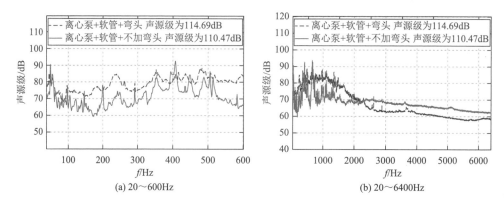

图 10-17　是否接弯头对管口噪声影响图

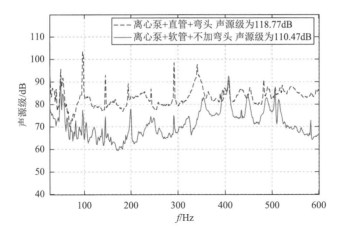

图 10-18　弯头与软管各自对 50Hz 线谱的隔离效果（20~600Hz）

值下降了一些，整体测量结果比接弯头低了 4.2dB 左右，这表明流体在流过弯头的过程中，脉动压力对弯头产生了较强的激励，引入了结构振动噪声，因此去除弯头实验有效地将流体脉动压力激励结构产生的结构振动噪声分离了出来，此时泵接软管不加弯头的这组工况中管口噪声源包含流噪声以及泵产生的流体脉动压力在管口处产生的辐射噪声（由于泵的工作原理，泵产生的流体流速不均匀）。

10.3.4　泵出口直接入水的实验结果与分析

1. 实验概况

为了分析泵自身的噪声（泵的电机噪声、泵自身的结构振动噪声）对通海管路系统管口声辐射的影响，本节进行了如图 10-19 所示的实验工况：用一小段直管连接泵出口，另外用一小段软管代替弯管以避免弯管的影响，软管接短直管直接入水，具体实验装置连接如图 10-19、图 10-20 所示。该工况用于模拟泵出口直接入水，由于实验场地影响，这里用到了几节直管和软管，但它们的长度均不足 1m，可以忽略不计。该工况测量结果可认为是泵噪声、流噪声以及由流体脉动压力直接在管口产生的辐射噪声三者的叠加，测量方案保持不变。

2. 实验测量结果

泵出口直接入水实验是在上一个实验的基础上，去掉了长软管，此时通海管路系统中设备仅剩离心泵，测得流量为 36.3m³/h 的通海管路管口噪声声源级为 113.05dB。没有了软管隔离振动噪声，如图 10-21 所示，可以明显看到 20~600Hz 低频段 50Hz 周期的线谱变得高了，并且低频段的噪声也增加了。

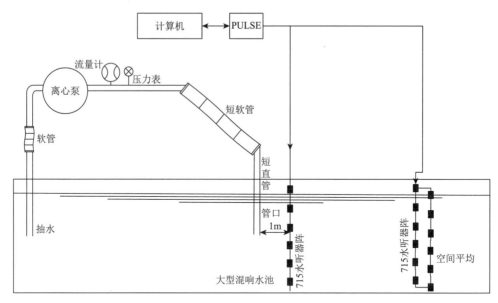

图 10-19 泵出口直接入水实验装置框图

图 10-20 泵出口直接入水实验实物图

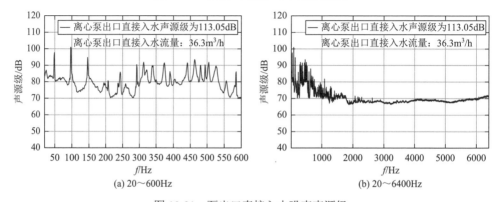

(a) 20～600Hz

(b) 20～6400Hz

图 10-21 泵出口直接入水噪声声源级

图 10-22 与泵接软管的实验对比发现，20～600Hz 段的噪声高了一些，这也再次验证了软管隔振效果有效抑制了管路系统的结构振动。整体上，泵出口直接入水的管口噪声比泵出口接软管的管口噪声高了约 2.5dB，而这部分噪声主要是泵的电机噪声和泵自身的结构振动带来的。

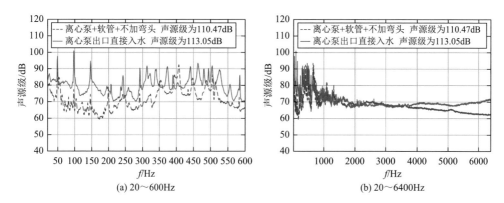

图 10-22　泵出口入水是否接软管对比

10.3.5　高位水箱供水的实验结果与分析

1. 实验概况

为了将离心泵引起的所有噪声（泵的电机噪声、泵的结构振动、泵激励管道产生的结构振动、泵产生的流体脉动压力）分离开来，本节采用一种高位水箱供水的方式代替泵在通海管路系统中的作用，此时管口处噪声仅剩流噪声与流体激励管壁等结构产生的结构振动噪声。其实验框图如图 10-23 所示，保留离心泵但不让它工作，利用高位水箱供水，高位水箱接长软管，泵的出口端接直管与前面离心泵接直管实验保持一致，高位水箱供水，其流量可由高位水箱的阀门控制，并通过电磁流量计监控。具体实验实物如图 10-24 所示，由于实验条件限制，流速太高存在安全隐患，本节接高位水箱的实验流量最高只能达到 32.9m³/h，与离心泵工作时的流量稍有差距。

2. 实验测量结果

更换供水方式后，离心泵未工作时通海管路系统管口噪声声源级为 109.24dB，此时的流量为 32.2m³/h。

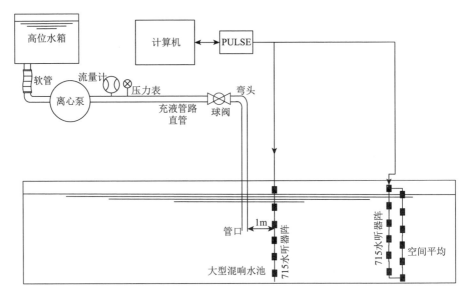

图 10-23 高位水箱供水实验装置图

图 10-24 高位水箱供水实物图

如图 10-25 所示，噪声主要集中在 2kHz 以下。与离心泵供水时的测量结果对比如图 10-26 所示，可以看到整体噪声声源级降低了约 9dB，这是由于系统没有了离心泵带来的电机噪声和结构振动噪声、泵产生的脉动压力激励管件引起的振动噪声、脉动压力在管口处产生的辐射噪声。其中在低频段发现高位水箱供水完全没有线谱噪声，且在 600～1500Hz 段流体激励管件产生的结构振动噪声也有所降低。

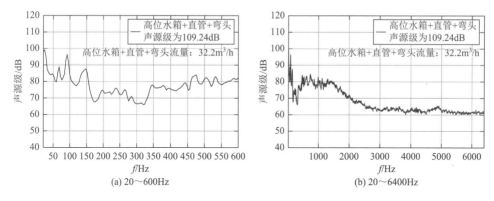

(a) 20～600Hz　　　　　　　　　　(b) 20～6400Hz

图 10-25　高位水箱供水管口噪声声源级

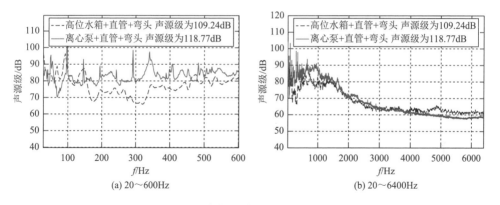

(a) 20～600Hz　　　　　　　　　　(b) 20～6400Hz

图 10-26　高位水箱供水与泵供水对比

10.3.6　高位水箱接软管的实验结果与分析

1. 实验概况

以上一个实验为基础，设计了高位水箱接软管实验，其目的是将通海管路系统中剩余的噪声（流体激励管壁等结构产生的结构振动噪声）给分离开来，此时该实验工况下的通海管路系统管口噪声仅剩流噪声。其实验框图如图 10-27 所示，依旧使用高位水箱供水，保留离心泵但不使其工作，离心泵与高位水箱之间接软管。离心泵出口接长软管入水，中间不再接弯头等管件。与前面软管入水实验一致，管口处接一段短直管，保证流体流出时管口不出现晃动以防影响实验结果。通过高位水箱处阀门控制流量大小，最终测得不同流量时管口流噪声。

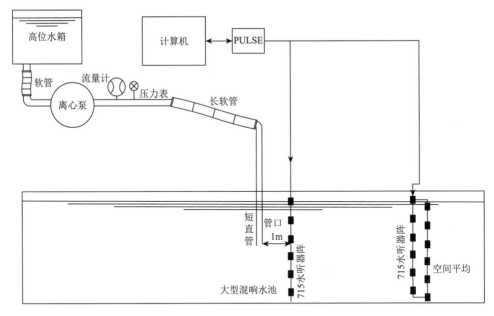

图 10-27　高位水箱接软管实验装置框图

2. 实验测量结果

本次实验中，供水方式为高位水箱供水，中间管道全部为软管后，测得流量为 32.9m³/h 时，该工况下通海管路系统管口噪声声源级为 104.51dB，测量结果与前面高位水箱接直管实验对比如图 10-28 所示，可以看到与高位水箱接直管对比噪声声源级低了约 4.8dB，这部分噪声是由流体激励管件产生结构振动引起的。

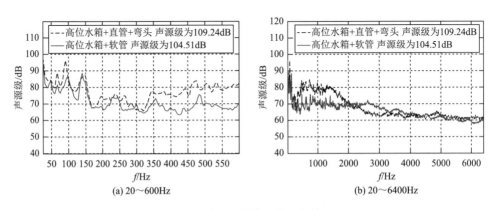

图 10-28　高位水箱接直管、软管对比

通过控制阀门，测得不同流量下的管口流噪声如图 10-29 所示，流量越大，

其管口噪声声源级越高。为验证本实验管口处仅为流噪声,根据前面理论及数值计算,应有管口流噪声声源级与流速的 8 次方成正比规律,绘制了管口噪声总声源级与流速的关系如图 10-30 所示,拟合效果较好,该实验测得管口流噪声满足四极子源辐射规律。

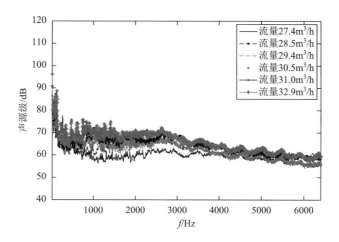

图 10-29　不同流量下管口噪声声源级

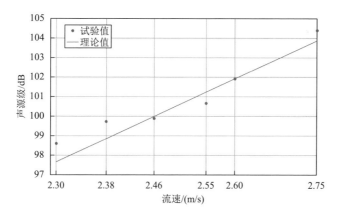

图 10-30　管口噪声总声源级与流速关系

参 考 文 献

[1]　王德昭,尚尔昌. 水声学[M]. 2 版. 北京:科学出版社,2013.

[2]　Lafleur L D,Shields F D. Low-frequency propagation modes in a liquid-filled elastic tube waveguide[J]. The

Journal of the Acoustical Society of America，1995，97（3）：1435-1445.

[3] Auld B A. Acoustic Fields and Waves in Solids[M]. Palo Alto：Stanford University，1973.

[4] Li Q，Song J P，Shang D J. Experimental investigation of acoustic propagation characteristics in a fluid-filled polyethylene pipeline[J]. The Journal of the Applied Science，2019，9（2）：213.

[5] 王怀玉. 物理学中的数学方法[M]. 北京：科学出版社，2013.

[6] 尚大晶，李琪，商德江，等. 水下翼型结构流噪声实验研究[J]. 声学学报，2012，37（4）：416-423.

[7] 尚大晶，李琪，商德江，等. 水下声源辐射声功率测量实验研究[J]. 哈尔滨工程大学学报，2010，31（7）：938-944.

第 11 章 混响水池中瞬态噪声的测量

瞬态噪声是突发突变的、持续时间较短的声信号，它作为潜艇的暴露源，在水下是非常常见的。关于水下稳态噪声的研究在测量、识别与检测等方面已经很多，相比较下瞬态噪声的研究较为不足，国内外对于水下瞬态声的研究还有很大的空白之处。研究水下瞬态声源的声学特性对水下目标的检测、识别、探测以及海洋环境的认识都有很重要的意义。潜艇等水下目标的瞬态声通常具有高强度、能够成为声呐的检测目标；在声传播的研究中，常常利用瞬态声时间短的特点，区分不同信号路径及其传播特点。在现实中，声场都有一定的边界条件，水下声波大多在类似波导的非自由场环境中传播，且我国周围的海域基本为浅海海域，测量研究声源声学特性的自由场理想条件几乎不存在。海洋波导的多途效应使瞬态信号产生混叠干涉，对瞬态声的测量研究存在很大难点，既不容易测到，也不容易测准，而且没有很好的测量方法，所以研究瞬态声在非自由场条件中形成的声场以及声源的声学特性测量方法有很重要的现实意义。

11.1 水下瞬态噪声的种类与特征

水中的瞬态噪声非常常见，例如，舰船发动机启动声、转向时的舵角变化声、鱼雷点火启动前后所发的声、舰船碰撞声、水下爆炸声等人为机械的瞬态声，以及海洋生物、地震产生的系列瞬时脉冲信号和洋流气泡产生的海洋背景声中的瞬态噪声。

对于不同的信号可以选择有不同特征的模型描述，这里介绍两种含有瞬态信号常见的特征信号。

1. 指数衰减调幅的正弦信号之和

对于具有迅速短促强能量后迅速衰减特点的声信号，如水下撞击信号，通常用指数衰减调幅的正弦信号之和作为仿真模型。

在指数衰减包络的模型中，常以 λ 作为衰减系数，控制衰减系数可描述有不同衰减特点的信号。这种模型的最普通的仿真信号表达如式（11-1）所示：

$$s(t) = \mathrm{e}^{-\lambda t} \cos(2\pi f t + \varphi) \tag{11-1}$$

式中，f 为频率；φ 为初相位。

将多个不同幅度、时延、初相位的式（11-1）相叠加可以表示更为复杂的信号，如发生了多次撞击。

2. 白噪声调制信号

爆炸声也是常用的信号源，它的冲击波主要由爆炸产生的小气团的急速膨胀造成。一般情况下，爆炸声由两种成分组成，一是高频冲击波脉冲，它的持续时间很短，通常在 1ms 以下，以致它的频谱很宽且有很广的平坦频带，二是气泡脉动的单频辐射，但它对信号整体的能量的作用可以忽略。

对于指数包络的白噪声爆破信号，仿真模型如式（11-2）所示：

$$s(t) = 10(1 - \exp(-5t))\exp(-10t)\varepsilon(t) \tag{11-2}$$

式中，$\varepsilon(t)$ 为均值为 0、方差为 1 的高斯白噪声。

常见的瞬态声波形如图 11-1 所示。

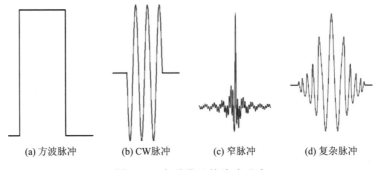

(a) 方波脉冲　　　(b) CW脉冲　　　(c) 窄脉冲　　　(d) 复杂脉冲

图 11-1　各种常见的脉冲形式

图 11-1（a）、（b）形式的信号具有足够宽的平顶稳态部分，相比较下更有规律，但大部分瞬态声波形如图 11-1（c）、（d）所示，其一般狭窄或者不规律，给研究增加了很多困难。

11.2　封闭空间中瞬态噪声场建模方法

11.2.1　自由场条件瞬态噪声场建模

考虑到声源特殊性与声场边界的建立，本节利用 COMSOL 软件进行水下自由场脉冲声场的数值仿真计算。

COMSOL 是一款工程科学领域常用的大型高级数值仿真软件，广泛应用于各个领域的科学研究以及工程计算，模拟科学和工程领域的各种物理过程。该软件包含了电磁、结构、声学、流体等方面 30 多个附加模块，能够解决多物理场耦合计算问题。COMSOL 对物理场的计算包括了专业的建模功能，对声波、流体等范围物理场的仿真计算，能够进行真实的物理场模拟仿真。同时，COMSOL 可以建造包括一维、二维和三维的模型，可以构造实体、曲面、线和点的多元素组合复杂结构。对物理场及仿真结构可以选择自动和半自动的方式来进行网格划分。其中，声学模块能够模拟声波在空气、水和其他流体中的传播现象，对声波的声固耦合、弹性波、降噪材料和隔声设计、压电声学、声呐计算等问题提供了很好的解决工具。

下面仿真中皆用点声源，不考虑固体结构上的振动与声场的耦合的情况。网格使用自由四面体网格划分，一个波长里需包含 6 个节点。

利用 COMSOL 进行模型建立。水池尺寸为 10m×5m×5m，声源简化为点声源并设定在水域中心，位置为（5m，2.5m，2.5m）处，水域各面设置为能消除边界反射的球面波辐射边界来拟合自由场，所建模型如图 11-2 所示。

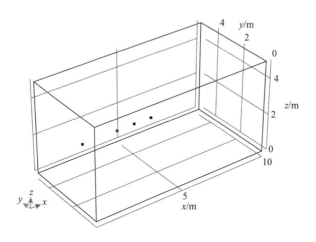

图 11-2　水下自由场脉冲声场仿真计算模型

考虑到计算效率及可行性，分别对频率为 700Hz、500Hz、350Hz 的 CW 脉冲进行了计算，其中 700Hz 与 500Hz 的脉宽为 5ms，350Hz 分别对 5ms、10ms、15ms、20ms 脉宽的脉冲进行仿真计算。各个频率的波形均类似，以 700Hz 的结果为例，仿真计算结果如图 11-3 所示。

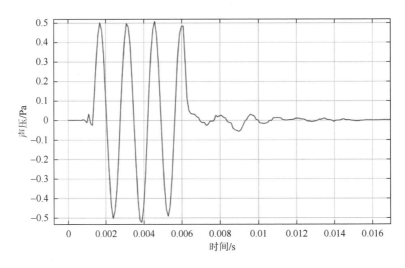

图 11-3 水下自由场 700Hz 频率、5ms 脉宽脉冲声场仿真 2m 处时域声压波形图

声源的声压幅值设定为 1Pa，可以从图 11-3 中看到，采集点的时域声压波形包含声源特性，距离声源 2m 处采集点的声压幅值为 0.5Pa，衰减基本符合球面波衰减。虽然声场边界用球面波辐射来消除对内的反射，从图 11-3 看没有产生明显的反射波，效果很好，但当波阵面到达了水池的边界时还是对声源的球面波辐射波阵面有所影响，波阵面略有变化，使远处采集点的声压比理论值稍大。实践证明，当扩大声场的边界尺寸后在声波辐射未达到边界时，声压幅度都按照球面波衰减的规律衰减。

声信号持续时间很短，对 1s 内声信号进行研究，给出其声能量结果便于后续分析，如表 11-1 所示。

表 11-1 水下自由场各频率与脉宽脉冲声能量级

脉冲初始条件	声能量级/dB
700Hz，5ms	105.1
500Hz，5ms	105.2
350Hz，5ms	105.3
350Hz，10ms	107.6
350Hz，15ms	109.5
350Hz，20ms	110.5

11.2.2　自由场条件瞬态噪声场特性的影响因素分析

由 11.2.1 节的仿真结果可知，在自由场中接收到的信号基本不会有太大的畸变，从时域图上可以清楚地看到声波信号的波形特点，并无混叠。由于仿真采用的是无指向性点声源，在距声源 1m 处的信号就可以看作声源级信号，声压幅值和频率也可以从时域中分辨出，声波没有边界的影响不会产生反射干涉的畸变。

声源设置的频率越高，声波波形就越密集，理论上相同时长下的能量就越高。仿真中频率相差不大，相同脉宽下的三个频率信号能量几乎相同。脉宽越宽，同频率下声能量越高，且脉宽加长一倍，能量也增加一倍，反映在能量级上即增加 3dB。

在自由场中，瞬态信号接收完毕后略有随机的波动，但幅度不大，在计算能量时可以忽略。

11.2.3　封闭空间中简单瞬态噪声场数值建模

利用 COMSOL 建立与水下自由场脉冲仿真计算相同尺寸的 10m×5m×5m 的混响水池，除水域上表面为水与空气界面设为绝对软界面外，其他 5 面设为阻抗边界，并且在整个声场空间内设置共 160 个采集点，如图 11-4 所示。

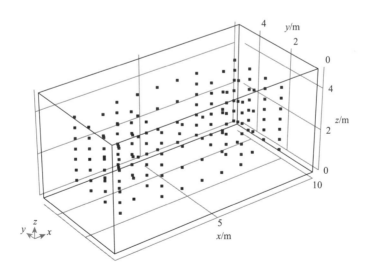

图 11-4　封闭空间脉冲声场仿真计算采集点分布

水池的截止频率为 75Hz 左右，为方便比较，对与在自由场中同样初始条件的 CW 脉冲声进行仿真计算，得到如图 11-5～图 11-9 所示结果。

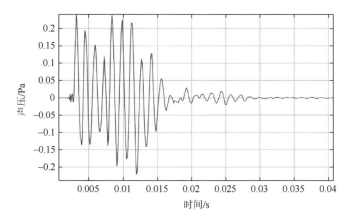

图 11-5　封闭空间 700Hz 频率、5ms 脉宽脉冲声场 2m 处采集点仿真时域声压波形图（一）

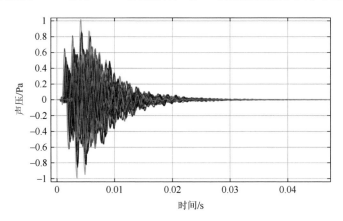

图 11-6　封闭空间 500Hz 频率、5ms 脉宽脉冲声场各采集点仿真时域声压波形图（一）

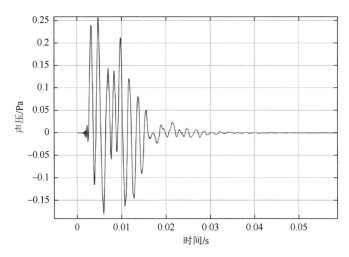

图 11-7　封闭空间 700Hz 频率、5ms 脉宽脉冲声场 2m 处采集点仿真时域声压波形图（二）

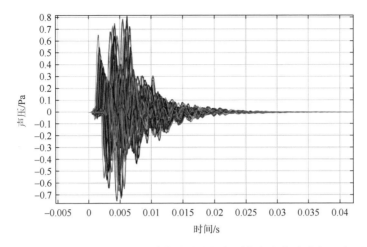

图 11-8　封闭空间 500Hz 频率、5ms 脉宽脉冲声场各采集点仿真时域声压波形图（二）

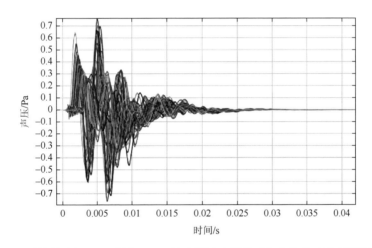

图 11-9　封闭空间 350Hz 频率、5ms 脉宽脉冲声场各采集点仿真时域声压波形图

从图 11-8 和图 11-9 可以看出，由于封闭空间的边界干涉效应，各采集点所采集的时域声压波形直达波与干涉波相互叠加，难以分出其声源特性。而各点因为空间位置的不同，所采集的时域声压波形也各不相同。利用空间平均方法对回波干涉进行处理，并对最后得到的时域声压数据进行处理，得到各频率与带宽的脉冲声在封闭空间的声能量级如表 11-2 所示。

表 11-2　各频率与脉宽的脉冲声在封闭空间的声能量级

脉冲初始条件	声能量级/dB
700Hz，5ms	98.8
500Hz，5ms	97.5

脉冲初始条件	声能量级/dB
350Hz，5ms	97.9
350Hz，10ms	100.0
350Hz，15ms	101.9
350Hz，20ms	102.9

11.3　混响声场瞬态噪声特性研究

11.3.1　混响声场中简单瞬态噪声的时频特性分析

1. 时域

瞬态声的时域特性最直观的就是持续时间短，在混响声场中由反射信号的干涉叠加，使水听器接收到的信号要长于发射源发射的原始信号，并且衰减部分可以看到拖尾，拖尾处的包络类似于指数衰减信号。

在自由场中没有反射信号的干扰，可以轻松地从时域波形中看出信号原本的特点。对于按照信号源给予的电信号发射声波的发射换能器，其信号往往是有规律可循的，如式（11-3）的 CW 脉冲和线性调频脉冲。接收这些信号时，时域图上可以清楚地看出实验人员在信号源端设置的频率、幅度、脉宽等特点。

$$s(t) = \begin{cases} Ae^{j2\pi f_0 t}, & t \in [0,T] \\ 0, & \text{其他} \end{cases} \tag{11-3}$$

在实际情况中，很多瞬态声并不是人们刻意地按照一定的波形制造的，如电火花等大部分爆炸声以及转舵、撞击声等，这些信号的触发和波形都有一定的随机性，数学模型很难完美地与实际信号契合。以爆炸声为例，爆炸产生后会有个瞬间的增压，又很快降低到一个负声压值。这类信号还容易产生大量气泡，除了瞬间的声压还存在气泡脉动产生的几个小峰值。忽略气泡的部分，瞬间的声压信号的理想情况是 δ 脉冲，但是这在实际情况中是不存在的，最接近的表示方法是指数脉冲，即

$$f(t) = \begin{cases} ae^{-\alpha t}, & t > 0 \\ 0, & t < 0 \end{cases} \tag{11-4}$$

当 α 足够大时，信号可以看成与 δ 脉冲接近。虽然波形看似简单，产生的机理却更加复杂且充满随机性。而气泡的存在让其在自由场中也可能产生一些反射和散射的干扰。

在混响声场中，波形的反射和干涉已经让信号的波形畸变，频率、幅度、脉宽、周期等时域特性都变得难以甚至不能分辨。无论人为在信号源设置的原始波形，还是随机产生的瞬态信号都会受一定的影响。不同的混响水池有不同的混响时间和截止频率，对不同频率和幅度的信号的混响程度也有所不同，时域上也没有绝对的波形，但同工况信号的能量一般是确定的。

2. 频域

按照时域特性分析中 CW 脉冲信号的模型，实际信号取其实部，如图 11-10 所示。

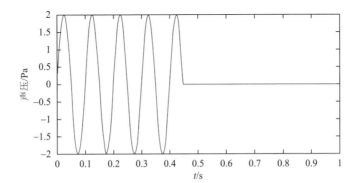

图 11-10　CW 脉冲信号

其频谱表达式为式（11-5），图形如图 11-11 所示。

$$S(f) = AT \frac{\sin(\pi(f - f_0)T)}{\pi(f - f_0)T} \tag{11-5}$$

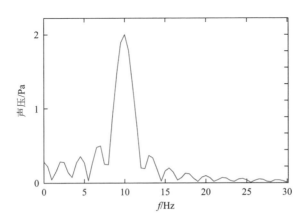

图 11-11　CW 脉冲信号频谱

从以上分析可以看出，CW 脉冲信号在其填充信号的频率 f_0 处有最大分量，其在时域上持续时间较短，在频域上比较宽但主要还是集中在填充频率 f_0 处。

对于爆炸声的模型按照上述分析可以得到波形如图 11-12 所示。

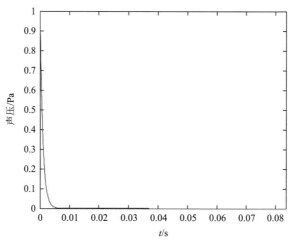

图 11-12　爆炸声信号

通过傅里叶变换可以求得其频谱为

$$F(\omega) = \frac{a}{2\pi(\alpha - \mathrm{j}\omega)} \tag{11-6}$$

相关图形如图 11-13 所示。

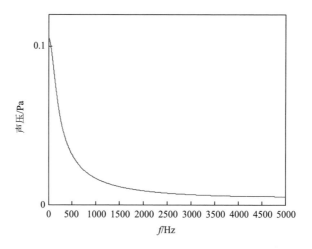

图 11-13　爆炸声频谱

从上述分析可以看出其频谱也是宽频带,主要分量集中在低频部分,形状类似高斯函数衰减,有一个很高的直流分量,其余部分宽广平坦。

CW 脉冲的频谱还是集中在填充频率的附近,虽然可能有略微的偏移,其他频率分量上的信号略有起伏,但不影响整体的特征。爆炸信号的频谱也仍然具有低频部分的衰减特点。

11.3.2 声场边界对瞬态噪声场的影响

瞬态声相比稳态声而言最显著的区别就是持续时间极短,大部分只持续几毫秒,有些甚至只有微秒级,它们在混响水池中形成的声场与稳态声形成的声场相比必然有不同的特点。本节将把瞬态声与稳态声相对比推测瞬态声的不同参数对其在混响水池中形成的声场可能产生的影响。

在水池中发射的一个图 11-11 所示的脉冲信号,它会引发水介质的波动,由于没有持续的激励波动的幅度在理想状态下会类似于指数形式衰减,接收到的信号波形会有一个衰减振荡的拖尾,如图 11-14 所示。

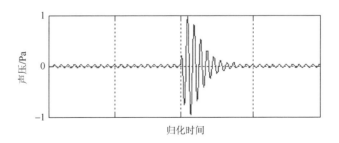

图 11-14　按指数衰减的波形

在消声水池中,池壁、池底以及水面都铺满了劈尖,所以几乎不会存在大范围和强烈的反射波,而混响水池的池壁和池底很容易形成强烈的分布范围很广的反射波。通过前面分析可以看出,当声源发出的是稳态声时,这些反射波与直达声形成的主要是简正波和简正波的干涉叠加形成混响声场。在超过声源的一定距离的范围内还会形成由混响声起主导作用的混响控制区。在稳态声源的混响声场中开始的一段时间内混响室的总平均声能密度在逐渐增长,一部分直达声能量被损耗,另一部分在不断增加混响室内声场的平均能量密度。最后,声源每秒提供的能量与每秒被介质和壁面吸收的能量达到了动态平衡,混响声场平均能量密度就会趋于稳定。

对于瞬态声来说,其在混响水池的池壁、池底以及水面的反射波的频响特点与稳态声近似。但瞬态声直达声和反射波经壁面吸收能量而显著衰减，反射波和直达声也会形成干涉和叠加，但是无法形成类似稳态声源的持续的简正波声场。由于持续时间过短，被吸收的直达声声能量没有持续的激励进行补偿，不能形成稳定、均匀的近似扩散场，但是反射的声波可以使原本显示逐渐衰减的接收波形出现一个或多个小的峰值，就是混响带来的影响，如图 11-15 所示。

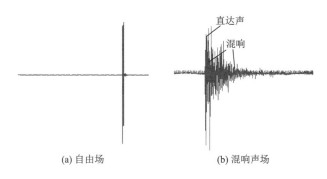

(a) 自由场　　　　　　　　　　　(b) 混响声场

图 11-15　瞬态声在自由场和混响声场的接收波形

对于持续时间极短（远远小于混响水池的混响时间）的瞬态声（如几微秒或几毫秒）来说，混响水池测得的信号可能与消声水池中的测量结果没有太大的差别，水听器无法接收到反射信号形成的混响干扰，测量条件实际可以近似为一个自由场。对于一般的瞬态声，水听器采集的信号中可以发现除了直达声信号还有反射信号的叠加形成的混响，此时测量点已有混响的干扰，考虑尝试稳态声消除混响干扰的方式来消除。对于持续时间要大于或远大于混响水池混响时间的信号，它的直达声与反射波甚至可能形成一个短暂的类似稳态信号形式的简正波声场，同样由各阶简正波和简正波的干涉叠加形成，只是持续时间比较短。

11.3.3　非相干处理技术在瞬态噪声场中的应用

在混响水池中形成的混响声场能量的分布并不是完全均匀的，无法避免地在水池中不同的点测量得到的均方声压是有所变化的。因此在混响水池中进行实验和测量必须采取空间平均措施，在以往的各种混响法实验研究中均采取了此种方法，以消除干涉。

在声源发出的信号为稳态声时，混响水池中距声源距离为 r 空间点的均方声压为 $P^2(r, r_0)$（有效值）：

$$P^2(\boldsymbol{r},\boldsymbol{r}_0)$$

$$= \frac{(4\pi Q_0 \rho_0 \omega)^2}{2} \left(\sum_n \frac{|\phi_n(\boldsymbol{r})|^2 |\phi_n(\boldsymbol{r}_0)|^2}{(k^2-k_n^2)^2 V^2 \Lambda_n^2} + \sum_n \sum_{\substack{m \\ n \neq m}} \frac{\phi_n(\boldsymbol{r}_0)\phi_n(\boldsymbol{r})\phi_m(\boldsymbol{r}_0)\phi_m(\boldsymbol{r})}{(k^2-k_n^2)(k^2-k_n^2)V^2 \Lambda_n \Lambda_m} \right) \tag{11-7}$$

式（11-7）括号中的第一项代表声源引发的未经干涉的各阶简正波对声能的贡献的独立相加，第二项则表示各阶简正波形成的干涉在水听器接收信号处相加。第二项是在混响水池中进行测量实验时的主要干扰。

利用简正波具有的正交性，可以得到

$$\frac{1}{V} \iiint_V \phi_n(\boldsymbol{r})\phi_m(\boldsymbol{r}) \mathrm{d}V = \begin{cases} 0, & n \neq m \\ \Lambda_n, & n = m \end{cases} \tag{11-8}$$

$$\frac{1}{V} \iiint_V \phi_n(\boldsymbol{r}_0)\phi_m(\boldsymbol{r}_0) \mathrm{d}V = \begin{cases} 0, & n \neq m \\ \Lambda_n, & n = m \end{cases} \tag{11-9}$$

以往的实验研究证明，只进行时间平均是无法消除式（11-7）中的由各阶简正波干涉引起的第二项的。空间平均是消除简正波间的干涉即式（11-7）括号中的第二项的有效方法。则通过空间平均，式（11-7）可以变为

$$\langle P^2(\boldsymbol{r}_0) \rangle = \frac{(4\pi Q_0 \rho_0 \omega)^2}{2} \sum_n \frac{|\phi_n(\boldsymbol{r}_0)|^2}{(k^2-k_n^2)^2 V^2 \Lambda_n^2} \tag{11-10}$$

式（11-10）可以化简为

$$\langle P^2(\boldsymbol{r}_0) \rangle = \frac{8\pi Q_0^2 \rho_0^2 \omega^2}{S \bar{\alpha} \Delta N} \sum_n \frac{|\phi_n(\boldsymbol{r}_0)|^2}{\Lambda_n^2} \tag{11-11}$$

在混响水池中由声源发出的激励在水池空间不同点处引起的声压幅度也是不同的，即空间声能的分布是不均匀的，若对声源也进行空间平均，可以进一步地降低测量的不确定度。

通过对声源的空间平均可以得到空间平均均方声压与声源辐射声功率两者之间的关系式（11-12）所示：

$$\langle P^2 \rangle = \frac{4\rho_0 c_0 W_0}{R_0} \tag{11-12}$$

所以，空间平均可以有效削弱混响水池中简正波干涉的干扰，增加测量结果的准确度和可靠度；布放水听器的位置越多，空间平均的程度越高，式（11-7）括号中的第二项带来的干扰越小，简正波的干涉造成的干扰越小，测量结果越精确。若同时对声源进行空间平均，则可以消除声源幅度波动，减少空间平均均方声压的波动，进一步降低测量结果的不确定度，使测量结果更精确可靠。

对于发射稳态声的声源可以以时间换空间，只用一个水听器在混响水池内缓慢移动，而不需要花费太多的人力、物力来多点布放水听器。依照空间扫描的路线利用时间平均即可换取空间平均。对于瞬态声声源来说，持续时间非常短，所以在混响水池中无法通过反射波形成一个长时间相对稳定和能量分布平均的混响控制区，所以无法使用以时间换空间的空间平均方法。虽然脉冲声源在混响水池中的反射和干涉形成的波形显然与稳态声源在混响水池中的反射和干涉形成的简正波不同，但可以肯定其有自己的干涉方式，这种干涉依然是对脉冲声辐射、声功率测量精度产生重要影响的干扰，同样需要去除，为此本章将使用垂直阵列，用多个测量点来进行空间平均。

11.4　混响声场瞬态噪声声能量测量方法

11.4.1　混响声场瞬态噪声声能量计算方法

根据维纳-欣钦定理信号的功率谱与自相关函数为一组傅里叶变换对，一段信号的自相关函数的峰值与这段信号的能量有关联。在信号处理中自相关函数可定义为

$$R_f(\tau) = f(\tau) * f^*(-\tau) \tag{11-13}$$

将其称为非归一化的自相关函数。大部分瞬态信号在混响环境下都是不断变化的，对瞬态声信号计算自相关函数，其峰值就是瞬态信号每一时刻的瞬时声压与信号以该时刻状态持续的时间 $\Delta\tau$ （$\lim\Delta\tau \to 0^+$）的乘积的和。

在混响声场中，信号经由池壁吸收反射，会在水中干涉叠加，使信号波形产生畸变，瞬态信号的持续时长也有所变化。对于稳态声源，声波在混响声场中的干涉叠加使用空间平均可以有效消除，空间平均的均方声压可以表示为

$$\langle P^2(r_0)\rangle = \frac{1}{V}\iiint_V P^2(r,r_0)\mathrm{d}V = \frac{(4\pi Q_0\rho_0\omega)^2}{2}\sum_n \frac{|\phi_n(r_0)|^2}{(k^2-k_n^2)^2 V^2 \Lambda_n} \tag{11-14}$$

通过空间平均的均方声压就可以得到稳态声源的声功率。

在混响声场对瞬态声的能量进行计算时，同样需要消除干涉叠加的干扰，其干涉叠加的原理与稳态声是相同的，也可以通过空间平均方法进行计算：

$$\langle R_f(\tau)\rangle = \frac{1}{N}\sum_{n=1}^N R_{f_n}(\tau) \tag{11-15}$$

式中，N 是在混响声场中采样的点数，将空间平均后 $\langle R_f(\tau)\rangle$ 的最大值称为空间声能密度 $\bar{E}$，进一步可得到瞬态声的声能量。

11.4.2　混响声场瞬态噪声声能量的自由场校正

稳态声在混响声场中的测量需要用到修正量，同样的瞬态声在混响声场中直接测量得到的结果也需要修正量进行修正才能得到源级。混响水池中的稳态声源声功率通常使用功率谱来计算，修正量使用 ΔC 来表示，可以得到如下等式：

$$\langle L_P \rangle - \text{SL} = \Delta C \tag{11-16}$$

式中，$\langle L_P \rangle$ 是混响声场内的空间平均均方声压级；SL 是自由场中得到的声源级，每个频率上都对应了一个修正量。但是，对瞬态声能量的求解要在时域上进行，需要证明稳态声功率的修正量可以应用到瞬态声能量的修正上。

根据能量守恒定律，信号在频域上的能量总和应该等于时域上的能量总和。用 W_{ft} 表示自由场中信号时域功率，W_{ff} 表示自由场中信号频域功率，则

$$W_{ft} = W_{ff} \tag{11-17}$$

同样，用 W_{rt} 表示混响声场中信号时域功率，W_{rf} 表示混响声场中信号频域功率，则

$$W_{rt} = W_{rf} \tag{11-18}$$

用 ΔC_1 和 ΔC_2 表示频域和时域上的修正量。已知有如下关系：

$$W_{ff} = \Delta C_1 \cdot W_{rf} \tag{11-19}$$

$$W_{ft} = \Delta C_2 \cdot W_{rt} \tag{11-20}$$

则推导出

$$\Delta C_2 = \Delta C_1 \tag{11-21}$$

时域上的修正量与频域上的修正量相同。

用 A 表示瞬态声在混响声场接收信号瞬时功率的总和，修正量由 $R_c = 10^{\Delta C/10}$ 计算得到，则

$$A = (\bar{E} / \Delta \tau) / R_c \tag{11-22}$$

声能量 E 可以计算得到：

$$\begin{cases} E = AS\Delta\tau / (\rho c) \\ S = 4\pi r^2 \end{cases} \tag{11-23}$$

按照此种计算方法，在 11.2 节中，混响条件下水池的修正量为–8.1dB。对比自由场仿真和混响声场仿真结果的表格（表 11-1 和表 11-2），以此修正量修正混响声场结果的效果非常好，得到的最终结果与自由场数据吻合。

11.4.3 关于混响声场声场修正量的讨论

混响水池的修正量是一个水池本身的固有参数，它与待测量信号的频率、带宽等信号本身的特性无关，所以是一个比较稳定的量，在实际应用中比较容易得到，且无须反复多次测量。通常情况下水池的状态不会有剧烈的改变，利用宽带白噪声声源测定一次实验水池的修正量后，在很长一段时间内都可以保持稳定的修正量。

混响水池存在截止频率，在高频频段内水池的修正量非常稳定，且越高，越趋于稳定，然而在低频截止附近以及截止频率之内的修正量却非常起伏不定。但是，这些起伏不定的频段的修正量依然是围绕着高频段的修正量上下起伏的，整体的平均值非常稳定。

当待测声源的频带很宽或单频远高于截止频率时，直接利用整个频带修正量的平均值即可完成修正。若待测声源是低频的单频声源，则需要单独提取其频点的修正量来完成修正。

由于瞬态声的特性，它们在时域上的持续时间都较短，在频域上就有一个较宽的频带。对于 CW 脉冲这类由单一频率信号填充的脉冲，在其频谱上可以在填充频率处看到一个较明显的峰值，若要提取这一点的声能量，单独使用该频点的修正量会更准确，但是当通过时域计算信号整体的声能量时会将整个频带的信号都包含在内，则需要使用整个频带的平均修正量来完成修正。对于某些无法从频谱上提取明显峰值的瞬态信号，也需要使用整个频带的平均修正量通过时域计算得到声能量。

11.4.4 瞬态噪声场的声场采集方案与优化

由于瞬态噪声的持续时间短、变化情况不规律，在水池中很可能无法形成稳态的混响控制区，水池中各个位置采集得到的结果很可能是不同的，也无法像测量稳态声一样以移动水听器来以时间换取空间平均，所以需要布放多个水听器，尽量进行全空间采集。水听器的布放可以采用阵列，也可以多个独立的水听器逐一布放。

采集位置要选取反射声与混响声明显的位置，对于水面以及池壁这些可能受干扰较大的地方，要保持一定的距离。在合适的空间范围内，上下左右几个维度皆要有水听器采集样本，以保证各个维度的数据都有选取，水听器应尽量均匀布放。

11.5　混响水池简单瞬态噪声声能量的实验测量

11.5.1　实验概况

1. 消声水池

对于自由场中脉冲声辐射声功率的测量要求并不像混响声场中那么复杂，在消声水池中，在声源发射信号后测量点没有各种反射波的干扰，不需要考虑消除干涉的问题，收集到的信号如图 11-15（a）所示。

消声水池实验系统如图 11-16 所示。实验水池的大小为 25m×15m×10m，表面被吸声材料覆盖。实验设备中 PULSE 动态信号分析仪所记录的数据即为实验得到的原始数据，对这些数据进行处理以得到所期望的结果。

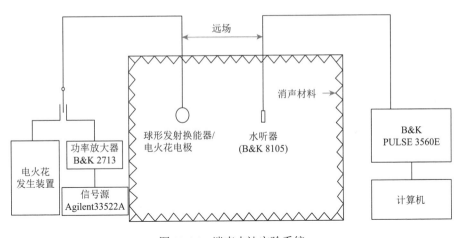

图 11-16　消声水池实验系统

2. 混响水池

混响水池实验系统如图 11-17 所示，尺寸为 15m×9m×6m。声源辐射的声波由四条垂直阵列中的 128 个阵元接收，相当于在整个声场空间中选取了 128 个测量点，在 x、y、z 方向都有测量点的分布，起到空间平均的作用。阵列接收的信号传给采集系统，该系统是国产的信号测试采集系统，通常用于力学实验分析和固体的振动信号采集分析，声波也由振动产生，经改良后可以用于水声实验。

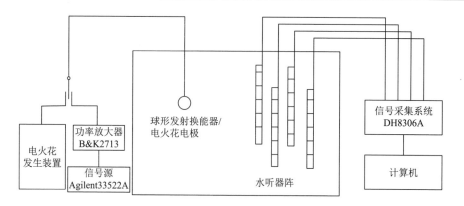

图 11-17　混响水池实验系统

在消声水池和混响水池的实验中都利用信号源发射 5～20ms、4～10kHz 的一系列大小为 1V（峰值）的脉冲串，经功率放大器放大 50dB 作用于同一发射换能器。系统的采集时间设为 10s，脉冲信号的脉冲周期为 1s，在正常情况下应采集到 10 个脉冲周期。设置手动触发方式，在声源发射信号 3s 左右后开始采集，以保证声源发射的信号是准确的。信号的填充频率均在 4kHz 以上保证了消声水池的消声效果以及混响水池的混响效果。

11.5.2　CW 脉冲声辐射声能的消声水池测量

在消声水池的实验测量结果如表 11-3 所示。声源为无指向性的球形发射换能器，结果已归算至距声源 1m 处的声源级。计算过程按照 11.4 节中的步骤进行，在自由场中 R_c 为 1，即不需要进行修正。

表 11-3　正弦脉冲在消声水池和混响水池中的辐射声能量级

水池	频率/kHz	脉宽/ms			
		5	10	15	20
消声水池	4	140.44dB	143.39dB	145.14dB	146.38dB
	6	146.14dB	—	—	—
	8	149.49dB	—	—	—
	10	152.61dB	155.53dB	157.23dB	158.45dB
混响水池	4	141.34dB	143.79dB	145.61dB	147.24dB
	6	145.65dB	—	—	—
	8	148.40dB	—	—	—
	10	153.47dB	155.60dB	158.15dB	159.19dB

注：辐射声能量级单位为 dB，$E_{ref} = 0.67 \times 10^{-18}$ J。

　　不同频率和不同脉宽的 CW 脉冲信号在自由场中的波形都是类似的，可以清楚地看出原始信号的波形没有较大的畸变，信号结束后没有大幅度的衰减拖尾，比较干净利落，持续时间也与信号源设置的脉宽一致，没有拉长。以 10ms、10kHz 的信号波形为例（图 11-18），可以看到消声水池中 CW 脉冲信号的波形保持了原始信号的特点，可以读出脉宽和填充频率。从 4kHz 和 10kHz 的一系列信号可以看出每当脉宽增加一倍，辐射声能量级就增加 3dB，也就是能量翻倍。同样脉宽、不同频率的信号声能量随频率的升高而增大，但是增大的规律还有待研究。

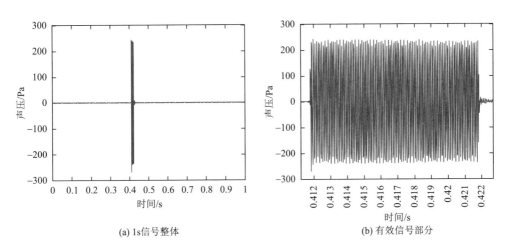

(a) 1s信号整体　　　　　　　　　　　　　　(b) 有效信号部分

图 11-18　消声水池中 10ms、10kHz 信号时域波形

11.5.3　CW 脉冲声辐射声能在混响水池的测量

　　混响水池中的实验系统示意图如图 11-17 所示。在 128 个采集点中剔除失灵的通道和无效的采集，选取了 118 个采集点。四个水听器阵的尺寸为：长 8.25m，半径 46.7mm。尺寸对于整个声场来说是不会产生严重干扰的。声波在水池壁上发生反射，到达各个采集点的各种声波不断互相叠加，水听器采集到的信号是比原信号复杂且发生了畸变的信号，如图 11-19 所示。

　　从图 11-19 中可以看出，声波在水池中由于干涉和叠加持续的时间比原始信号显著加长，有一段衰减拖尾，原始信号的波形已经无法看出，产生了很大的畸变。

　　声能量的计算方法见 11.4 节，混响水池的修正量 $\Delta C = -7.5$dB。计算后的结果在表 11-3 中。可以看出信号经过混响法测量计算得到的结果与自由场中的结果误差不超过 1.1dB。和自由场中一样，信号时长每增加一倍，声能量也增加一倍，填充频率越高声能量越大。

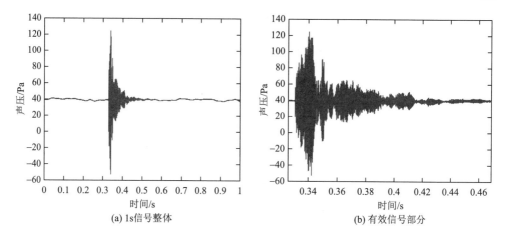

(a) 1s信号整体

(b) 有效信号部分

图 11-19 混响水池中 10ms、10kHz 信号时域波形

11.5.4 实验小结

对比消声水池和混响水池中的实验结果，可以有如下结论。

（1）对比图 11-18 和图 11-19 可以看出，声波在混响水池中由于发生了反射和混响后互相叠加产生的畸变，已经使信号原有的特点被模糊，信号波形更加复杂，持续时间也有所拉长。

（2）利用宽带白噪声测量得出的修正量对各个特性的声源都有效，证明修正量只与水池本身的特性有关。

（3）从表 11-3 可以看出，混响法的测量结果与自由场结果非常接近，误差在 1.5dB 以内。

11.6 混响水池复杂瞬态噪声声能量的实验测量

11.6.1 实验概况

本节所测量的复杂瞬态噪声是来自电火花发生器产生的宽带瞬态噪声（简称为电火花声源）。为保证实验可重复性，每次实验加在电火花发生器电极上的电压幅值需保持一致，进而确保电火花辐射噪声的声能量稳定。

电火花的发生装置如图 11-20 所示。首先通过变频器使交流电的频率升高，再通过变压器升压，电容在电路中作为整流负载。当控制开关被按下后，高压储能电容器就会放电，水中的放电电极将产生压力脉冲波。

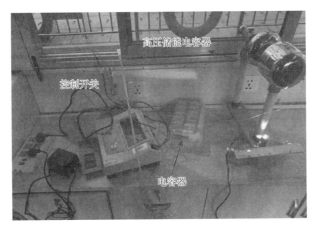

图 11-20　电火花发生装置

在消声水池和大的混响水池中的实验与 CW 脉冲实验系统大致相同,只要把声源部分替换为电火花发生装置即可,接收部分不变。小玻璃水池的实验装置如图 11-21 所示。

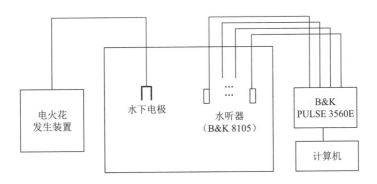

图 11-21　电火花玻璃水池实验系统

电火花的放电电压控制在 9000V 左右,可以通过观察电火花在水下释放瞬间的闪光来判断是否放电成功。由于电火花信号的波形存在随机性,每个水池中的实验要重复多次取平均来保证准确性。

11.6.2　电火花水下辐射声能的消声水池测量

电火花爆炸声信号在消声水池中的时域波形如图 11-22 所示,从图中可以看出气泡脉动,电火花声源在自由场中的信号已经是复杂的、多变的。由于气泡的存在,消声水池中的水听器接收到的信号可能含有一些散射信号。实际电火花信号的频谱复杂,以时域数据来计算处理反而更加简单明了。

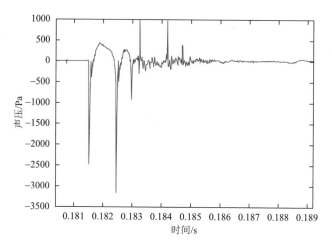

图 11-22　电火花爆炸声信号在消声水池中的时域波形

计算声能量的方法同样见 11.4 节，自由场中的 $R_c = 1$。多次实验结果取平均的最终结果记录在表 11-4 中。

表 11-4　不同水池中的平均辐射声能量级

测量水池	平均辐射声能量级/dB	A 类不确定度（95%置信区间）
消声水池	158.35	0.585
水泥混响水池	159.35	0.693
玻璃水池	157.72	1.212

注：辐射声能量级单位为 dB，$E_{ref} = 0.67 \times 10^{-18}$J。

11.6.3　电火花水下辐射声能在混响水池的测量

1. 水泥混响水池

水泥混响水池即 11.5 节中的混响水池，测量装置也类似，只需将发射部分替换成电火花发生装置。在水泥混响水池中接收到的电火花信号如图 11-23 所示。

与消声水池中的信号波形相比较，水泥混响水池中的信号明显更加复杂，边界的反射有了一个很长的逐渐衰减的拖尾。该混响水池的修正量为–7.5dB，计算了每个通道的自相关最大值，经过空间平均和修正等处理，计算得到信号的声能量。为了消除电火花发生装置的误差进行多次重复实验，最终取平均值，结果记录在表 11-4 中。

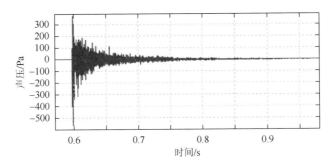

图 11-23　水泥混响水池中的电火花信号

2. 玻璃水池

玻璃水池实验系统如图 11-21 所示，水池尺寸为 1.5m 长、0.9m 宽、0.6m 深。由于玻璃水池尺寸小且混响时间长，反射叠加的次数增多，得到声能量的结果也比水泥混响水池中和消声水池中的结果要大，修正量为 25dB。

11 个水听器逐一单点布放在水池中，收集信号进行空间平均处理。玻璃水池中的信号与水泥混响水池中信号的波形类似，都存在许多小峰值和一个长拖尾。

经过同样的空间平均、修正处理和多次实验的结果平均后所得结果记录在表 11-4 中。由于玻璃水池中的采集点不够密集，结果的不确定度比较大。

11.6.4　实验小结

（1）比较图 11-22 和图 11-23，混响水池中的波形要复杂得多，水池中的反射和混响叠加使气泡脉动不再明显，原有的波形特点不易发现。

（2）如表 11-4 所示，使用混响法的测量计算方法，混响水池中测量得到的结果和自由场中的结果误差很小。

（3）从不确定度可以看出，由于玻璃水池中水听器的布放数量不足且分散，所以结果的浮动略大。

（4）只要得到了水池的修正量，混响法测量声的方法可以在任意水池进行。

11.7　混响声场瞬态噪声声能量测量方法的适用性分析

根据 11.5 节和 11.6 节所展示的实验结果可以看出，利用混响法测量瞬态声的声能量是可行的，并且无论简单信号还是复杂信号，以及各种边界材料的、大小的混响水池，只要能够引起信号的干涉混叠就可以有效使用。

稳态声的修正量可以修正瞬态声的混响声场测量结果，只要知道混响水池的混响时间或者自由场和混响声场宽带信号的功率谱密度就可以求出，但瞬态信号时域上的修正是否还有更加符合时域处理特点的方法还需进一步的研究。

11.8 小　　结

通常对于瞬态声的测量是在自由场中进行的。一般有两种获得自由场的方法，一是自然的深海环境，二是人工建造消声水池。然而理想的自然环境并不随处可见，尤其我国周边多是浅海大陆架；人工的消声水池造价高，有低频截止。混响法对水池的要求相对较低，只要声源能够产生混响就可以使用，非常简便。

混响水池过去通常应用在对稳态声的测量上，对瞬态声的测量方法比较单一。本章加入了对瞬态声的研究，丰富了瞬态声的测量方法。声能量是瞬态声比较稳定的特点，根据维纳-欣钦定理，可以将自相关的最大值看作瞬态声的能量。

利用经过空间平均技术得到的混响水池修正量，便可以使用混响法比较准确地测量瞬态声的声能量。修正量只与水池本身的特性有关，不随声源特性的改变而改变。

根据建模结果和实验结果，本章所提方法是可靠有效的。

索　引